Erhöhung der Aufbaurate beim Laser Powder Bed Fusion durch Bearbeitung mit zwei gekoppelten Laserstrahlen

Increasing the Build-Up Rate in Laser Powder Bed Fusion by Processing with Two Coupled Laser Beams

Von der Fakultät für Maschinenwesen
der Rheinisch-Westfälischen Technischen Hochschule Aachen
zur Erlangung des akademischen Grades eines
Doktors der Ingenieurwissenschaften
genehmigte Dissertation

vorgelegt von

Tim Lantzsch

Berichter/in:

Univ.-Prof. Dr. rer. nat. Constantin Leon Häfner
Univ.-Prof. Dr.-Ing. Stefan Kaierle

Tag der mündlichen Prüfung: 29. April 2024

ERGEBNISSE AUS DER LASERTECHNIK

Tim Lantzsch

Erhöhung der Aufbaurate beim Laser Powder Bed Fusion durch Bearbeitung mit zwei gekoppelten Laserstrahlen

Bibliografische Information der Deutschen Nationalbibliothek
Die Deutsche Nationalbibliothek verzeichnet diese Publikation in der Deutschen Nationalbibliografie; detaillierte bibliografische Daten sind im Internet über https://portal.dnb.de abrufbar.

Tim Lantzsch:

Erhöhung der Aufbaurate beim Laser Powder Bed Fusion durch Bearbeitung mit zwei gekoppelten Laserstrahlen

1. Auflage, 2024

Gedruckt auf holz- und säurefreiem Papier, 100% chlorfrei gebleicht.

Wissenschaftsverlag des Instituts für Industriekommunikation und Fachmedien an der RWTH Aachen
Steinbachstr. 25, 52074 Aachen
Internet: www.apprimus-verlag.de, E-Mail: info@apprimus-verlag.de

Druck: CPI Druckdienstleistungen GmbH, Ferdinand-Jühlke-Straße 7 I 99095 Erfurt

ISBN 978-3-98555-222-1

D 82 (Diss. RWTH Aachen University, 2024)

Danksagung

Die vorliegende Arbeit entstand neben meiner Tätigkeit als wissenschaftlicher Mitarbeiter am Fraunhofer-Institut für Lasertechnik ILT. Teile der in dieser Arbeit vorgestellten Ergebnisse entstanden im Rahmen des Vorhabens Forschungscampus Digital Photonic Production, welches auf Mitteln des Bundesministeriums für Bildung und Forschung BMBF gefördert wurde. An dieser Stelle möchte ich mich bei allen Personen bedanken, die mich bei dieser Arbeit und in dieser Zeit unterstützt haben.

Ich danke Herrn Prof. Dr. rer. nat. Constantin Leon Häfner für die Überlassung des Themas und die Betreuung der Arbeit, Herrn Prof. Dr.-Ing. Stefan Kaierle für die Übernahme des Koreferats und Herrn Prof. Dr.-Ing- Thomas Bergs für die Übernahme des Prüfungsvorsitzes.

Mein außerordentlicher Dank gilt Jochen Stollenwerk und Wilhelm Meiners, die mich durch Ihr konstruktives Feedback und die fortwährende fachliche Diskussion bei der Ausarbeitung dieser Arbeit unterstützt haben. Ich danke außerdem Christian Tenbrock und Sebastian Bremen für das in mich gesetzte Vertrauen während meiner Zeit am ILT, sowie Lucas Jauer, Jasmin Saewe und Talu Ünal-Saewe für die Motivation und Unterstützung auch über die Arbeit hinaus.

In besonderem Maße möchte ich mich bei den KollegInnen der Abteilung LPBF für den kollegialen und freundschaftlichen Umgang sowie das produktive Arbeitsumfeld bedanken. Die fachlichen Diskussionen und die Zusammenarbeit mit Euch hat mich bei der Ausarbeitung dieser Arbeit stets sehr motiviert. Nicht zuletzt möchte ich mich bei meinen Studenten bedanken ohne deren wertvolle Mitarbeit die Erstellung dieser Dissertation nicht möglich gewesen wäre. Mein besonderer Dank gilt: Niklas Hardtke, Vincent Ley, Marvin Hennig, Robin Roth und Michael Linzen.

Von ganzem Herzen danke ich meinen Freunden und meiner Familie für die Unterstützung, das Verständnis und das in mich gesetzte Vertrauen. Ein besonderer Dank gebührt meiner Freundin Sanja die mich mit Ihrer Liebe und fortwährenden Geduld unterstützt und zur Fertigstellung dieser Dissertation motiviert hat.

Kurzfassung

Das Laser Powder Bed Fusion (LPBF, dt. Laserstrahlschmelzen) ist das verbreitetste Additive Fertigungsverfahren für metallische Werkstoffe aufgrund der Möglichkeit der direkten, losgrößenunabhängigen Herstellung komplexer Funktionsbauteile auf Basis von 3D-CAD Daten. Zu den derzeit größten Herausforderungen beim LPBF zählt die geringe Aufbaurate durch große Prozesszeiten. Folglich ist die Erhöhung der Aufbaurate ein wichtiger Schritt für die breitere Nutzung des LPBF in der Produktion. Aktuelle Ansätze zur Erhöhung der Aufbaurate umfassen insbesondere die parallele Bearbeitung mit mehreren unabhängigen Laser-Scanner-Systemen sowie die Verwendung größerer Laserleistung in Verbindung mit der Anpassung von Laserstrahldurchmesser und Intensitätsverteilung. Alternative Ansätze wie die Bearbeitung mir mehreren gekoppelten Laserstrahlen sind aus anderen Bereichen der Lasermaterialbearbeitung bekannt, allerdings für das LPBF noch weitestgehend unerforscht. Unter gekoppelten Laserstrahlen wird dabei die gemeinsame Bewegung mehrerer Laserstrahlen durch ein Positioniersystem verstanden. In dieser Arbeit wird dementsprechend die Erhöhung der Aufbaurate beim LPBF durch Bearbeitung mit zwei gekoppelten Laserstrahlen untersucht.

Zur Umsetzung des LPBF mit zwei gekoppelten Laserstrahlen wird zunächst ein optisches System entwickelt. Dafür wird ein bestehendes optisches System für das LPBF um eine Zweistrahloptik zur Anpassung der relativen Laserstrahlpositionen ergänzt und charakterisiert. Unter Einsatz des entwickelten optischen Systems werden High-Speed Videoaufnahmen des LPBF-Prozesses unter Variation des Laserstrahlabstandes und der Leistungsverteilung auf beide Laserstrahlen erzeugt und analysiert, um geeignete Konfigurationen für das LPBF mit zwei gekoppelten Laserstrahlen zu identifizieren. Die ermittelten Konfigurationen dienen als Ausgangspunkt für die Bestimmung der Prozessfenster für das LPBF mit zwei gekoppelten Laserstrahlen. Unter Variation der LPBF-Verfahrensparameter werden Kombinationen bestimmt, mit denen eine relative Bauteildichte oberhalb von 99,9% für die Nickelbasislegierung Inconel ® 625 erzielt werden können. Weiterhin wird die Ausbildung von Prozessnebenprodukten und deren Einfluss auf das Bearbeitungsergebnis betrachtet. Die ermittelten Prozessführungsstrategien stellen die Grundlage für das abschließende Benchmarking sowie die Fertigung eines Demonstrators dar. Im Rahmen des Benchmarkings wird das LPBF mit zwei gekoppelten Laserstrahlen hinsichtlich der resultierenden Mikrostruktur, mechanischen Eigenschaften, Oberflächenqualität sowie Verzug und Maßhaltigkeit der gefertigten Bauteile mit dem Single-Laser LPBF gemäß dem Stand der Technik verglichen. Zudem werden die theoretische und reale Aufbaurate bei der Fertigung verschiedener Geometrieklassen berechnet, um das Potenzial zur Erhöhung der Aufbaurate gegenüber dem Single-Laser LPBF abzuschätzen.

Abstract

Laser Powder Bed Fusion (LPBF) is the most widespread additive manufacturing process for metallic materials due to the possibility of direct, batch size-independent production of complex functional components based on 3D-CAD data. Currently, one of the main challenges in LPBF is the low build-up rate due to large processing times. Consequently, increasing the build-up rate is an important step for the wider use of LPBF in production. Current approaches to increasing the build-up rate include parallel processing with multiple independent laser scanner systems as well as the use of larger laser power in combination with the adjustment of laser beam diameters and intensity distributions. Alternative approaches such as processing with multiple coupled laser beams are known from other areas of laser material processing but are still largely unexplored for LPBF. Coupled laser beams are defined as the joint movement of multiple laser beams through one positioning system. Accordingly, in this work the increase of the build-up rate in LPBF by processing with two coupled laser beams is investigated.

To implement LPBF with two coupled laser beams, an optical system is developed. For this purpose, the existing optical system of a LPBF machine is supplemented with a two-beam optical system for adjusting the relative laser beam positions and characterized. Using the developed optical system, high-speed video recordings of the LPBF process with variation of the laser beam spacing and power distribution to both laser beams are generated and analyzed to identify suitable configurations for LPBF with two coupled laser beams. The identified configurations serve as a starting point for determining the process windows for LPBF with two coupled laser beams. By varying the LPBF process parameters, combinations which yield a relative component density above 99.9% are determined for the nickel-based alloy Inconel ® 625. Furthermore, the formation of process by-products and their influence on the processing result is considered. The determined processing strategies serve as the basis for the final benchmarking as well as the manufacturing of a demonstrator. In the benchmarking, the LPBF with two coupled laser beams is compared with single-laser LPBF according to the state of the art with respect to the resulting microstructure, mechanical properties, surface quality as well as warpage and dimensional accuracy of the manufactured components. In addition, the theoretical and real build-up rate to produce different geometry classes are calculated to estimate the potential for increasing the build-up rate compared to single-laser LPBF.

Inhaltsverzeichnis

1 Motivation und Zielsetzung

Globale Herausforderungen wie der Klimawandel und die Nachhaltigkeit haben einen weitreichenden Einfluss auf Industrie und Wirtschaft. Insbesondere die Flexibilisierung globaler Lieferketten sowie die Etablierung resilienter Produktionssysteme gewinnen zunehmend an Bedeutung (1). Vor diesem Hintergrund bietet die additive Fertigung die Möglichkeit zur ressourceneffizienten und ortsflexiblen Herstellung von Funktionsbauteilen.

Das Laser Powder Bed Fusion (PBF-LB/M, im Folgenden als LPBF bezeichnet) ist das für die Herstellung metallischer Bauteile verbreitetste additive Fertigungsverfahren (2). Durch die werkzeuglose Fertigung geometrisch komplexer metallischer Funktionsbauteile auf Basis von 3D-CAD-Daten werden bisherige Restriktionen sowohl hinsichtlich des Bauteildesign als auch im Hinblick auf die Produktionslogistik überwunden (3). Allerdings behindert die geringe Produktivität des LPBF eine breitere Nutzung des Verfahrens in der industriellen Produktion. Die Produktivität von LPBF-Maschinen kann durch eine Erhöhung der Aufbaurate gesteigert werden. Die Aufbaurate beim LPBF kann insbesondere durch Steigerung der Laserleistung und Anpassung der Verfahrensparameter, wie der Scangeschwindigkeit v_s oder des Hatchabstandes Δy_s, erhöht werden. Praktisch wird die Steigerung der Aufbaurate durch Anpassung der Verfahrensparameter allerdings durch schmelzbaddynamische Effekte, die die Bauteilqualität negativ beeinflussen, limitiert. Zur Verdeutlichung dieser Zusammenhänge sind in Bild 1 die Spurmorphologie und die resultierende Spurgeometrie beim LPBF mit einem einzelnen Laserstrahl (Single-Laser LPBF) bei Steigerung der Scangeschwindigkeit v_s und des Hatchabstandes Δy_s für die Belichtung einer Pulverschicht der Schichtdicke D_s = 50 µm der Nickelbasis-Legierung Inconel ® 625 dargestellt. Zur Vergrößerung der Scangeschwindigkeit gegenüber dem Single-Laser LPBF Referenzparameter (vgl. Bild 1, Mitte) wird eine doppelt so große Scangeschwindigkeit von $v_s = 2000$ mm/s mit einer doppelt so großen Laserleistung von $P_L = 550$ W kombiniert. Der Energieeintrag bleibt gegenüber dem Referenzparameter folglich unverändert. Dennoch resultiert die Vergrößerung der Scangeschwindigkeit in einer deutlich inhomogeneren Spurmorphologie und Spurgeometrie mit schwankender und reduzierter Spurbreite und -tiefe. Insbesondere die schwankende Spurbreite und die daraus resultierende wellige Oberfläche sowie unvollständige laterale Anbindung der Spuren erhöhen aufgrund der sich daraus ergebenden schwankenden Schichtdicke beim Volumenaufbau die Wahrscheinlichkeit von Fehlstellen. Bei der Steigerung des Hatchabstandes (Bild 1, links) werden der Hatchabstand und die Laserleistung mit $\Delta y_s = 200$ µm und $P_L = 550$ W gegenüber dem Single-Laser LPBF Referenzparameter verdoppelt, sodass ein gleichbleibender Energieeintrag gewährleitet werden kann. Trotz einer homogenen Spurmorphologie resultiert die Vergrößerung des Hatchabstandes in einer gegenüber dem Single-Laser Referenzparameter veränderten Spurgeometrie sowie einer mangelnden Anbindung der benachbarten Spuren. Ebenso wie für die vergrößerte Scangeschwindigkeit begünstigt die fehlende Anbindung der benachbarten Spuren die Bildung von Fehlstellen beim Volumenaufbau. Die Ursachen für das dargestellte Verhalten bei der Skalierung der LPBF-Verfahrensparameter werden im folgenden Stand der Wissenschaft und Technik (Kapitel 2.2) näher erläutert.

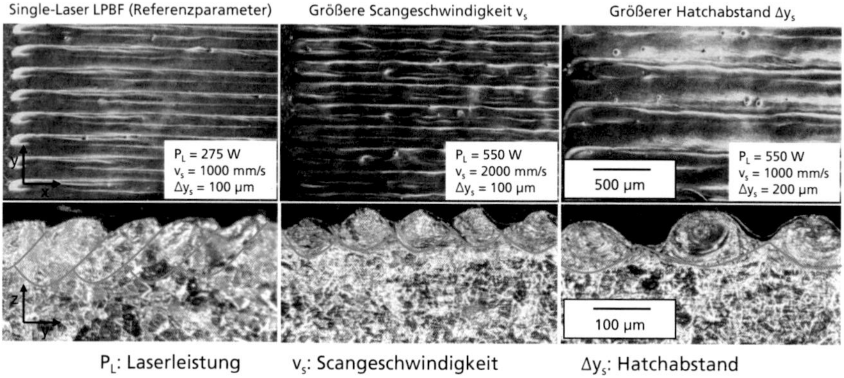

Bild 1 Resultierende Spurmorphologie (oben) und Spurgeometrie (unten) bei der Steigerung der Scangeschwindigkeit v_s bzw. des Hatchabstandes Δy_s beim LPBF.

Aktuelle Ansätze zur Aufbauratensteigerung in LPBF-Maschinen fokussieren aufgrund der oben dargestellten Effekte vornehmlich die parallele Bearbeitung mit mehreren Laser-Scanner-Systemen (LSS) und Laserleistungen von bis zu 1000 W pro LSS. D.h. die Erhöhung der Aufbaurate wird durch die größere LSS-Anzahl ermöglicht, wobei die Verfahrensparameter und somit die Aufbaurate für jedes einzelne LSS unverändert bleiben. Die Implementierung von bis zu 25 unabhängigen LSS (4) führt dabei zu einer Zunahme der Maschinenkosten sowie einer deutlichen Komplexitätssteigerung bei der Prozessführung (5, 6). Einen alternativen Lösungsansatz stellt das LPBF mit mehreren gekoppelten Laserstrahlen dar. D.h. die Bearbeitung erfolgt mit mehreren Laserstrahlen, die über ein einziges Positioniersystem (z.B. LSS) bewegt werden. Durch das LPBF mit gekoppelten Laserstrahlen sollen schmelzbaddynamische Effekte kontrolliert und die Aufbaurate pro Positioniersystem erhöht werden. Entsprechende Konzepte werden bislang lediglich forschungsseitig untersucht und sind auf statische Laserstrahlanordnungen beschränkt. Weiterhin werden fundamental unterschiedliche Maschinenarchitekturen verwendet, sodass bisherige Prozessführungsstrategien nicht übertragen werden können. Ein Vergleich des LPBF mit mehreren LSS sowie des LPBF mit gekoppelten Laserstrahlen ist schematisch in Bild 2 dargestellt

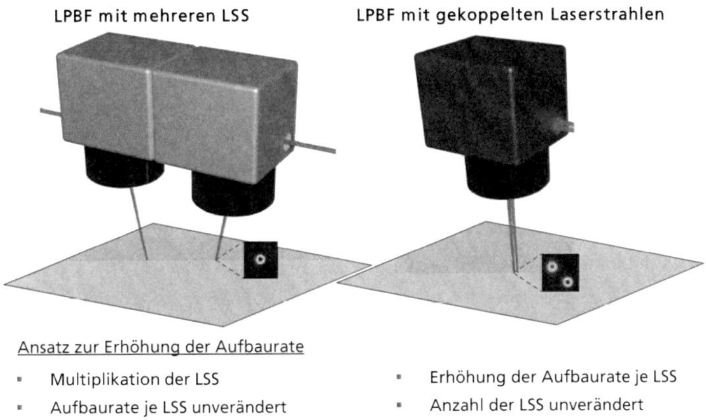

Bild 2 Schematischer Vergleich des LPBF mit mehreren LSS (links) sowie des LPBF mit gekoppelten Laserstrahlen (rechts).

Im Rahmen der vorliegenden Arbeit wird untersucht, inwieweit die Aufbaurate beim LPBF durch die Bearbeitung mit zwei gekoppelten Laserstrahlen gegenüber dem LPBF mit einem einzigen Laserstrahl erhöht werden kann. Aus den beschriebenen Herausforderungen resultiert weiterhin der Bedarf zur Entwicklung von Systemtechnik und flexiblen Prozessführungsstrategien, die einerseits eine Skalierung der Aufbaurate des LPBF ermöglichen und andererseits die Kompatibilität und Übertragbarkeit zu bestehenden LPBF-Maschinen gewährleisten. Vor diesem Hintergrund wird im Rahmen der vorliegenden Arbeit zunächst ein flexibles optisches System für das LPBF mit zwei gekoppelten Laserstrahlen entwickelt. Anschließend wird eine LPBF-Prozessführung exemplarisch für der Verarbeitung der Nickelbasis-Legierung Inconel ® 625 validiert und mit bestehenden LPBF-Maschinen verglichen.

Im Folgenden wird zunächst ein Überblick über den aktuellen Stand der Wissenschaft und Technik gegeben und basierend darauf die Problemstellung, Forschungsfragen und das Vorgehen im Rahmen der Arbeit abgeleitet.

2 Stand von Wissenschaft und Technik

Im Folgenden wird der relevante Stand von Wissenschaft und Technik für die vorliegende Arbeit dargestellt und zusammengefasst. Zunächst werden die Grundlagen des Laser Powder Bed Fusion (LPBF) Verfahrens erläutert (2.1) sowie der Einfluss verschiedener Laser-Material-Wechselwirkungsmechanismen (2.2) sowie der gebildeten Prozessnebenprodukte (2.3) auf die Bauteilqualität und Verfahrensrobustheit diskutiert. Abschließend werden verschiedene Ansätze zur Erhöhung der Aufbaurate in LPBF-Maschinen dargestellt und verglichen (2.4).

2.1 Grundlagen des Laser Powder Bed Fusion

Das LPBF wurde in den 1990er Jahren am Fraunhofer Institut für Lasertechnik entwickelt und patentiert (7) und zählt gemäß DE EN ISO/ASTM 52900 (8) zu den pulverbettbasierten additiven Fertigungsverfahren. Es wird zur additiven Fertigung von Prototypen sowie zur Serienfertigung kleiner bis mittlerer Losgrößen bereits in verschiedenen Industriezweigen, wie dem Turbomaschinenbau, dem Werkzeug- und Formenbau, der Medizintechnik und der Luftfahrt, eingesetzt (9). Aufgrund des schichtweisen Verfahrensablaufs, bei dem Pulverschichten einer definierten Schichtdicke D_S mittels fokussierter Laserstrahlung selektiv aufgeschmolzen werden sowie der Vermeidung zusätzlicher Werkzeuge, ermöglicht das LPBF eine gegenüber konventionellen Fertigungsverfahren (z.B. Feinguss, Fräsen) nahezu uneingeschränkte geometrische Komplexität der gefertigten Bauteile (10). Der Prozessablauf beim LPBF kann in die drei Hauptschritte der Maschinen- und Datenvorbereitung (Pre-Process), der LPBF-Bauteilfertigung (In-Process) und der Maschinen- und Bauteilnachbereitung (Post-Process) unterteilt werden. Eine Übersichtsdarstellung des LPBF-Prozessablaufs gemäß (11) ist in Bild 3 dargestellt.

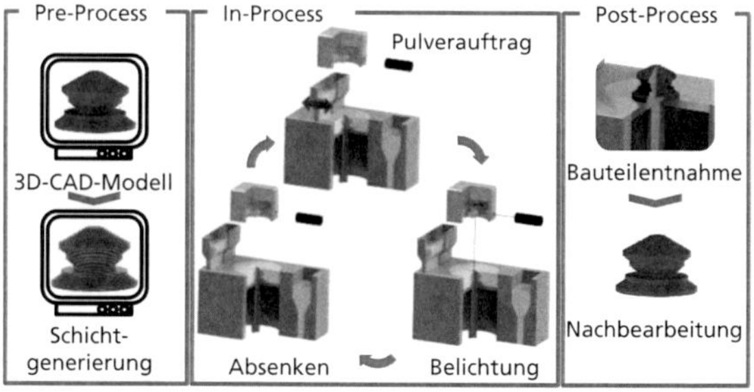

Bild 3
Verfahrensablauf beim Laser Powder Bed Fusion unterteilt in Pre-Process, In-Process und Post-Process nach (11).

Während des Pre-Process wird die LPBF-Maschine in einen fertigungsbereiten Zustand überführt. Dies umfasst die Bereitstellung des benötigten Pulverwerkstoffs, die Nivellierung von Bauplattform und Pulverauftragseinheit sowie die Inertisierung der Prozesskammer der LPBF-Maschine durch Spülung mit einem Inertgas (z.B. Ar, N_2). Zudem umfasst der Pre-Process die Datenvorbereitung, bei der ein 3D-CAD Modell des zu fertigenden Bauteils für die additive Fertigung mittels LPBF vorbereitet wird. Ausgehend von der 3D-Geometrie wird das Bauteil auf der Bauplattform der LPBF-Maschine orientiert und bei Bedarf mit Stützstrukturen (engl.: support structures) versehen. Die Stützstrukturen dienen dabei sowohl zur Aufnahme mechanischer Kräfte, um etwaige Bauteilverzüge zu verhindern, als auch zur Abfuhr der Prozesswärme aus dem Bauteil. Anschließend wird das Bauteil entlang der Aufbaurichtung z in Schichten mit einer konstanten Schichtdicke D_s unterteilt (engl.: slicing). Auf Grundlage des resultierenden Schichtmodells können die Scanvektoren zur Belichtung des Bauteils mittels Laserstrahlung generiert werden. Die resultierende Datei wird in einem maschinenlesbaren Format (z.B. Common Layer Interface, CLI) an die LPBF-Maschine übertragen.

Bild 4 Schematische Darstellung der Prozessparameter beim LPBF nach (11).

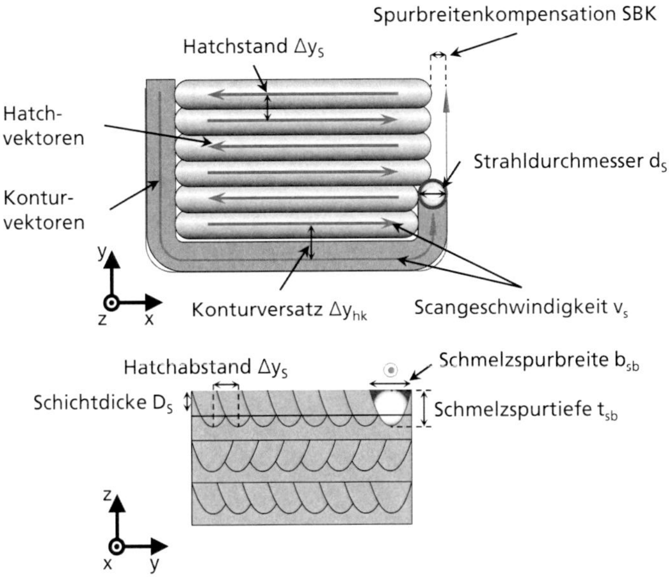

Der In-Process besteht aus den der Hauptschritten des LPBF-Prozesses, dem Pulverauftrag, der Belichtung und dem Absenken der Bauplattform, welche iterativ für jede Bauteilschicht wiederholt werden. Der Pulverauftrag dient der Bereitstellung des für den LPBF-Prozess benötigten Pulverwerkstoffs. Hierbei wird ein entsprechendes Pulvervolumen in die Prozesskammer dosiert und anschließend mit einem Beschichterwerkzeug gleichmäßig auf der Bauplattform der LPBF-Maschine verteilt. Im Anschluss an den Pulverauftrag wird die aufgetragene Pulverschicht mittels fokussierter Laserstrahlung entsprechend der Schichtgeometrie umgeschmolzen. Dabei wird der Laserstrahl vektorweise mit einer definierten Laserleistung P_L und Scangeschwindigkeit v_s über das Pulverbett geführt. Während des Umschmelzvorgangs entstehen Prozessnebenprodukte, welche durch eine Schutzgasumwälzung aus der Interaktionszone zwischen dem Laserstrahl und dem Schmelzbad entfernt werden. Auf die Bildungs- und Interaktionsmechanismen der Prozessnebenprodukt mit dem Laserstrahl wird in Kapitel 2.3 näher eigegangen. Im Anschluss an die Belichtung wird die Bauplattform der LPBF-Maschine um den Betrag einer Schichtdicke D_S abgesenkt und die vorherigen Prozessschritte werden wiederholt, bis die volle Höhe des gefertigten Bauteils erreicht wird.

Der Post-Process beginnt nach Abschluss des eigentlichen LPBF-Prozesses. Nach der Herstellung wird das Bauteil von Pulver befreit und aus der LPBF-Maschine entnommen. Das nicht-umgeschmolzene Metallpulver kann nach Abschluss des Fertigungsprozesses z.B. durch Sieben und Trocknung aufbereitet und für weitere Fertigungszyklen verwendet werden. Nach der Entnahme wird das Bauteil von der Bauplattform getrennt und von etwaigen Stützstrukturen befreit. Anschließend kann das gefertigte Bauteil weiteren Nachbearbeitungsschritten wie z.B. einer Wärmebehandlung oder der spanenden Bearbeitung unterzogen werden, um die für die jeweilige Anwendung notwendigen Bauteileigenschaften (z.B. mechanische Eigenschaften, Oberflächenqualität) einzustellen.

2.2 Laserstrahl-Material Wechselwirkung beim Laser Powder Bed Fusion

Das LPBF basiert auf dem spur- und lagenweisen Umschmelzen eines pulverförmigen Ausgangsmaterials. Die laserinduzierte Schmelzbadausbildung und -erstarrung sind folglich von zentraler Bedeutung für die Fertigung funktionaler Bauteile. Aufgrund von Phasenübergängen sowie Temperatur- und Strömungsfeldern zeichnet sich das LPBF durch eine Vielzahl komplexer Laserstrahl-Material-Wechselwirkungsmechanismen aus, die im Folgenden genauer dargestellt werden.

2.2.1 Schmelzbadausbildung und -dynamik beim Laser Powder Bed Fusion

Die grundlegende Voraussetzung für das LPBF ist die Überführung des pulverförmigen Ausgangswerkstoffs von der festen in die schmelzflüssige Phase. Die benötigte Energie muss folglich durch den Laserstrahl eingekoppelt werden. Die initiale Energieeinkopplung erfolgt durch Absorption der Laserstrahlung an der Oberfläche des Pulverwerkstoffs und hängt vom Absorptionsgrad des verwendeten Materials ab. Für metallische Werkstoffe wird der Absorptionsgrad A [%] in Abhängigkeit des Relexionsgrades R [%] gemäß

2.1 $$A = 1 - R\ [\%]$$

berechnet. Der Absorptionsgrad wird durch verschiedene Werkstoff- und Laserstrahlungseigenschaften beeinflusst, auf die im Folgenden nicht näher eingegangen wird. Für Metallpulver wird aufgrund der größeren spezifischen Oberfläche sowie durch Mehrfachreflexionen zwischen den Pulverpartikeln eine größerer Absorptionsgrad als für ebene Metalloberflächen festgestellt (11). Die absorbierte optische Energie führt durch Thermalisierung zur Erwärmung und schließlich zum Schmelzen des Werkstoffs. Durch Wärmeleitung entsteht zudem ein dreidimensionales Temperaturfeld um das gebildete Schmelzbad.

Nach der Schmelzbadbildung erfolgt die Absorption der Laserstrahlung beim LPBF vorwiegend an der Oberfläche des Schmelzbades (12). Eine schematische

Darstellung der Absorption an der Schmelzbadoberfläche beim Wärmeleitungsschweißen und Ein- bzw. Tiefschweißen ist in Bild 5 abgebildet.

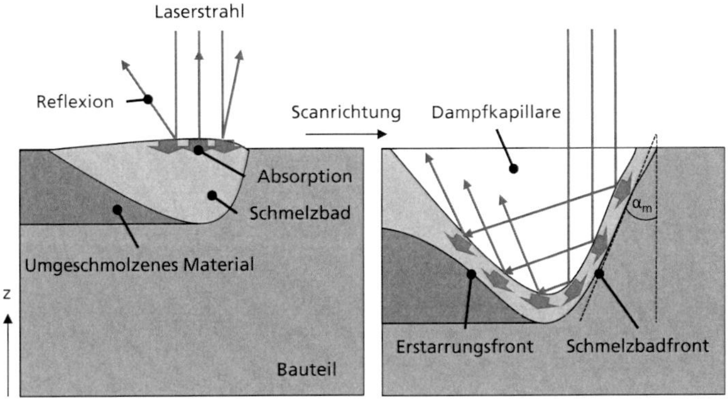

Bild 5 Vergleich der Absorptionsmechanismen beim Wärmeleitungsschweißen (links) und Ein- bzw. Tiefschweißen (rechts). Adaptiert von (13).

Bei Überschreitung der Siedetemperatur setzt die Verdampfung des schmelzflüssigen Materials im Schmelzbad ein. Der abströmende Metalldampf erzeugt einen Rückstoßdruck auf der Schmelzbadoberfläche und führt bei Überschreitung des Kapillardrucks zur Ausformung einer Dampfkapillare (engl.: keyhole) (14, 15). Die Kapillarform kann anhand des Neigungswinkels der Schmelzbadfront α_m beschrieben werden (13). Aufgrund von Mehrfachreflexionen der Laserstrahlung in der Dampfkapillare steigt der effektive Absorptionsgrad an (vgl. Bild 5, rechts). Entsprechend des vorwiegenden Absorptionsmechanismus kann zwischen einem vorwiegend wärmeleitungsdominierten LPBF-Prozessregime ohne Ausbildung einer Dampfkapillare und einem kapillardominierten LPBF-Prozessregime unterschieden werden. Die jeweiligen Prozessregime können anhand des Aspektverhältnisses der Schmelzbadtiefe zur Schmelzbadbreite im Querschliff beurteilt werden. Wärmeleitungsschweißen wird durch Aspektverhältnisse < 1:2 charakterisiert. Bei Ausbildung einer Dampfkapillare kann zwischen Einschweißen (1:2 < Aspektverhältnis < 2:1) und Tiefschweißen (Aspektverhältnis ≥ 2:1) unterschieden werden (16). Die Ausprägung des Prozessregimes wird sowohl durch die Werkstoffeigenschaften (z.B. Temperaturleitfähigkeit, Schmelzviskosität, Siedetemperatur etc.) als auch die Laserstrahleigenschaften (z.B. Laserstrahldurchmesser, Intensitätsverteilung, Einfallswinkel) und Verfahrensparameter (Laserleistung, Scangeschwindigkeit) beeinflusst. Simulative Untersuchungen (17–19) und Hochgeschwindigkeits-Röntgenaufnahmen zur Visualisierung der Vorgänge in der Wechselwirkungszone (20, 21) deuten indes darauf hin, dass der LPBF-Prozess i.d.R. im Einschweißregime stattfindet.

Neben der Schmelzbadausbildung zeichnet sich die Laserstrahl-Material Wechselwirkung beim LPBF durch eine komplexe Schmelzbaddynamik aus. Im Folgenden wird deshalb auf die Ursachen von Schmelzbadströmungen und deren Einfluss auf den Materialtransport beim LPBF eingegangen. Zur Verdeutlichung der Strömungseffekte beim LPBF ist eine schematische Darstellung der in der Wechselwirkungszone auftretenden Effekte, insbesondere der Schmelzbadströmungen, in Bild 6 abgebildet.

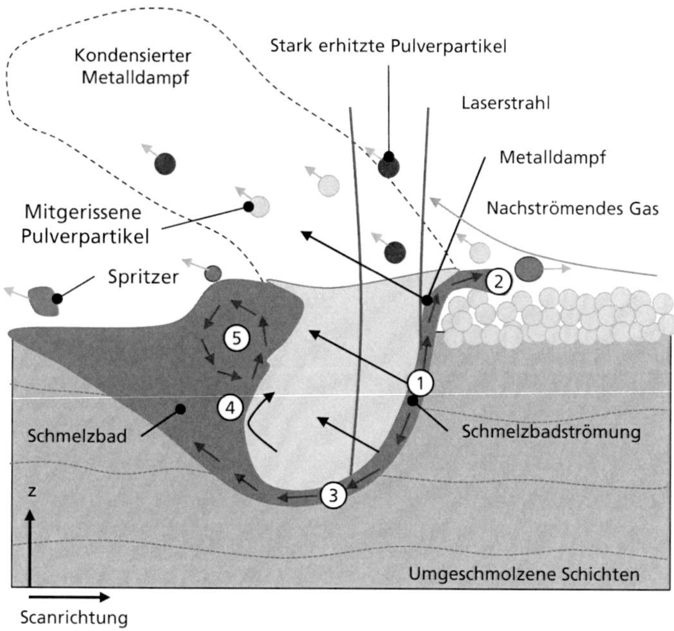

Bild 6 Schematische Darstellung der in der Wechselwirkungszone auftretenden Effekte, insbesondere der Schmelzbadströmungen, beim LPBF. Adaptiert von (13)

Einer der wesentlichen Gründe für die Schmelzbadströmung beim LPBF ist die sogenannte Marangoni-Konvektion. Diese wird durch einen Gradienten der Oberflächenspannung hervorgerufen und bedingt einen Materialtransport von Bereichen niedriger zu Bereichen größerer Oberflächenspannung. Der Gradient der Oberflächenspannung resultiert dabei insbesondere aus Temperaturunterschieden oder Gradienten in der chemischen Zusammensetzung. Da die Oberflächenspannung mit zunehmender Temperatur abnimmt bedingt das Temperaturfeld beim LPBF sowohl eine laterale Strömung vom Zentrum des Schmelzbades zu den Schmelzbadrändern als auch eine Strömung von der Schmelzbadfront zum Schmelzbadnachlauf. Neben der Marangoni-Konvektion wird die Schmelzbadströmung beim LPBF durch die Dampfkapillare und den abströmenden Metalldampf beeinflusst. Der Rückstoßdruck des abströmendes Metalldampfes verursacht die Ausformung der Dampfkapillare und verdrängt dabei die Schmelze (vgl. Bild 6, 1). Ein Teil der Schmelze wird dabei in Scanrichtung beschleunigt und kann in das Pulverbett „überschwappen" (siehe Bild 6, 2). Des Weiteren muss die Schmelze die Dampfkapillare aufgrund der Laserstrahlbewegung umströmen. Hieraus resultiert eine Staupunktströmung an der Schmelzbadfront. Aufgrund des verringerten Schmelzbadquerschnitts bei der Umströmung der Dampfkapillare wird die Schmelze zunächst beschleunigt und anschließend hinter der Dampfkapillare entschleunigt (vgl. Bild 6, 3) (13). Der abströmende Metalldampf übt weiterhin eine Scherkraft auf die Oberfläche der Dampfkapillare aus und führt damit zur Ausbildung von Schmelzbadwellen (siehe Bild 6, 4 und 5) (22). Das resultierende komplexe Strömungsfeld beim LPBF steht im direkten Zusammenhang mit entstehenden Spurgeometrie und der Ausbildung von Prozessnebenprodukten, auf die in Kapitel 2.3 genauer eingegangen wird.

2.2.2 Erstarrung und Spurmorphologie beim Laser Powder Bed Fusion

Neben der Schmelzbadausbildung wird die nach der Erstarrung der Schmelze erzeugte Spurmorphologie beim LPBF durch Effekte wie die Benetzung der umgebenden Oberflächen und die Oberflächenspannung der Schmelze beeinflusst. Die Spurmorphologie dient folglich als Maß für die Stabilität des Schmelzbades. Aufgrund der spurweisen Bearbeitung kann zwischen der Beeinflussung der einzelnen Schmelzspur sowie der Beeinflussung des Spurverbundes unterschieden werden.

Die Bewertung der Spurmorphologie beim LPBF erfolgt häufig anhand von Einzelschmelzspuren, die unter Variation der Scangeschwindigkeit v_S und der Laserleistung P_L erzeugt werden. Experimentelle Untersuchungen zu Einzelschmelzspuren des Edelstahls 1.4404 (23) zeigen eine Veränderung der Spurmorphologie in Abhängigkeit der Verfahrensparameter P_L und v_S. Ein Auszug der Ergebnisse ist in Bild 7 zusammengefasst.

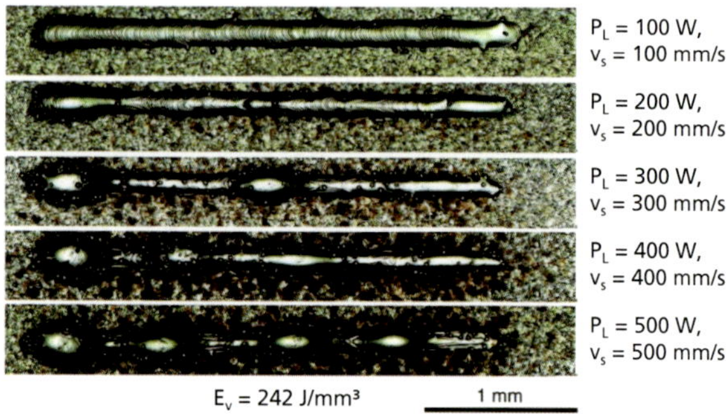

Bild 7 Mikroskopaufnahme der Spurmorphologie beim LPBF des Edelstahls 316L mit konstanter Volumenenergie. Bild aus (23).

Für niedrige Laserleistungen P_L und Scangeschwindigkeiten v_S werden zusammenhängende Schmelzspuren mit konstanter Breite festgestellt, wohingegen Schmelzspuren bei größeren Laserleistungen und Scangeschwindigkeiten eine unregelmäßige Spurmorphologie mit Einschnürungen und teilweisen Unterbrechungen aufweisen. Dieser Effekt wird in der Literatur als Balling oder Humping bezeichnet (24–26).

Zur Beschreibung der Stabilität von Einzelspuren beim LPBF wird häufig auf die sog. Plateau-Rayleigh-Instabilität zurückgegriffen. Für einen freien Zylinder eines Fluids kann auf Grundlage des Zylinderdurchmessers D [mm] und der Zylinderlänge L [mm] ein vereinfachtes Stabilitätskriterium gemäß

2.2
$$\frac{\pi \cdot D}{L} > 1$$

berechnet werden. Für den LPBF-Prozess ist das Stabilitätskriterium somit erfüllt, solange die Schmelzbadlänge kleiner ist als der Schmelzbadumfang π x D. Eine Verletzung des Plateau-Rayleigh-Kriteriums bedingt indes einen Zerfall des Zylinders in Teilsegmente bzw. Tropfen zur Minimierung der Oberflächenenergie. Aufgrund des schichtweisen Aufbaus ergibt sich beim LPBF zumeist ein Sonderfall, da sich das Schmelzbad i.d.R. im Kontakt mit den zuvor aufgebauten Schichten oder der Substratplatte befindet. Folglich kann die Schmelze das feste Material benetzen (27). Yadroitsev et al. betrachten das Schmelzbad deshalb statt als freien Zylinder als einen segmentierten Zylinder im Kontakt mit einem Substrat und erweitern die Formel **2.2** daher um den Kontaktwinkel Φ, der sich zwischen dem Schmelzbad und dem Substrat einstellt (28). Für den segmentierten Zylinder im Kontakt mit einem festen Substrat ergibt sich in Abhängigkeit des Kontaktwinkels Φ [rad] für den segmentierten Zylinder

2.3
$$\frac{\pi \cdot D}{L} > \sqrt{2} \cdot \sqrt{\frac{\Phi \cdot (1 + \cos(2\Phi)) - \sin(2\Phi)}{2\Phi \cdot (2 + \cos(2\Phi)) - 3 \cdot \sin(2\Phi)}} \; gültig \; für \; \Phi > \frac{\pi}{2}$$

als Stabilitätskriterium. Eine grafische Zusammenfassung des Stabilitätskriteriums für einen Zylinder im Kontakt mit einem Substrat ist in Bild 8 dargestellt.

Bild 8 Grafische Darstellung des Stabilitätskriteriums für einen Zylinder im Kontakt mit einem Substrat in Abhängigkeit des Durchmessers D und der Länge L des Zylinders sowie des Kontaktwinkels Φ mit dem Substrat. Adaptiert von (28).

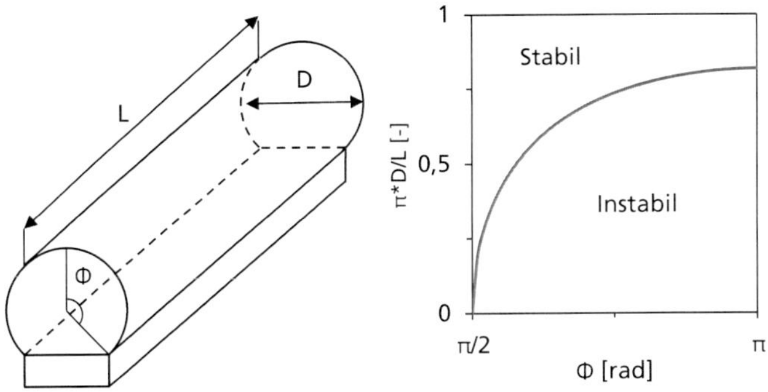

Selbst für den theoretisch größtmöglichen Kontaktwinkel $\Phi = \pi$ ist gemäß der Formel **2.3** das Stabilitätskriterium für den segmentierten Zylinder bei einem kleineren Umfang-Länge-Verhältnis des Schmelzbades als für den freien Zylinder erfüllt. Kleinere Kontaktwinkel, d.h. eine höhere Benetzung des Substrats durch die Schmelze, vergrößern folglich den stabilen Bereich. Bei einem gleichbleibenden Kontaktwinkel bedingt ein größeres Umfang-Längen-Verhältnis des Schmelzbades eine Zunahme der Schmelzspurstabilität. Wie in Kapitel 2.2.1 beschrieben wird die Schmelzbadgeometrie unmittelbar durch die LPBF-Verfahrensparameter beeinflusst. Somit hat eine Veränderung der LPBF-Verfahrensparameter ebenfalls einen Einfluss auf die Schmelzspurstabilität. Insbesondere die Verringerung der Laserleistung P_L sowie die Steigerung der Scangeschwindigkeit v_s bewirken eine Abnahme der Schmelzspurbreite bzw. eine Zunahme der Schmelzbadlänge. Dies bedingt folglich eine Verringerung der Schmelzspurstabilität und führt zu einer höheren Wahrscheinlichkeit von Balling. Dieser Zusammenhang ist schematisch in Bild 9 zusammengefasst.

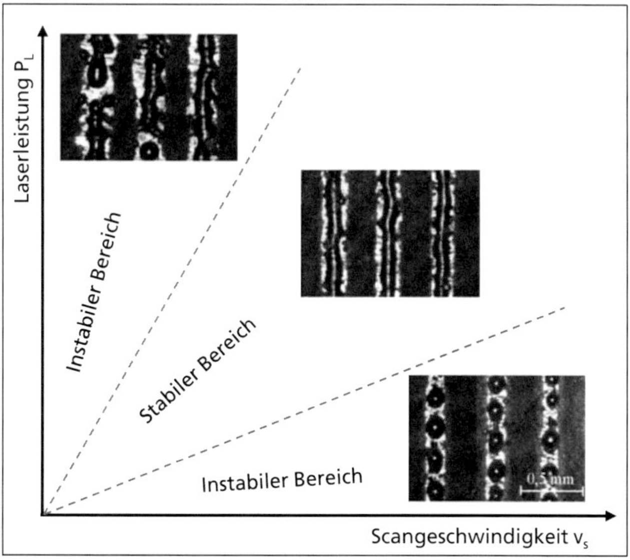

Bild 9 Darstellung der Schmelzspurstabilität in Abhängigkeit der Laserleistung P_L und der Scangeschwindigkeit v_s. Adaptiert von (5, 29) Bilder aus (30)

Neben der Stabilität der einzelnen Schmelzspuren müssen beim LPBF ebenfalls Effekte im Spurverbund, d.h. bei der Bearbeitung mehrerer benachbarter Schmelzspuren berücksichtig werden. Meiners beschreibt in frühen experimentellen Untersuchungen zum LPBF eine lokale Pulververarmung in Abhängigkeit des eingestellten Hatchabstandes Δy_s. Begründet wird dieser Effekt durch eine asymmetrische Benetzung aufgrund der bereits umgeschmolzenen benachbarten Spuren (11). Daraus ergeben sich charakteristische Fehlstellen, die insbesondere bei kleinen Hatchabständen auftreten können. Eine schematische Darstellung des Pulververarmungseffekts nach Meiners ist in Bild 10 abgebildet.

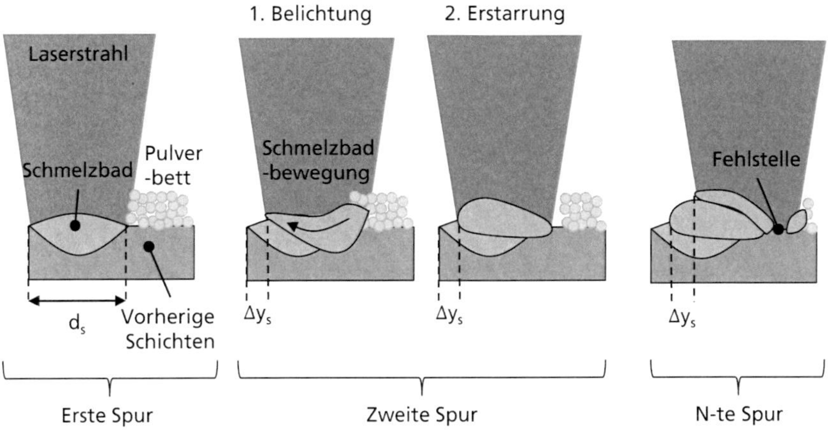

Bild 10 Schematische Darstellung der Ursache für die Entstehung von Fehlstellen beim LPBF mir zu geringen Hatchabständen Δy_s nach Meiners (11).

Weiterführende Untersuchungen zur Dynamik des Pulvers in der Umgebung der Wechselwirkungszone beim LPBF durch Matthews et. al. untersuchen die Pulververarmung anhand von Hochgeschwindigkeitsaufnahmen des LPBF-Prozesses (31). Die Autoren identifizieren den mit großer Geschwindigkeit ($v = 10$ m/s) aus der Dampfkapillare ausströmenden Metalldampf als Ursache für die Pulverbettbewegung beim LPBF. Beim für das LPBF typischen Kammerüberdruck ($\Delta p \approx 100$ mbar) erzeugt der ausströmende Metalldampf einen lokalen Unterdruck in der Nähe des Schmelzbades. Die nachströmende Argonatmosphäre induziert eine Querströmung, die Pulverpartikel mitreißt und in das Schmelzbad transportiert (31). Der resultierende Bernoulli-Effekt verursacht folglich einen Materialtransport in das Schmelzbad und führt zu einer Pulververarmung in der Nähe der Schmelzspur. Eine Zusammenfassung des beschriebenen Effekts ist in Bild 11 dargestellt.

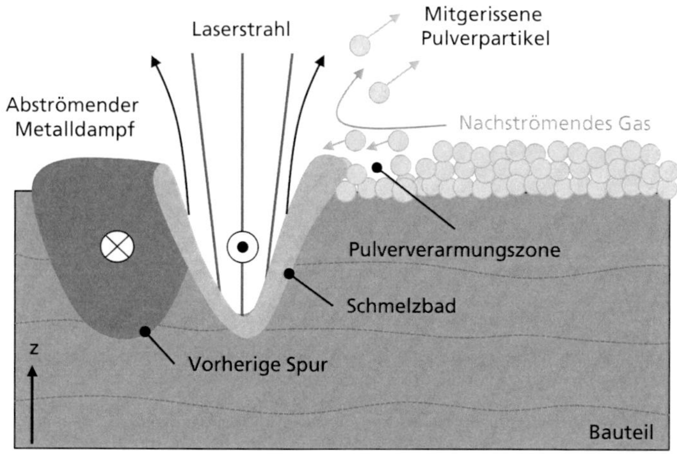

Bild 11 Schematische Darstellung des Mechanismus zur Enstehung der Pulververarmungszone aufgrund des Bernoulli-Effekts nach (31)

Die Berücksichtigung der beschriebenen Effekte auf die Stabilität einzelner Schmelzspuren und Spurverbünde sind entscheidend bei der Bestimmung und Auswahl geeigneter LPBF-Verfahrensparameter, um eine defektfreie schmelzmetallurgische Anbindung benachbarter Schmelzspuren und aufeinanderfolgender Schichten sicherzustellen.

2.3 Prozessnebenprodukte beim Laser Powder Bed Fusion

Neben der Schmelzbadausbildung und -stabilität ist die Laserstrahl-Material-Wechselwirkung ursächlich für die Ausbildung von Prozessnebenprodukten beim LPBF. Der Begriff Prozessnebenprodukte umfasst dabei alle Stoffe, die aus dem Schmelzbad oder der Umgebung emittiert werden und somit nicht zum Aufbau des Bauteils beitragen. Im Folgenden wird sowohl auf die Entstehung von Prozessnebenprodukten beim LPBF als auch auf deren Einfluss auf den Prozess und die Bauteilqualität eingegangen. Die beim LPBF gebildeten Prozessnebenprodukte werden insbesondere hinsichtlich ihrer Entstehungsursache in folgende Kategorien unterteilt (13):

1. Kondensierter Metalldampf, im Folgenden als Metallkondensat bezeichnet
2. Pulverspritzer
    a. mitgerissene Pulverpartikel
    b. stark erhitzte Pulverpartikel

3. Schmelzspritzer

Eine Übersicht der oben genannten Prozessnebenprodukte ist in Bild 12 schematisch abgebildet.

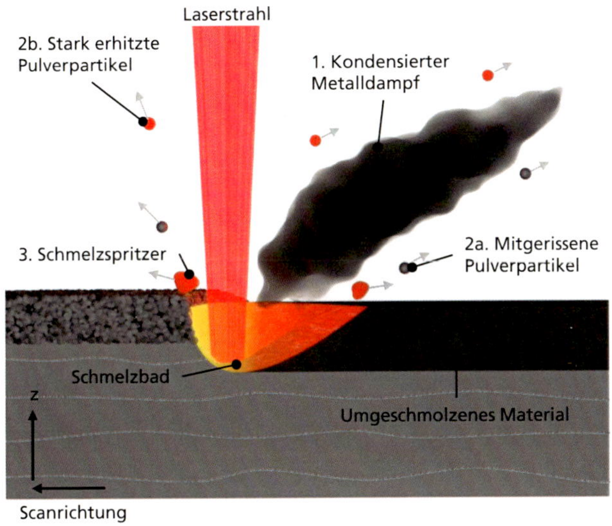

Bild 12 Schematische Darstellung der beim LPBF entstehenden Prozessnebenprodukte auf Grundlage von (13, 32).

Metallkondensat:

Das Metallkondensat (engl.: vapor plume) entsteht infolge der Verdampfung von schmelzflüssigem Metall im Bereich der Dampfkapillare (vgl. Bild 6). Der aus der Dampfkapillare schnell ausströmende Metalldampf (v > 10 m/s) kondensiert in der kühleren Umgebungsatmosphäre und bildet dort nanoskalige Partikel (33), die durch die Gasströmung mitgerissen und anschließend durch die Schutzgasströmung abtransportiert werden. Aufgrund der großen Partikeldichte führt die Interaktion des Laserstrahls mit dem Metallkondensat zur Absorption und Streuung von Laserstrahlung. Dadurch wird die auf das Schmelzbad auftreffende Intensität der Laserstrahlung verringert und die Ausbildung von Fehlstellen begünstigt. Durch die Auslegung der Schutzgasströmung in LPBF-Maschinen (vgl. Anhang 12.1) kann die Interaktion des Laserstrahls mit dem Metallkondensat verringert werden. Insbesondere bei LPBF-Maschinen mit mehreren Laserstrahlen (vgl. 2.4.2) muss die Interaktion der Laserstrahlen mit dem Metallkondensat bei der Bahnplanung berücksichtigt werden (34). Neben der direkten Beeinflussung des LPBF-Prozesses kann die Ablagerung von Metallkondensat auf optischen Elementen (z.B. Schutzgläsern) die Strahlpropagation stören und dadurch die Bauteilqualität beim LPBF negativ beeinflussen (13).

Pulverspritzer:

Pulverspritzer entstehen aufgrund des Bernoulli-Effekts, der durch den abströmenden Metalldampf induziert wird (vgl. Bild 6 und Bild 11). Das nachströmende Gas reißt Pulverpartikel in der Umgebung des Schmelzbades mit. Ein Teil der Pulverpartikel werden in das Schmelzbad transportiert, wohingegen andere Partikel durch die Gasströmung aus der Interaktionszone ausgeworfen werden. Die ausgeworfenen Pulverpartikel lagern sich teilweise im Pulverbett bzw. auf der Bauteiloberfläche ab oder werden durch die Schutzgasströmung abtransportiert. Einige Pulverpartikel passieren aufgrund ihrer Trajektorie den Laserstrahl und werden dabei aufgeschmolzen oder zumindest stark erhitzt und sind dadurch sichtbar (vgl. Bild 12, 2b). Aufgrund der im Vergleich zum Metallkondensat geringen Partikeldichte und der ähnlichen Partikelgröße zum Ausgangswerkstoff besteht für Pulverspritzer nur bei lokalen Materialanhäufungen infolge einer inhomogenen Schutzgasströmung ein erhöhte Wahrscheinlichkeit zur Fehlstellenbildung (32).

Schmelzspritzer:

Schmelzspritzer entstehen unmittelbar aus dem Schmelzbad und resultieren aus den komplexen Schmelzbadströmungen beim LPBF (vgl. Bild 6). Bei lokaler Überschreitung der Oberflächenenergie werden Schmelztropfen aus dem Schmelzbad ausgeworfen. Die Schmelztropfen weisen im Vergleich zum Pulverwerkstoff häufig einen wesentlich größeren Partikeldurchmesser und eine geringe Geschwindigkeit auf, sodass Schmelzspritzer nur bedingt durch die Schutzgasströmung abtransportiert werden können. Die Ablagerung von Schmelzspritzern auf der Bauteiloberfläche führt zu einer größeren Oberflächenrauheit und begünstigt die Entstehung von Fehlstellen, da sie aufgrund ihrer Größe nur teilweise durch den Laserstrahl aufgeschmolzen werden können (32).

2.4 Ansätze zur Erhöhung der Aufbaurate beim Laser Powder Bed Fusion

Insbesondere die geringe Aufbaurate ist ein Hindernis für die breite industrielle Nutzung des LPBF in der Produktion (35). Eine verbreitete Kenngröße für das LPBF ist deshalb die theoretische Aufbaurate $\dot{V}_{th}$ die auf Grundlage der Verfahrensparameter v_s [mm/s], Δy_s [mm], D_s [mm] gemäß

2.4 $$\dot{V}_{th} = v_s \cdot \Delta y_s \cdot D_s \left[\frac{mm^3}{s}\right]$$

berechnet wird (33). Eine Erhöhung der Aufbaurate kann folglich gleichermaßen durch eine Vergrößerung von v_s, Δy_s und D_s erzielt werden. Physikalisch wird dies allerdings durch die für das Aufschmelzen des Metallpulvers notwendige Energiemenge limitiert. Aus diesem Grund werden in der Praxis einfache Kenngrößen wie die Volumenenergie E_v zum Vergleich verschiedener Verfahrensparameterkombinationen herangezogen. Die Volumenenergie E_v wird dabei gemäß

2.5 $$E_v = \frac{P_L}{v_s \cdot \Delta y_s \cdot D_s} = \frac{P_L}{\dot{V}_{th}} \left[\frac{J}{mm^3}\right]$$

aus den Verfahrensparametern v_s [mm/s], Δy_s [mm], D_s [mm] und P_L [W] berechnet (11). Bei konstanter Volumenenergie E_v resultiert eine Vergrößerung der theoretischen Aufbaurate $\dot{V}_{th}$ folglich gleichermaßen in einer Vergrößerung der benötigten Laserleistung. Bei den für das LPBF gängigen Singlemode-Faserlasern mit Gauß'scher Intensitätsverteilung resultiert eine Vergrößerung der Laserleistung P_L [W] bei gleichbleibendem Laserstrahldurchmesser d_s [µm] gemäß

2.6 $$\bar{I} = \frac{4 \cdot P_L}{\pi \cdot d_s^2} \; ; \; I_{max} = \frac{8 \cdot P_L}{\pi \cdot d_s^2} \left[\frac{W}{cm^2}\right]$$

in einer Zunahme der Laserintensität. Entsprechend der in 2.2 und 2.3 beschriebenen Effekte bei der Laserstrahl-Material-Wechselwirkung nimmt die Wahrscheinlichkeit für tiefschweißinduzierte Defekte und Prozessinstabilitäten bei Vergrößerung der Laserintensität zu.

Die oben beschriebenen Vergleichsgrößen theoretische Aufbaurate, Volumenenergie und Intensität berücksichtigen lediglich die LPBF-Verfahrens- und Laserparameter und eignen sich somit nur für den Vergleich identischer Werkstoffe. Im Gegensatz dazu stellen Rubenchik et al. eine Vergleichs- bzw. Übertragungsmethodik für den LPBF-Prozess mit verschiedenen Werkstoffen vor. Dabei dient die sogenannte normalisierte Enthalpie h, die neben den Verfahrens- und Laserparametern auch Werkstoffeigenschaften wie Wärmeleitfähigkeit, spez. Wärmekapazität und Schmelzenthalpie berücksichtigt, als Vergleichsgröße. Erste Untersuchungen der Autoren zum LPBF mit häufig verwendeten Pulverwerkstoffen (z.B. 316L, Ti6Al4V) zeigen eine hohe Übereinstimmung von Experiment und Berechnung. (36)

Zur Überwindung dieser prozessimmanenten Restriktionen werden verschiedenen Ansätze zur Erhöhung der Aufbaurate industriell umgesetzt und wissenschaftlich untersucht. Im Folgenden werden deshalb die Skalierung der Aufbaurate beim LPBF durch Verwendung größerer Laserleistungen (Kapitel 2.4.1) sowie die Skalierung der Aufbaurate durch parallele Bearbeitung mit mehreren Laserstrahlen (Kapitel 2.4.2) dargestellt.

2.4.1 Verwendung großer Laserleistungen für das Laser Powder Bed Fusion

Die Verwendung von Laserleistungen bis zu $P_{L,max}$ = 1000 W pro Laserstrahlquelle wird in verschiedenen LPBF-Maschinen bereits industriell umgesetzt (37–39). Der Einsatz solcher Maschinen ist allerdings zumeist auf Werkstoffe mit großer Wärmeleitfähigkeit und geringer Absorption im nahinfraroten Wellenlängenbereich wie z.B. Aluminium- und Kupferlegierungen beschränkt. Die unter 2.4 beschriebene Intensitätsüberhöhung bei Verwendung großer Laserleistung in Kombination mit konstanten Laserstrahldurchmessern führt für den Großteil der mittels LPBF verarbeitbaren Werkstoffe zu einer Beschränkung der nutzbaren Laserleistung. Um diese Restriktionen aufzuheben, werden derzeit erste LPBF-Maschinen mit variablem Laserstrahldurchmesser durch Defokussierung (40) und Zoom-Teleskope entwickelt und angeboten (41). Erste Maschinen mit Laserleistungen P_L > 1000 W pro Laserstrahlquelle befinden sich bereits in Entwicklung, sind jedoch noch nicht kommerziell verfügbar (42–44).

Auch forschungsseitig wird das LPBF mit größeren Laserleistungen, auch als High-Power Selective Laser Melting (HP-SLM) bekannt, seit längerem untersucht. Erste Untersuchungen durch Schleifenbaum et. al. adressieren die Entwicklung von LPBF-Maschinen mit einer maximalen Laserleistung von $P_{L,max}$ = 1000 W. Durch die Kombination einer Multimode Laserstrahlquelle mit zwei Arbeitsfasern mit Faserkerndurchmessern von d_{k1} = 50 µm und d_{k2} = 200 µm soll die für das LPBF typische Detailauflösung und Bauteilqualität mit einer möglichst großen Aufbaurate vereint werden. Die unterschiedlichen Laserstrahlparameter für die Arbeitsfaser mit Faserkerndurchmessern von d_{k1} = 50 µm und d_{k2} = 200 µm resultieren bei ansonsten gleicher Fokussieroptik in Strahldurchmesser von d_{s1} = 200 µm und d_{s2} = 1000 µm. Die Umschaltung der Arbeitsfaser bewirkt aufgrund der unterschiedlichen Faserkerndurchmesser gleichzeitig ebenfalls die Veränderung des Laserstrahlprofils von einer gaußförmigen Intensitätsverteilung bei d_{k1} = 50 µm zu einer Top-Hat Intensitätsverteilung bei d_{k2} = 200 µm. Im LPBF-Prozess wird die Kombination der verschiedenen Laserstrahlquellen durch eine sogenannte Hülle-Kern Strategie realisiert, bei der das Volumen des Bauteils zur Produktivitätssteigerung mit größerer Laserleistung und größerem Laserstrahldurchmesser bearbeitet wird, wohingegen die Hüllbereiche des Bauteils mit einem kleineren Laserstrahldurchmesser und geringerer Laserleistung bearbeitet werden, um eine ausreichende Oberflächenqualität und Maßhaltigkeit sicherzustellen. Insbesondere die Sicherstellung einer defektfreien Anbindung zwischen Hüll- und Kernbereich stellt jedoch eine Herausforderung für das HP-SLM dar. Eine Übersicht des optischen Systems für das HP-SLM sowie die Hülle-Kern Strategie sind in Bild 13 dargestellt. (33, 45)

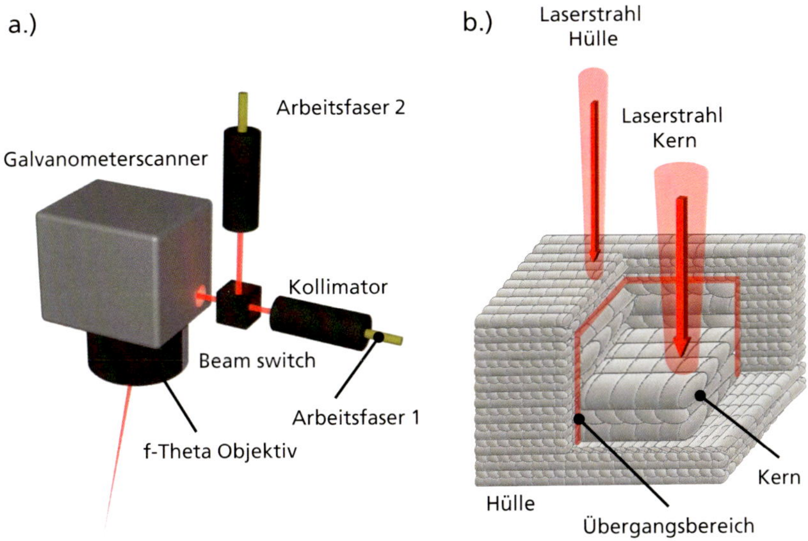

Bild 13 Schematische Darstellung des optischen Systems für das HP-SLM (a) sowie der Funtionsweise der Hülle-Kern Strategie für das HP-SLM (b).
Adaptiert von (33, 35).

Weiterführende Untersuchungen durch Bremen et al. fokussieren die Weiterentwicklung der Systemtechnik und Prozessführung für das HP-SLM. Statt einer Laserstrahlquelle mit zwei unterschiedlichen Arbeitsfasern werden ein Multimode-Faserlaser mit $P_{L,\ max} = 2000$ W und ein Singlemode Faserlaser mit $P_{L,max} = 400$ W in einem optischen System vereint. Dies resultiert in Laserstrahldurchmesser von $d_s = 730$ µm und $d_s = 80$ µm für das verwendete optische System. Die unterschiedliche Strahlqualität der verwendeten Laserstrahlquellen bewirkt analog zu den Untersuchungen von Schleifenbaum et. al. (45, 33) die Veränderung des Laserstrahlprofils von einer gaußförmigen Intensitätsverteilung für den Singlemode-Faserlaser zu einer Top-Hat Intensitätsverteilung für den Multimode-Faserlaser. Durch Nutzung der Hülle-Kern Strategie beim LPBF der Nickelbasis-Legierung Inconel ® 718 wird gegenüber dem LPBF mit einem Singlemode-Faserlaser mit $P_{L,max} = 400$ W eine Aufbauratensteigerung von 680 % bei gleichbleibenden mechanischen Eigenschaften (Zugfestigkeit R_m, Streckgrenze $R_{p0,2}$, Bruchdehnung A) erreicht. Die Aufbauratensteigerung wird dabei insbesondere durch eine Vergrößerung der Schichtdicke im Kernbereich von $D_s = 30$ µm auf bis zu $D_s = 150$ µm bei Verwendung der maximalen Laserleistung von $P_L = 2000$ W ermöglicht. (46, 35)

Experimentelle Untersuchungen durch Tenbrock et. al. betrachten den Übergang von keyhole- und wärmeleitungsdominierten LPBF-Prozessregimen bei Verwendung einer Top-Hat Intensitätsverteilung mit Laserstrahldurchmessern von d_s = 100, 150 und 200 µm. Für die Untersuchungen werden ein Multimode-Faserlaser mit $P_{L,max}$ = 2000 W mit einem variablem Zoom-Teleskop und einem f-Theta Objektiv kombiniert und LPBF-Experimente mit dem Edelstahl AISI 316L durchgeführt. Die Einordnung bezüglich des vorherrschenden Prozessregimes erfolgt anhand der im Querschliff bestimmten Schmelzbadbreite b_{sb} und -tiefe t_{sb}. Für Aspektverhältnisse von t_{sb}/b_{sb} > 0,8 wird von einem keyholedominierten Prozessregime ausgegangen. Für Aspektverhältnisse $t_{sb}/b_{sb} \leq 0{,}8$ wird das LPBF-Prozessregime durch Wärmeleitungsprozesse dominiert. Gemäß den Ergebnissen von Tenbrock et. al. wird der Übergang vom wärmeleitungs- zum keyholedominierten Prozessregime vornehmlich durch die mittlere Intensität $\bar{I}$ und die Streckenergie E_s bestimmt, die gemäß

2.7 $$E_s = \frac{P_L}{v_s} \left[\frac{J}{mm}\right]$$

aus der Laserleistung P_L [W] und der Scangeschwindigkeit v_s [mm/s] berechnet wird. Insgesamt wird ein lineares Übergangsverhalten zwischen dem wärmeleitungsdominierten und keyholedominierten LPBF-Prozessregime in Abhängigkeit von $\bar{I}$ und E_s festgestellt, wobei die Unterschreitung einer kritischen Intensität von $I_{krit} \approx 8 \times 10^6$ W/cm² eine deutliche Abnahme der Aufbaurate zur Folge hat. Des Weiteren wird eine minimal benötigte Volumenenergie von E_v = 52 – 57 J/mm³ für den Aufbau defektfreier Volumenkörper mit einer relativen Dichte von ρ_{rel} > 99,95 % ermittelt. (47)

Aktuelle Forschungsarbeiten zum LPBF mit größeren Laserleistungen adressieren vor allem die Anpassung der Intensitätsverteilung des Laserstrahls zur Vermeidung von Prozessinstabilitäten und Defekten. Wischeropp et. al. untersuchen die Verwendung einer ringförmigen Intensitätsverteilung im Vergleich zu einer gaußförmigen Intensitätsverteilung mit d_s = 80 µm für das LPBF der Aluminiumlegierungen AlSi10Mg und AlSi16Sc. Die ringförmige Intensitätsverteilung mit einem Außendurchmesser von $d_{s,a}$ = 140 µm wird mithilfe eines diffraktiven Strahlformers (sog. M-Shaper) in Kombination mit einem Singlemode Faserlaser mit P_L = 900 W erzeugt. Anhand von experimentellen Untersuchungen zur Fertigung einfacher Volumenkörpern wird ein wesentlich breiteres Prozessfenster für die ringförmige Intensitätsverteilung nachgewiesen, sodass die maximal erreichbare Aufbaurate um ca. 100% vergrößert werden kann. Dabei wird insbesondere ein stabilisierender Effekt der ringförmigen Intensitätsverteilung bei großen Laserleistungen festgestellt. Dieser kann ebenfalls durch die Abnahme des Spritzerauswurfs um bis zu 35 % anhand von lateralen High-Speed Videoaufnahmen des LPBF-Prozesses belegt werden. Der stabilisierende Effekt der ringförmigen Intensitätsverteilung wird vor allem auf die Vermeidung verdampfungsinduzierter Prozessinstabilitäten (Keyholing) durch einen gleichmäßigeren Energieeintrag in das Schmelzbad zurückgeführt. (48, 49)

Weitere Untersuchungen durch Grünewald et. al. vergleichen den Einfluss von drei verschiedenen ringförmigen Intensitätsverteilungen sowie einer gaußförmigen Intensitätsverteilung auf die Prozessstabilität beim LPBF mit Laserleistungen bis zu P_L = 1050 W. Im Gegensatz zu den Untersuchungen von Wischeropp et. al. werden die ringförmigen Intensitätsverteilungen nicht durch strahlformende optische Elemente, sondern durch eine Ringmode-Faser direkt an der Laserstrahlquelle erzeugt. Dieser Aufbau erlaubt weiterhin die Erzeugung der verschiedenen ringförmigen Intensitätsverteilungen indem der relative Leistungsanteil, der durch die Singlemode-Faser und die Ringmode-Faser emittiert wird, stufenweise angepasst wird (50). Die verwendeten ringförmigen Intensitätsverteilungen weisen Laserstrahlaußendurchmesser von $d_{s,a} \approx$ 250, 260 und 270 µm aus, wohingegen die Vergleichsversuche mit einer gaußförmigen Intensitätsverteilung mit einem Laserstrahldurchmesser von $d_s \approx$ 110 µm durchgeführt werden. Die experimentellen Untersuchungen erfolgen anhand der Belichtung von Hatchvektoren auf Substratplatten des Werkstoffs AISI 316L. Als Bewertungskriterien für die Prozessstabilität werden sowohl die Schmelzbadbreite und -tiefe als auch die Querschnittsfläche des Schmelzbades im Querschliff betrachtet. Bei Verwendung ringförmiger Intensitätsverteilungen in Kombination mit Laserleistungen von $P_L \leq$ 1050 W und Scangeschwindigkeiten von $v_s \leq$ 1700 mm/s werden stabile Schmelzbäder mit großer Breite und geringer Tiefe festgestellt. Im Gegensatz dazu nimmt die Wahrscheinlichkeit für Prozessinstabilitäten wie Keyholing und Schmelzbadinstabilitäten wie Balling und Einbrandkerben bei Verwendung einer gaußförmigen Intensitätsverteilung in Kombination mit großen Laserleistungen zu. Hieraus schlussfolgern Grünewald et. al., dass sich ringförmige Intensitätsverteilungen für die Skalierung der Aufbaurate des LPBF bei großen Laserleistungen eignen. (51)

Weiterführende Forschungsarbeiten durch Grünewald et. al. untersuchen den Einsatz vom akusto-optischen Strahlablenkungssystemen (engl.: acousto-optics deflector, AOD) für die hochdynamische Laserstrahlformung beim LPBF. Hierfür werden zwei AODs, die eine laterale Laserstrahlablenkung mit einer Dynamik von über 100 kHz ermöglichen, orthogonal zueinander im Strahlengang angeordnet. Eine schematische Darstellung des entwickelten optischen Systems in 4f-Konfiguration ist in Bild 14 dargestellt. Die Strahlform wird bei diesem Ansatz nicht statisch, sondern durch eine hochdynamische Laserstrahlbewegung quasistatisch erzeugt. Durch die Steuerung der Frequenz und Amplitude der beiden AODs lassen sich folglich beliebige Intensitätsverteilungen quasistatisch generieren. Die Erprobung des entwickelten optischen Systems erfolgt anhand von LPBF-Experimenten mit dem Pulverwerkstoff AISI 316L. Aufgrund der Beugungseffizienz des entwickelten optischen Systems von ca. 80% und der Zerstörschwelle der AODs wird die Laserleistung für die experimentellen

Untersuchungen auf $P_{L,max}$ = 400 W begrenzt. Zum Vergleich werden eine gaußförmige Intensitätsverteilung mit d_s = 130 µm sowie zwei ringförmige Intensitätsverteilungen mit $d_{s,a}$ = 285 und 395 µm betrachtet. Bei ansonsten identischen Verfahrensparametern für P_L, v_s, Δy_s und D_s werden relative Dichten von ρ_{rel} = 99,9%, 99,8% und 99,5% für die gaußförmige und die zwei ringförmigen Intensitätsverteilungen festgestellt. Die Abnahme der relativen Dichte wird durch die mit der Leistungsbegrenzung verbundenen Abnahme der mittleren Intensität für die ringförmigen Intensitätsverteilungen mit größeren Laserstrahlaußendurchmessern von d_s = 285 und 395 µm begründet. (52)

Bild 14 Optisches System zur hochdynmaischen Laserstrahlformung mittels zweier AOD. Abbildung adaptiert aus (52).

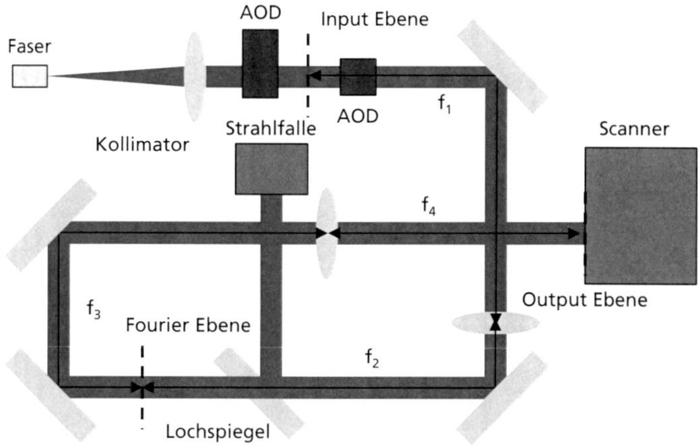

Erste Untersuchungen des Fraunhofer ILT unter Mitwirken des Autors untersuchen das Potenzial verschiedener Produktivitätsskalierungsansätze für das LPBF der Nickelbasis-Legierung Inconel ® 625. Der Vergleich umfasst die Verwendung einer ringförmigen Intensitätsverteilung mit $d_{s,a}$ = 165 µm und 200 µm sowie die Verwendung eines Defokus zur Einstellung von gaußförmigen Intensitätsverteilungen mit d_s = 160 µm und 200 µm. Eine schematische Übersicht der verwendeten optischen Systeme ist in Bild 15 zusammengefasst. Als Referenzdaten werden weiterhin gaußförmige Intensitätsverteilungen mit d_s = 80 µm und 100 µm in die Untersuchungen einbezogen. Die LPBF-gefertigten Probekörper werden sowohl in Hinblick auf die relative Dichte als auch die resultierende Schmelzbadgeometrie analysiert. Sowohl für die ringförmige als auch für die gaußförmige Intensitätsverteilung mit d_s = 200 µm wird eine ähnliche Aufbauratensteigerung von ca. 130 % gegenüber den Referenzdaten bei einer gleichbleibenden relativen Dichte von ρ_{rel} > 99,9 % festgestellt. Zudem wird für die ringförmigen und gaußförmigen Intensitätsverteilungen mit d_s = 160 µm und 200 µm ein vollständig wärmeleitungsdominiertes LPBF-Prozessregime (t_{sb}/b_{sb} < 0,8) identifiziert. Die Aufbauratensteigerung wird folglich durch den Wechsel des Prozessregimes bei großen Laserleistungen vorwiegend durch Vergrößerung von Scangeschwindigkeit v_s und Hatchabstand Δy_s erzielt. (53)

Bild 15 Schematische Darstellung der optischen Systeme für das LPBF mit defokussierter gaußförmiger und ringförmiger Intensitätsverteilung. Adaptiert von (53).

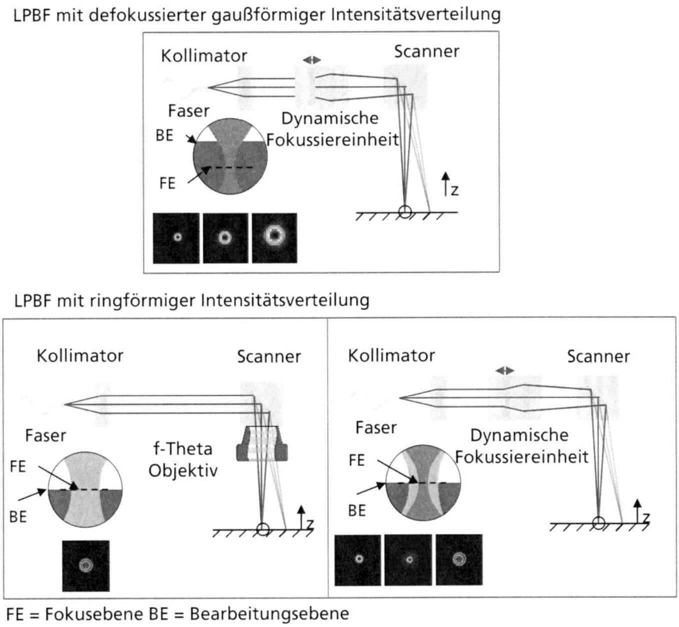

Weitere experimentelle und simulative Forschungsarbeiten zum LPBF unter Anpassung der Intensitätsverteilung untersuchen die Steuerung des Spritzerauswurfs und der Mikrostruktur und Verbesserung der Verarbeitbarkeit riss- und verzugsanfälliger Werkstoffe. Aufgrund der unterschiedlichen Schwerpunkte z.T. wesentlich geringerer Laserleistungen und Aufbauraten wird auf die Ergebnisse im Folgenden nicht näher eingegangen. Jedoch ist eine Gesamtübersicht der Forschungsarbeiten zur Anpassung der Intensitätsverteilung beim LPBF in Tabelle 13 im Anhang 12.1 dargestellt.

2.4.2 Multi-Strahl Ansätze für das Laser Powder Bed Fusion

Die Parallelisierung der Bearbeitung beim LPBF durch den Einsatz mehrerer Laserstrahlen ist der derzeit kommerziell am weitesten verbreiteten Ansatz zur Vergrößerung der Produktivität von LPBF-Maschinen. Industriell wird der Einsatz mehrerer Laserstrahlen durch die Kombination von Laser-Scanner-Systemen (LSS) realisiert, bei dem jeweils eine Laserstrahlquelle mit einem zugehörigen optischen System (zumeist bestehend aus Galvanometerscanner und Fokussieroptik) kombiniert werden. Der Aufbau der LSS kann grundsätzlich in Pre- oder Post-Objective Konfiguration erfolgen und wird in Abschnitt 5.1.4 näher beschrieben. Die einzelnen LSS der LPBF-Maschinen können grundsätzlich individuell angesteuert werden und ermöglichen folglich eine parallele Bearbeitung durch Multiplikation des LPBF-Prozesses gemäß Bild 4. Aktuelle LPBF-Maschinen variieren stark hinsichtlich der Anzahl der verbauten LSS. Während kleine und mittlere LPBF-Maschinen (Baufeldgröße: 100 x 100 mm^2 bis 300 x 300 mm^2) zumeist zwischen einem und vier LSS nutzen (38, 54–57), verwenden größere LPBF-Maschinen mit Baufeldgrößen von 300 x 300 mm^2 bis 1560 x 1560 mm^2 bis zu 25 individuell steuerbare LSS (4, 41, 58, 59). Zudem können Maschinenkonfigurationen hinsichtlich des Überlappbereichs zwischen benachbarten Scanfeldern – im Folgenden Scanfeldüberlapp genannt – unterschieden werden. Bei LPBF-Maschinen mit teilflächigem Scanfeldüberlapp können die individuellen LSS nicht jede Position auf dem gesamten Baufeld erreichen. Stattdessen wird das gesamte Baufeld durch die Scanfelder der individuellen LSS abgedeckt. Der Scanfeldüberlapp zwischen den individuellen Scanfeldern der LPBF-Maschinen kann stets durch mindestens zwei Laserstrahlen erreicht werden. Im Gegensatz dazu deckt bei LPBF-Maschinen mit vollflächigem Scanfeldüberlapp jedes LSS das gesamte Baufeld ab. Alle LSS können damit nicht nur auf einem Segment, sondern auf dem gesamten Baufeld für das LPBF genutzt werden. Einerseits wird der realisierbare Scanfeldüberlapp zwischen den LSS einer LPBF-Maschine durch die Scanfeldgröße der individuellen LSS, also die Komponentenauswahl (z.B. Galvanometerscanner, Fokussieroptik) beeinflusst. Andererseits ist die relative Anordnung der LSS entscheidend für den Scanfeldüberlapp von LPBF-Maschinen. Ein Multi-Laser-Systems für das LPBF mit zwei LSS sowie einem teilflächigen und einem vollflächigen Scanfeldüberlapp ist in Bild 16 schematisch dargestellt.

Bild 16 Schematische Darstellung von Multi-Laser-Systemen für das LPBF mit teilflächigem Scanfeldüberlapp (a) und vollflächigem Scanfeldüberlapp (b).

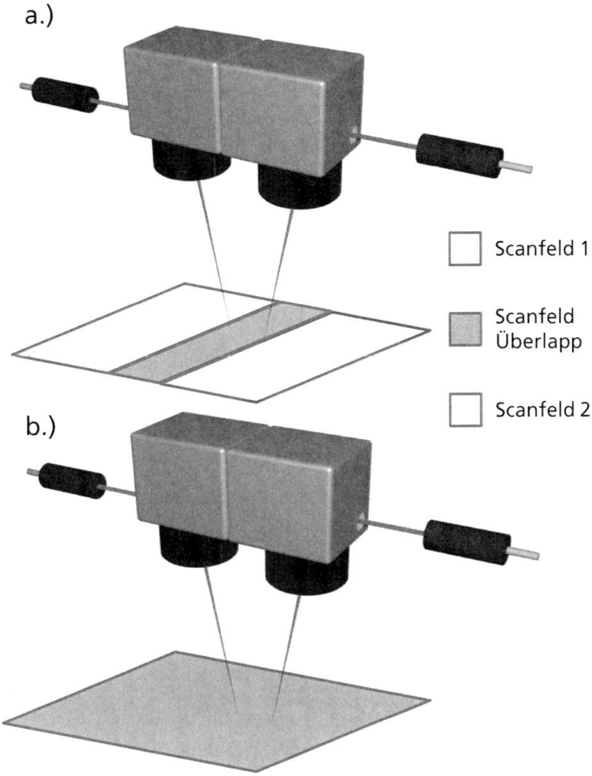

Durch die parallelisierte Bearbeitung beim LPBF mit Multi-Laser-Systemen kann die Belichtungszeit $t_{exp,ML}$ [s] in jeder Schicht gegenüber der Belichtungszeit eines Single-Laser Systems $t_{exp,SL}$ [s] in Abhängigkeit der Anzahl der verwendeten LSS n_{LSS} [-] theoretisch gemäß

2.8
$$t_{exp,ML} = \frac{t_{exp,SL}}{n_{LSS}} \; [s]$$

verringert werden. In der Praxis unterliegt die Aufbauratensteigerung durch das LPBF mit Multi-Laser-System jedoch bauteil-, prozess- und maschinenspezifischen

Restriktionen. Die Limitation der Aufbauratensteigerung bei der Verwendung von Multi-Scanner-Systemen werden in der Literatur vielfältig diskutiert und sind in Tabelle 1 zusammengefasst.

Tabelle 1 Zusammenfassung der Einflussfaktoren auf die Produktivität von Multi-Scanner-Systemen für das LPBF.

Einflussfaktor	Beispiel	Quelle
Bauteilgeometrie	• Verteilung der Bauteile im Bauraum (Packungsdichte in X-, Y- und Z-Richtung)	(60)
	• Einfluss der Bauteilgeometrie auf die Prozessrobustheit (z.B. lokale Überhitzung)	(61)
Prozess-nebenprodukte	• Vermeidung der Interaktion zwischen Prozessnebenprodukten und Laserstrahlen	(34)
	• Allokation der Scanvektoren zu LSS	(55, 62, 6)
Maschinen-konfiguration	• Homogenität der Schutzgasströmung	(63)
	• Position der Bauteile im Schutzgasstrom	(32)
	• Anordnung der LSS und Scanfeldüberlapp	(6)

Neben der industriellen Nutzung von Multi-Laser Systemen zur Aufbauratensteigerung beim LPBF existieren verschiedene neuartige Multi-Laser Ansätze für das LPBF, die im Folgenden dargestellt und diskutiert werden. Hierbei kann grundsätzlich zwischen neuen Belichtungsstrategien, die unter Einsatz konventioneller Multi-Laser Systeme realisiert werden, und neuartigen Multi-Laser Systemen für das LPBF unterschieden werden.

Multi-Scanner Bearbeitungsstrategien

Trotz der industriell verbreiteten Nutzung von Multi-Scanner Systemen für das LPBF sind diese zumeist auf konventionelle Bearbeitungsstrategien beschränkt. Das heißt, dass die LSS zumeist dazu verwendet werden, den LPBF-Prozess zu multiplizieren, um ein möglichst gleichbleibendes Bearbeitungsergebnis zu erreichen. Die Bearbeitungsstrategien entsprechen dabei denen von LPBF-Maschinen mit einem einzigen LSS (vgl. Kapitel 2.1). Weiterführende Forschungsarbeiten zu angepassten Bearbeitungsstrategien nutzen Multi-Scanner LPBF-Systemen, um das Bearbeitungsergebnis beim LPBF durch gezielte Kombination mehrerer Laserstrahlen (z.B. Vor- oder Nachlauf) positiv zu beeinflussen. Dabei werden verschiedene Zielgrößen wie Produktivität, Bauteilqualität oder das verarbeitbare Werkstoffspektrum adressiert.

Heeling et. al. nutzen eine LPBF-Labormaschine mit zwei LSS, die auf einem Baufeld mit einem Durchmesser von d = 100 mm einen vollflächigen Scanfeldüberlapp erzielen. Das optische System für eines der LSS ist modifiziert, um einen größeren Laserstrahldurchmesser von d_s = 270 µm bei P_L =100 W bzw. d_s = 380 µm bei P_L = 200 W einzustellen. Das zweite LSS nutzt einen konstanten Laserstrahldurchmesser von d_s = 90 µm bei einer Laserleistung von P_L = 200 W. Im Rahmen der experimentellen Untersuchungen wird das LSS mit dem konstanten Laserstrahldurchmesser von d_s = 90 µm für den LPBF-Prozess genutzt, wohingegen das andere LSS mit dem größeren Laserstrahldurchmesser von d_s = 270 mm bzw. d_s = 380 µm zur Vor- bzw. Nachwärmung eingesetzt wird. Die verwendete Vor- bzw. Nachwärmkonfiguration ist in Bild 17 grafisch zusammengefasst. Für die LPBF-Experimente werden einfache Volumenkörper aus dem Pulverwerkstoff AISI 316L unter Variation der Scangeschwindigkeit v_s und des Versatzes der Laserstrahlen Δx_L gefertigt. Anschließend werden die gefertigten Volumenkörper hinsichtlich der resultierenden relativen Dichte, der Schmelzbadgeometrie und der Oberflächenqualität analysiert. Aufgrund des zusätzlichen Energieeintrag durch den zweiten Laserstrahl zur Vor- bzw. Nachwärmung wird ein Potenzial zur Aufbauratensteigerung durch größere Scangeschwindigkeiten v_s bei gleichbleibender relativer Dichte festgestellt. Die größten relativen Dichten werden dabei für einen Laserstrahlversatz von Δx_L = 90 µm sowohl in Vorwärm- als auch in Nachwärmkonfiguration erreicht. Zudem wird für eine Verbesserung der Oberflächenqualität für die Offset-Bearbeitungsstrategie mit d_s = 380 µm und P_L = 200 µm festgestellt. Für die Nachwärmkonfiguration mit einem Laserstrahlversatz von Δx_L > 90 µm wird zusätzlich eine Veränderung der Schmelzbadgeometrie beobachtet. Diese wird auf eine Unterbrechung der Erstarrung bzw. ein Wiederaufschmelzen der bearbeiteten Spur durch den zweiten Laserstrahl zurückgeführt. (64)

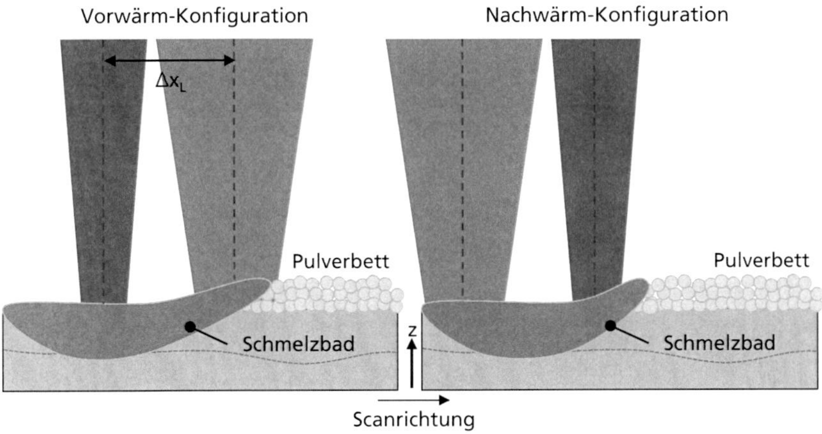

Bild 17 Schematische Darstellung der Vorwärm- (links) und Nachwärm-Konfiguration (rechts) im Rahmen der Untersuchungen von Heeling et. al. Adaptiert aus (64)

Weiterführende Arbeiten durch Heeling unter Verwendung der gleichen LPBF-Labormaschine erweitern die ersten Untersuchungen (64) um die Simulation der Schmelzbaddynamik, die Analyse des Spritzerauswurfs aus dem Schmelzbad mittels High-Speed Videografie sowie der Erweiterung der Vorwärmstrategie um eine punktweise Vorwärmung sowie das Wobbeln zur Vermeidung von Bauteilverzug und Rissbildung. Die LPBF-Experimente werden zudem neben AISI 316L auf den Vergütungsstahl AISI 4140 übertragen. Die Offset-Bearbeitungsstrategie in Vorwärmkonfiguration resultiert in einem reduzierten Spritzerauswurf aus dem Schmelzbad, welcher durch die Agglomeration bzw. das lokale Aufschmelzen der Pulverpartikel vor dem Schmelzbad des eigentlichen Bearbeitungslasers erreicht wird. Eine Beeinflussung der Mikrostruktur oder der Dichte wird in dieser Konfiguration nicht festgestellt, da diese vorwiegend durch den Bearbeitungslaser definiert werden. Im Vergleich dazu resultiert die Offset-Bearbeitungsstrategie in Nachwärmkonfiguration in einer Zunahme des Spritzerauswurf durch Interaktion der Spritzerpartikel mit dem nachwärmenden Laserstrahl. Eine negative Beeinflussung der Bauteilqualität kann indes nicht beobachtet werden. Zusätzlich bedingt der nachwärmende Laserstrahl einen glättenden Effekt auf die umgeschmolzene Spur durch Begünstigung einer ausgeprägten Marangoni Konvektion im Schmelzbadnachlauf, wodurch Schmelzbadinstabilitäten wie z.B. Balling (vgl. Kapitel 2.2) vermieden werden können. Die Wobble-Bearbeitungsstrategie stellt aufgrund der kreisenden Bewegung des zweiten Laserstrahls um den Bearbeitungslaserstrahl eine Kombination der Offset-Bearbeitungsstrategie in Vor- und Nächwärmkonfiguration dar. Folglich kann ebenfalls eine Abnahme des Spritzerauswurfs durch Agglomeration der Pulverpartikel vor dem Schmelzbad beobachtet werden. Im Gegensatz zu den Offset-Bearbeitungsstrategien resultiert die Wobble-Bearbeitungsstrategie aufgrund der kreisförmigen Bewegung in einer Beeinflussung der Bereiche senkrecht zur Scanrichtung, woraus eine Fischschuppen-Oberflächenstruktur resultiert, die die Oberflächenqualität jedoch nicht beeinflusst. Zudem ist der nutzbare Parameterbereich aufgrund dynamischer Beschränkungen der verwendeten Galvanometerscanner begrenzt, sodass ein vollumfänglicher Vergleich der Wobble-Bearbeitungsstrategie nicht möglich ist. Eine Verkleinerung des Bauteilverzugs wird weder für die Offset- noch für die Wobble-Bearbeitungsstrategie erreicht, da lediglich das Temperaturfeld in unmittelbarer Nähe des Schmelzbades beeinflusst werden kann. Die Erweiterung um die punktweise Vorwärmung der Bauteiloberfläche durch den zweiten Laserstrahl, bei der bereits bearbeitete Bauteilbereiche über mehrere Schichten hinweg erwärmt und teilweise aufgeschmolzen werden, ermöglicht den Abbau innerer Spannungen und erlaubt es somit den Bauteilverzug zu reduzieren. Die punktweise Vorwärmung resultiert jedoch ebenfalls in einer Kornvergröberung. (65)

Matthias et. al. untersuchen die Nutzung verschiedener Wobble-Bearbeitungsstrategien zur Vergrößerung des Hatchabstandes Δy_s und damit der Aufbaurate beim LPBF. Im Rahmen der Untersuchungen werden Wobble-Bearbeitungsstrategie mit konstanter Periode (Mode 1), mit konstantem Überlapp (Mode 2) und sog. Lissajou-Wobble (Mode 3), bei dem die Wobble-Amplitude und Frequenz in X- und Y-Richtung durch mathematische Beziehungen gekoppelt werden, hinsichtlich der Eignung für das LPBF miteinander verglichen. Entgegen den Untersuchungen durch Heeling (65) wird die Wobble Bewegung durch den Bearbeitungslaserstrahl ausgeführt. Der Laserleistungsbereich für die Experimente ist auf $P_L = 10 - 70$ W begrenzt. Während die Scangeschwindigkeit bei Verwendung der Wobble-Modi 1 und 2 konstant bei $v_s = 1000$ mm/s gehalten wird, muss sie für Wobble-Mode 3 mit $v_s = 50$ mm/s signifikant reduziert werden. Alle Wobble-Modi resultieren indes in einer wellenartigen Struktur der bearbeiteten Spuren. Zudem resultiert aus der lokalen Variation der Scangeschwindigkeit infolge der Wobble-Bewegung ein ungleichmäßiger Energieeintrag bei Verwendung einer konstanten Laserleistung P_L. Die Autoren schlussfolgern, dass der Einsatz einer Wobble-Bearbeitungsstrategie grundsätzlich eine Vergrößerung der Aufbaurate ermöglicht, jedoch eine umfangreiche Anpassung der Laserleistungssteuerung zur Kompensation des lokal unterschiedlichen Energieeintrags notwendig ist. (66)

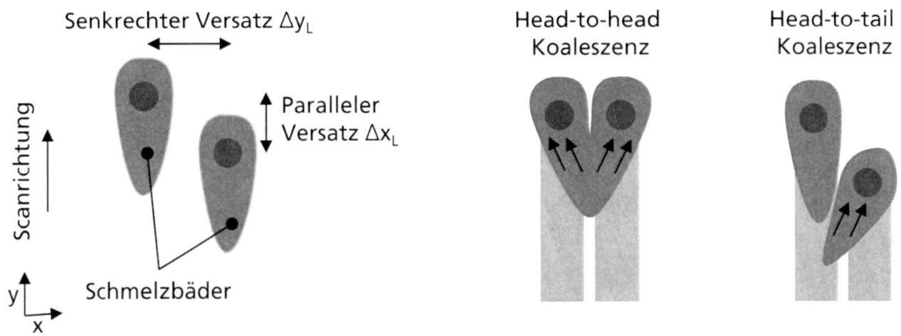

Bild 18 Grafische Zusammenfassung des Vorgehens von Zhang et. al. (links) sowie der beobachteten Mechanismen der Head-to-head Koaleszenz (mitte) und Head-to-tail Koaleszenz (rechts) der benachbarten Schmelzbäder. Adaptiert aus (67).

Neben angepassten Bearbeitungsstrategien adressieren Zhang et al. die gegenseitige Wechselwirkung der Schmelzbäder beim LPBF mit Multi-Scanner Systemen. Hierfür werden mittels einer LPBF-Labormaschine mit zwei LSS Untersuchungen zu einzelnen Schmelzspuren, die durch zwei Laserstrahlen in paralleler Anordnung erzeugt werden, untersucht. Dabei werden sowohl der Versatz der Laserstrahlen senkrecht als auch parallel zur Scanrichtung variiert. Die Versuchsmethodik ist in Bild 18 grafisch zusammengefasst. Die erzeugten Schmelzspuren werden mittels Konfokalmikroskopie hinsichtlich ihrer Topographie als auch anhand von High-Speed Videoaufnahmen des LPBF-Prozesses analysiert. Bei Einstellung eines Versatzes senkrecht zur Vorschubrichtung und konstantem senkrechten Versatz von $\Delta y_L = 0$ µm wird eine stufenweise Veränderung des Schmelzbadverhaltens bei der Multi-Laser

Bearbeitung festgestellt. Für Versätze von $\Delta y_L \leq 140$ µm wird eine vollständige Vereinigung der Schmelzbäder beobachtet. Für Versätze von 140 µm < Δy_L < 270 µm wird eine periodische Vereinigung der Schmelzbäder festgestellt, die die Autoren als periodische Koaleszenz bezeichnen. Für Versätze von $\Delta y_L \geq 270$ liegen vollständig voneinander getrennte Schmelzbäder vor. Die Anpassung des parallelen Versatzes Δx_L bei konstanten senkrechten Versatz Δy_L der Laserstrahlen bedingt einen Übergang des Schmelzbadverhaltens. Insbesondere im Bereich der periodischen Koaleszenz wird durch Vergrößerung des parallelen Versatzes Δx_L in Abhängigkeit der LPBF-Prozessparameter ein Übergang zu vollständig getrennten Schmelzbädern erreicht. Zudem wird eine Veränderung der Wellenlänge λ_k der periodischen Koaleszenz in Abhängigkeit des parallelen Versatzes Δx_L der Laserstrahlen festgestellt. Dies wird durch eine Veränderung der Schmelzbadwechselwirkung in Abhängigkeit des parallelen Versatzes Δx_L der Laserstrahlen hervorgerufen. Während die periodische Koaleszenz für kleine parallele Versätzen Δx_L aus einer direkten Schmelzbad-Schmelzbad-Wechselwirkung (sog. Head-to-head Koaleszenz, vgl. Bild 18) resultiert, wird die periodische Koaleszenz für große parallele Versätze Δx_L durch eine Wechselwirkung des folgenden Schmelzbades mit der bereits erstarrten ersten Schmelzspur hervorgerufen (sog. Head-to-tail Koaleszenz, vgl. Bild 18). Die Autoren führen beide Koaleszenzeffekte auf die Plateau-Rayleigh-Instabilität infolge einer Kombination der Schmelzbaddynamik und Oberflächenspannung zurück. Aufgrund der periodischen Schwankung ist gemäß den Autoren eine Kontrolle dieses Effekts essenziell, um Bauteildefekte durch Anbindungsfehler zu vermeiden. (67)

Multi-Laser-Arrays

Eine Sonderform des LPBF mit mehreren Laserstrahlen stellen sogenannte Multi-Laser-Arrays dar. Im Gegensatz zu Multi-Scanner Ansätzen zeichnen sich Multi-Laser-Arrays dadurch aus, dass mehrere Laserstrahlen durch ein einziges optisches System bewegt bzw. positioniert werden. Industriell ist das LPBF mit Multi-Laser-Arrays auf Start-Ups (68) sowie die Additive Fertigung von Polymeren begrenzt (69). Forschungsseitig werden sowohl Konzepte unter Verwendung von Gantry-Achssystemen als auch scannergeführten Multi-Laser-Arrays umgesetzt, welche im Folgenden diskutiert werden.

Erste Forschungsarbeiten durch Eibl. et al. und Poprawe et. al. (5, 70, 71) nutzen die Kombination eines Multi-Diodenlaser-Arrays mit einem Gantry-Achssystem. Hierfür werden fünf fasergekoppelte Diodenlaser mit einem Bearbeitungskopf kombiniert. Der Bearbeitungskopf enthält Fokussieroptiken für alle fünf Laserstrahlen sowie Festkörpergelenke zur relativen Positionierung der Laserstrahlen innerhalb des Arrays. Die für das LPBF notwendige Scanbewegung wird durch das Verfahren des Bearbeitungskopfs durch das Gantry-Achssystem realisiert. Das von Eibl et. al. entwickelte Maschinenkonzept ist in Bild 19 schematisch abgebildet.

Bild 19
Maschinenkonzept für das LPBF mittels eines Diodenlaser-Arrays nach (5, 70)

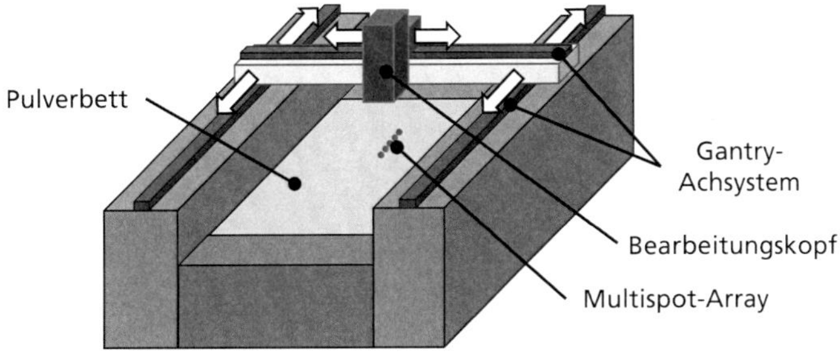

Die Nutzung des Maschinenkonzepts für das LPBF wird für den Edelstahl 316L demonstriert. Dabei werden vergleichbare Bauteildichten und mechanische Eigenschaften wie beim konventionellen scannerbasierten LPBF erreicht. Das Multilaser-Array erzeugt im Vergleich zu einem einzelnen Laserstrahl, wie in Bild 20 dargestellt, ein wesentlich breiteres zusammenhängendes Schmelzbad. Aufgrund der Oberflächenspannung führt dies zu einer deutlichen Wölbung des Schmelzbades und damit zu größeren Formabweichungen und Oberflächenrauheiten. Gegenüber dem Single Laser LPBF wird durch das von Eibl entwickelte Maschinenkonzept eine Steigerung der Aufbaurate erreicht. Diese Aufbauratensteigerung ist jedoch deutlich abhängig von der Bauteilgeometrie und kann aufgrund der vordefinierten Array-Geometrie und geringen Dynamik des Gantry-Achsystems vorwiegend für voluminöse und weniger komplexe Bauteile realisiert werden. (5)

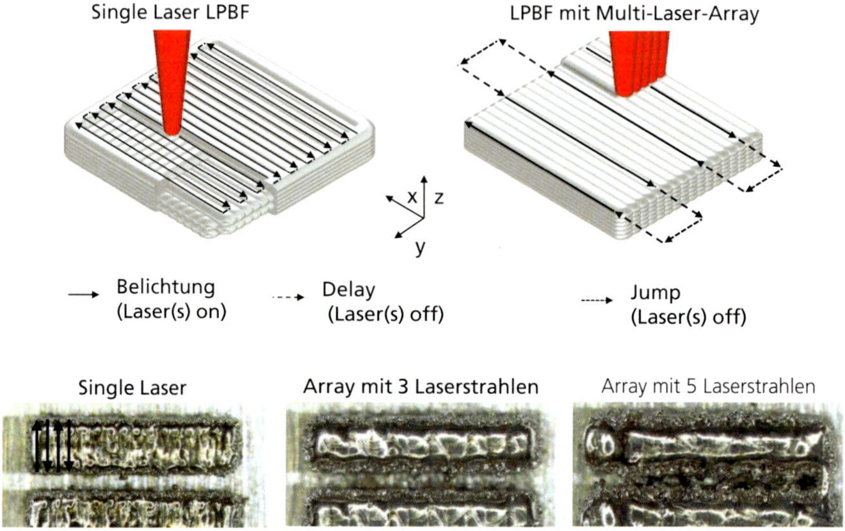

Bild 20 Vergleich der Spurgeometrie und Bauteilqualität beim LPBF von dünnwandigen Stegen mittels Multi-Laser-Array in Abhängigkeit der Anzahl der Laserstrahlen.
Bilder von (5)

Weitere Forschergruppen nutzen vergleichbare Konzepte zur Kombination von Multi-Laser-Arrays mit Gantry-Achssystemen für das LPBF. Jedoch werden unterschiedliche Laserstrahlquellen zur Erzeugung des Multi-Laser-Arrays verwendet. Im Vergleich zu Eibl. et. al. verwenden Zavala-Arredondo et. al. einen Diodenlaserbarren in Kombination mit einer Fokussieroptik zur Erzeugung einer linienförmigen Array-Anordnung mit 19 Laserstrahlen (72). Karp et. al. nutzen fasergekoppelte Diodenlaser mit einer größeren Ausgangsleistung von $P_{L,ges}$ = 960 W. Diese werden ebenfalls mit entsprechenden Fokussieroptiken in einen Bearbeitungskopf integriert, sodass ein Multi-Laser-Array mit linienförmiger Array-Anordnung und 16 Laserstrahlen für das LPBF verwendet werden kann (73). Unabhängig von den verwendeten Laserstrahlquellen unterliegen die vorgestellten LPBF-Maschinenkonzepte ähnlichen Restriktionen hinsichtlich der Bauteilqualität und Produktivitätssteigerung (5, 72, 73). Erste Computational Fluid Dynamics (CFD) Simulationen zum LPBF mit Multi-Laser-Arrays belegen indes das Aufbauratensteigerungspotenzial durch Vergrößerung der Schmelzbadbreite (74).

Neben der Kombination von Multi-Laser-Arrays mit Gantry-Achssystemen existieren bereits erste Forschungsarbeiten zur Verwendung scannergeführter Multi-Laser-Arrays für das LPBF. Slodczyk et. al. kombinieren ein Multi-Laser-Array mit einem Galvanometerscanner. Das Array, das aus 4 x 4 Laserstrahlen besteht, wird mittels eines diffraktiven optischen Elements (DOE) aus einem einzigen Laserstrahl mit einer maximalen Laserleistung von $P_{L,max}$ = 760 W erzeugt. Für den LPBF-Prozess wird das Multi-Laser-Array gestempelt (engl.: stamping), d.h. die Belichtung erfolgt punktweise. (75) Das von Slodczyk et. al. entwickelte Konzept ist in Bild 21 schematisch abgebildet.

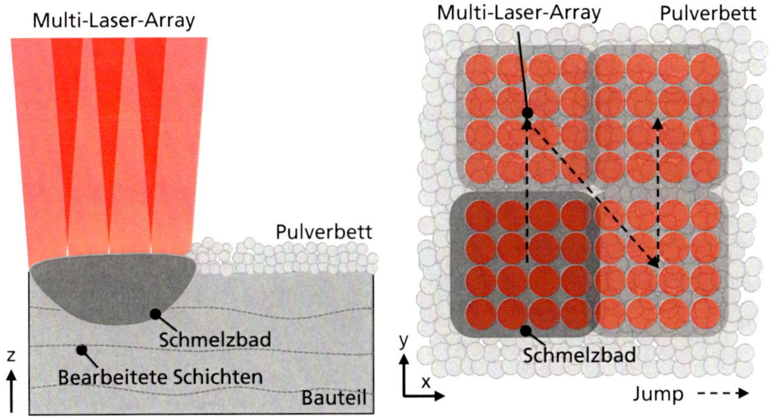

Bild 21 Konzept für das LPBF mittels eines scannergeführten Multi-Laser-Arrays. Die Bearbeitung erfolgt durch sog. Stamping. Adaptiert von (75)

Die punktweise Belichtung mit 16 Laserstrahlen führt, ähnlich wie oben beschrieben, zu einem großen zusammenhängenden Schmelzbad, welches sich aufgrund der Oberflächenspannung deutlich wölbt. Weiterführende Arbeiten durch Slodczyk (76) verwenden statt eines 4 x 4 Arrays ein linienförmiges Array mit bis zu fünf Laserstrahlen, welches mit einem Galvanometerscanner abgelenkt wird. Das Array wird ebenfalls mittels eines DOE aus einem einzigen Laserstrahl erzeugt. Aufgrund von Beugungsverlusten ist die maximal nutzbare Laserleistung auf $P_{L,max}$ = 600 W begrenzt, was einer Laserleistung von P_L = 120 W pro Teilstrahl entspricht. Die Belichtung erfolgt analog zum konventionellen LPBF. Aufgrund der Leistungsbegrenzung müssen kleine Scangeschwindigkeiten von v_s = 250 mm/s verwendet werden. Ähnlich wie bei den Untersuchungen zum LPBF mit Multi-Laser-Arrays und Gantry-Achssystemen können große relative

Bauteildichten erzielt werden. Die breiten, zusammenhängenden Schmelzbäder bedingen jedoch größere Formabweichungen. (76)

Tsai et. al. (77) präsentieren ebenfalls ein Konzept für das LPBF mit scannergeführten Multi-Laser-Arrays. Ähnlich wie bei Slodczyk et. al. wird ein 1 x 3 Array mittels eines DOE aus einem Laserstrahl erzeugt und anschließend mit einem f-Theta Objektiv fokussiert und durch einen Galvanometerscanner abgelenkt. Aufgrund der verwendeten Laserstrahlquelle und der aus der Strahlteilung resultierenden Beugungsverluste ist die nutzbare Laserleistung pro Teilstrahl auf $P_L \approx 55$ W begrenzt durch die Drehung des DOE kann das 1 x 3 Array in der Bearbeitungsebene rotiert werden. Die Verwendung für das LPBF wird anhand von einzelnen Schmelzspuren demonstriert. (77). Das durch Tsai et. al. demonstrierte optische System ist in Bild 22 dargestellt.

Bild 22 Optisches System für das LPBF mittels eines scannergeführten Multi-Laser-Arrays. Bild von (77).

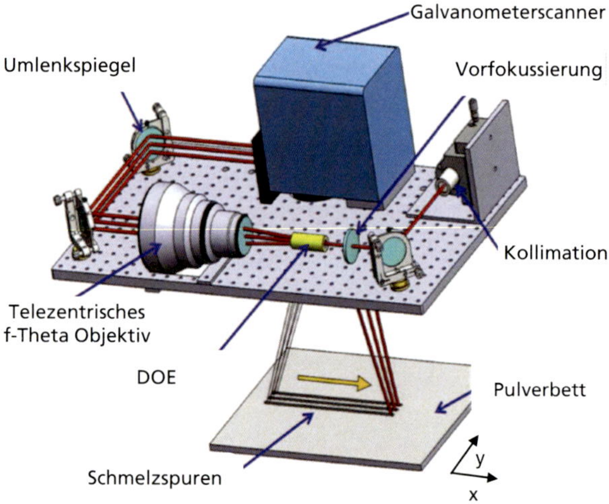

Die bisherigen Konzepte zum LPBF mittels scannergeführten Multi-Laser-Arrays basieren folglich alle auf der Strahlteilung mit DOE. Die Strahlteilung bedingt aufgrund der festen Beugungsordnungen eine feste relative Anordnung und Leistungsverteilung der Teilstrahlenstrahlen. Eine Anpassung der Array-Anordnung ist nur durch eine Modifikation der Fokussieroptik oder eine Rotation des Arrays möglich. Weiterhin wird die nutzbare Laserleistung durch die Zerstörschwelle des DOE und die resultierenden Beugungsverluste begrenzt.

Erste eigenen Untersuchungen zum LPBF unter Verwendung des im Rahmen dieser Arbeit verwendeten optischen Systems adressieren das LPBF des Edelstahls 316L (78). Durch die Nutzung individuell adressierbarer Laserstrahlquellen kann die Laserleistung beider Laserstrahlen unabhängig kontrolliert werden. Die Zweistrahloptik ermöglicht weiterhin eine flexible Anpassung der Laserstrahlanordnung in der Bearbeitungsebene. Die Prozessentwicklung im Rahmen der Studie wird durch High-Speed Videoaufnahmen des LPBF-Prozesses ergänzt, um geeignete Laserstrahlanordnungen zu identifizieren. Im Vergleich zum konventionellen LPBF mit einem Laserstrahl kann eine Verdopplung der theoretischen Aufbaurate bei relativen Bauteildichten oberhalb von 99,9% an einfachen Volumenkörpern demonstriert werden (78). Die Ergebnisse der Studie sind in Bild 23 zusammengefasst.

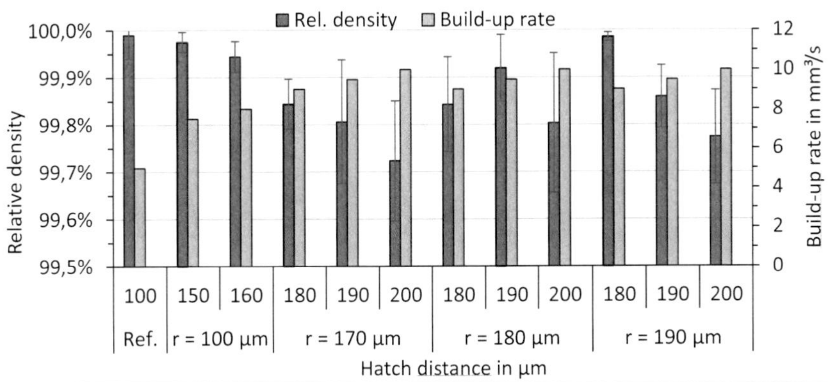

Bild 23 Relative Bauteildichte und theoretische Aufbaurate für das LPBF mit zwei gekoppelten Laserstrahlen in Abhängigkeit des senkrechten Laserstrahlversatzes r (78).

2.5 Multistrahl-Ansätze bei anderen Verfahren der Lasermaterialbearbeitung

Auch in anderen Bereichen der Lasermaterialbearbeitung wie der Lasermikro- und -Nanostrukturierung, dem Laserstrahlbohren und dem Laserstrahlschweißen sind verschiedene Multistrahl-Ansätze zur Vergrößerung der Produktivität bekannt. Aufgrund der Ähnlichkeit der Verfahren wird im Folgenden jedoch lediglich auf das Laserstrahlschweißen mit mehreren Laserstrahlen eingegangen.

Ähnlich wie beim LPBF wird die Vorschubgeschwindigkeit beim Laserstrahlschweißen durch das Einsetzen von Schmelzbadinstabilitäten wie z.B. Humping limitiert. Diese resultieren analog zum LPBF aus der sog. Plateau-Rayleigh-

Instabilität (vgl. Bild 8). Um diese Restriktionen zu überwinden, entwickeln Dausinger et. al. (79, 80) Konzepte zum Laserstrahlschweißen unter Verwendung der sogenannten Mehrfokustechnik. Dazu werden entweder mehrere Fasern mit einer Fokussieroptik kombiniert oder der Laserstrahl einer einzigen Faser durch ein zusätzliches Prisma geteilt. Die optischen Systeme für das Laserstrahlschweißen mit der Mehrfokustechnik sind schematisch in Bild 24 dargestellt.

Bild 24 Alternative optische Systeme für das Laserstrahlschweißen mit der Mehrfokustechnik. Adaptiert aus (81).

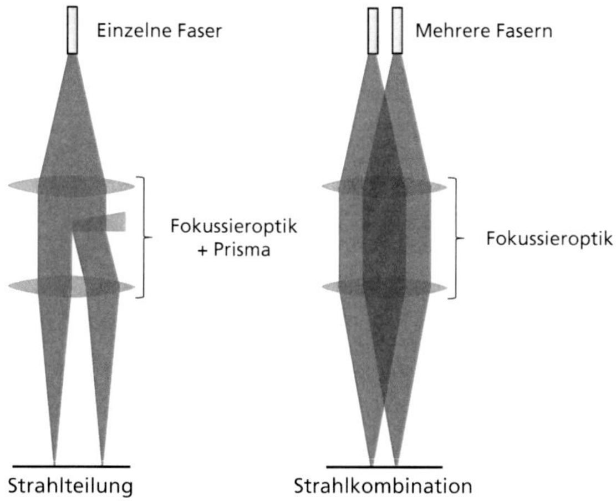

Durch die Mehrfokustechnik können folgende Vorteile gegenüber dem Schweißen mit einem Laserstrahl erreicht werden (81, 82):

- Erhöhung der Maximalgeschwindigkeit beim Hochgeschwindigkeitsschweißen.
- Beeinflussung der Schweißnahtform durch Anpassung von Laserstrahlanzahl und Anordnung.
- Steuerung der Abkühlrate zur Rissunterdrückung bei rissanfälligen Werkstoffen.
- Erhöhung des Prozesswirkungsgrads

Die Vorteile der Mehrfokustechnik resultieren dabei insbesondere aus einer besseren Kontrolle der Dampfkapillargeometrie durch die zusätzlichen Freiheitsgrade des Laserstrahlabstandes und der relativen Orientierung der Laserstrahlen zueinander (81, 82).

3 Vorgehensweise

3.1 Problemstellung, Zielsetzung und Forschungsfragen

Für die zunehmende Adaption des LPBF in der industriellen Produktion ist eine Erhöhung der Aufbaurate bei gleichzeitiger Erhaltung der Bauteilqualität und Reproduzierbarkeit unerlässlich. Bisherige industrielle Ansätze zur Produktivitätsskalierung in LPBF-Maschinen beschränken sich vorwiegend auf die Multiplikation der Laser-Scanner-Systeme zur Erhaltung bekannte Prozessbedingungen. Durch die resultierende Zunahme der Anlagenkosten sowie prozess-, maschinen- und bauteilbedingte Restriktionen ist eine kosteneffiziente Vergrößerung der Produktivität häufig nur bedingt möglich. Alternative Ansätze wie das LPBF mit größeren Laserleistungen und Multi-Laser-Arrays werden zwar forschungsseitig adressiert, industriell allerdings nicht umgesetzt. Aus den beschriebenen Forderungen sowie dem Stand der Technik ergeben sich folgende Defizite bezüglich der LPBF-Prozessführung mit mehreren gekoppelten Laserstrahlen, die im Rahmen der folgenden Arbeit erweitert werden sollen:

- Bisherige Ansätze zum LPBF mit Multi-Laser-Arrays basieren auf alternativen Laserstrahlquellen (z.B. Diodenlaser) und optischen Systemen. Folglich ist eine Übertragbarkeit der Prozessführung auf existierenden LPBF-Maschinen nicht oder nur bedingt gegeben.

- Bislang werden beim LPBF mit Multi-Laser-Arrays lediglich statische Laserstrahlanordnungen eingesetzt. Eine Adaption der Laserstrahlanordnung an die Bearbeitungsstrategie und Bauteilgeometrie ist folglich nicht möglich. Somit können bestehend LPBF-Prozessführungsstrategien nicht eingesetzte werden.

- Erste Untersuchungen unter Einsatz mehrerer LSS belegen das Potenzial zur Beeinflussung der Laserstrahl-Schmelzbad-Wechselwirkung durch die Anpassung der Laserstrahlanordnung beim LPBF. Entsprechende Untersuchungen für Multi-Laser-Arrays existieren derzeit noch nicht.

- Aufgrund der bereits beschriebenen Restriktionen beim LPBF mit mehreren gekoppelten Laserstrahlen sind die resultierende Bauteilqualität und Geometriefreiheit gemäß dem Single-Laser LPBF beschränkt. Die prozessimmanenten Freiheitsgrade beim LPBF können folglich nicht ausgenutzt werden.

Basierend auf der dargestellten Problemstellung ist das grundlegende Ziel dieser Arbeit die Entwicklung eines optischen Systems für das LPBF mit zwei gekoppelten Laserstrahlen. Das entwickelte optische System soll anschließend zur Ermittlung von LPBF-Prozessführungsstrategien unter Adaption der Laserstrahlanordnung verwendet werden. Durch die gezielte Beeinflussung der Laserstrahl-Schmelzbad-Wechselwirkung soll hierbei eine Vergrößerung der Aufbaurate bei gleichzeitiger Erhaltung der Bauteilqualität erreicht werden. Abschließend sollen die ermittelten Prozessführungsstrategien auf das LPBF komplexer Bauteile übertragen und deren Eigenschaften mit dem Single Laser LPBF verglichen werden.

Auf Grundlage der beschriebenen Zielsetzung ergeben sich folgende Forschungsfragen, die im Rahmen der vorliegenden Arbeit beantwortet werden sollen:

F1: Was ist eine geeignete Ausführungsform für ein optisches System für das LPBF mit zwei gekoppelten Laserstrahlen und wie lässt sich dieses steuerungs- sowie hardwareseitig in eine bestehende LPBF-Maschine integrieren?

F2: Wie ist der LPBF-Prozess zu führen, bei dem durch adaptive Anpassung der Laserstrahlanordnung eine Aufbauratensteigerung gegenüber dem Single-Laser LPBF bei Erhaltung der Bauteileigenschaften erreicht wird?

F3: Ist die entwickelte LPBF-Prozessführung mit zwei gekoppelten Laserstrahlen auf komplexe Bauteile übertragbar? Welche Bauteileigenschaften werden gegenüber dem konventionellen Single-Laser LPBF erreicht?

3.2 Vorgehen

Zur Erreichung der Ziele wird das Vorgehen gemäß Bild 25 gewählt. Die Forschungsfragen F1-3 sind dabei den jeweiligen Schritten zugeordnet.

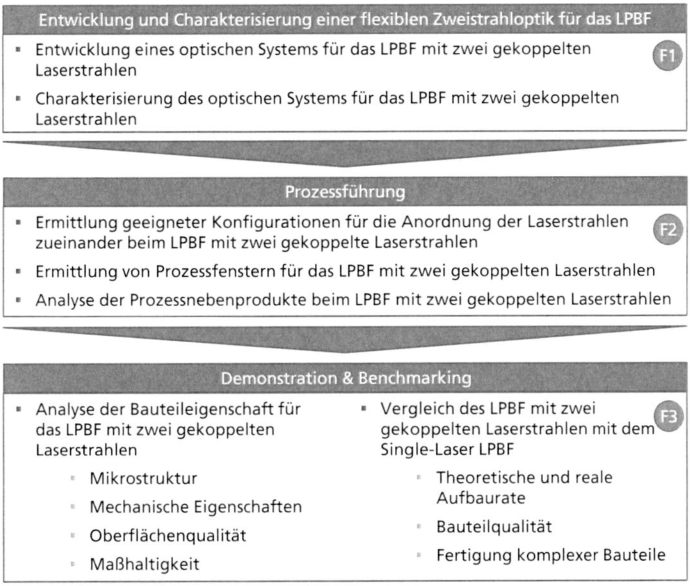

Bild 25 Grafische Darstellung des Vorgehens zur Zielerreichung sowie der zugehörigen Forschungsfragen F1-3.

Zunächst werden zwei Konzepte für das optische System zum LPBF mit zwei gekoppelten Laserstrahlen vorgestellt und diskutiert. Ein Design für das optische System wird anschließend konstruktiv ausgestaltet, praktisch umgesetzt. Das resultierende optische System wird in eine bestehende LPBF-Labormaschine integriert und charakterisiert.

Das entwickelte optische System wird verwendet, um geeignete Prozessführungsstrategien für das LPBF mit zwei gekoppelten Laserstrahlen zu ermitteln. Dabei werden zunächst High-Speed Videoaufnahmen des LPBF-Prozesses unter Variation der Laserstrahlanordnung und der Laserleistungsverteilung analysiert, um den Parameterraum auf nutzbare Konfigurationen einzugrenzen. Anschließend werden einfache Volumenkörper unter Einsatz der ermittelten Konfigurationen sowie Variation der LPBF-Verfahrensparameter gefertigt and hinsichtlich der resultierenden Bauteildichte analysiert. Das Potenzial zur Produktivitätsskalierung gegenüber dem Single-Laser LPBF wird durch Vergleich der Prozessfenster zur Herstellung dichter Volumenkörper abgeschätzt. Vor dem Hintergrund der Reproduzierbarkeit der Bauteileigenschaften werden die ermittelten Prozessführungsstrategien zudem hinsichtlich der Ausbildung von Prozessnebenprodukten miteinander verglichen.

Anschließend erfolgt die Anwendungserprobung der LPBF-Prozessführung mit zwei gekoppelten Laserstrahlen. Im Rahmen der Untersuchungen werden einerseits Geometriemerkmale wir Überhang- und Dünnwandstrukturen sowie die Oberflächenqualität der gefertigten Bauteile untersucht. Andererseits werden Prüfkörper zu Bestimmung der Mikrostruktur und mechanischen Eigenschaften hergestellt und analysiert. Zur Einordnung der Ergebnisse in den Stand der Technik werden die ermittelten Bauteileigenschaften mit dem konventionellen Single-Laser LPBF verglichen. Zudem wird die Eignung der entwickelten Prozessführung zur Fertigung komplexer Bauteile anhand eines Demonstrators nachgewiesen. Hierbei wird die Kombination des LPBF mit zwei gekoppelten Laserstrahlen mit dem Single-Laser LPBF zur Herstellung geometrisch komplexer Bauteile erprobt. Abschließend werden die wesentlichen Ergebnisse der Arbeit zusammengefasst und weitere Forschungsarbeiten in Aussicht gestellt.

4 Verwendete Systemtechnik, Werkstoffe und Methoden

4.1 LPBF-Labormaschine

Bei der im Rahmen der vorliegenden Arbeit verwendeten LPBF-Maschine handelt es sich um eine Eigenbau-Laboranlage des Fraunhofer ILT. Die Labormaschine besteht aus den Subsystemen der Prozesskammer, der Schutzgasumwälzung und Filtration, des optischen Systems, der Laserstrahlquellen und der Maschinensteuerung. Weitere periphere Maschinenkomponenten können z.B. zur Prozessbeobachtung mittels High-Speed Videographie (vgl. Kapitel 4.4.1) in die Maschine integriert werden. Eine Ansicht der verwendeten Maschine anhand des CAD-Modells ist in Bild 26 dargestellt.

Bild 26 Schematische Darstellung der im Rahmen dieser Arbeit verwendeten LPBF-Labormaschine.

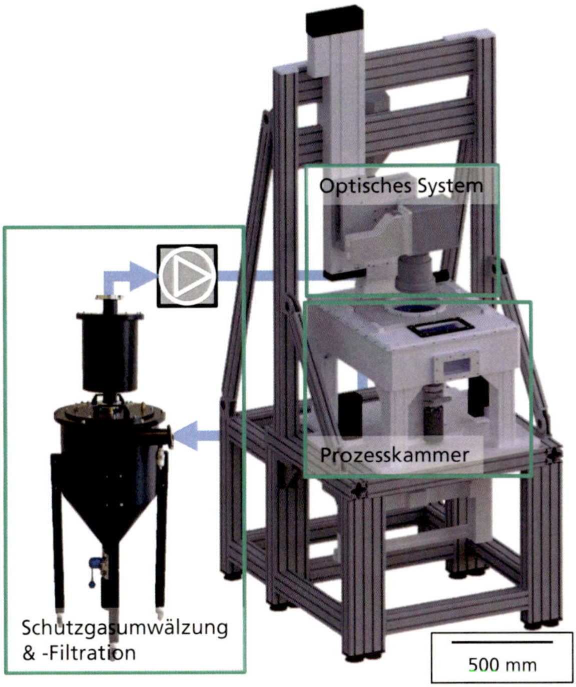

Die LPBF-Labormaschine verfügt über eine offene Maschinenarchitektur, sodass einzelne Subsystem der Maschine (z.B. das optische System) ausgetauscht werden können, ohne die Funktionsweise der Maschine zu beeinflussen. Im Folgenden wird auf die Subsysteme der LPBF-Labormaschine sowie deren Funktionen eingegangen.

Die Prozesskammer dient der Aufnahme der Bauplattform, des Beschichters sowie der Einlass und Auslassdüse für die Schutzgasumwälzung. Der Prozesskammerdeckel trennt die Prozesskammer von der Umgebungsluft und erlaubt somit das LPBF unter einer kontrollierten Schutzgasatmosphäre. Zudem wird ein einfacher Zugang zu den wesentlichen Komponenten für die Prozessvorbereitung, Bauteilentnahme und Maschinenwartung durch den Prozesskammerdeckel ermöglicht. Eine Schnittansicht der Prozesskammer ist in Bild 27 abgebildet.

Bild 27
Schnittansicht der Prozesskammer der verwendeten LPBF-Labormaschine.

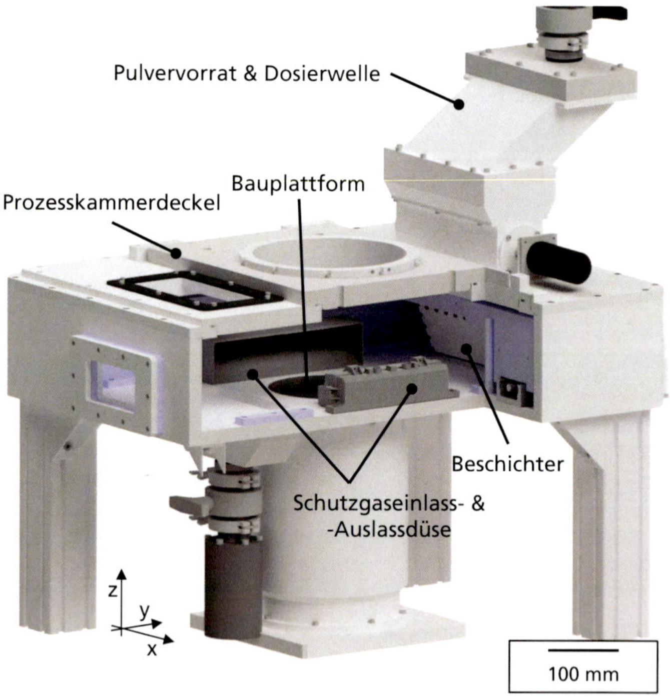

Die Lasereinkoppelscheibe wird im Prozesskammerdeckel gefasst und dient der Transmission der für das LPBF benötigten Laserstrahlung in die Bearbeitungsebene. Für die LPBF-Labormaschine werden Lasereinkoppelscheiben der Durchmesser D = 150 mm und D = 250 mm verwendet, welche von der Firma GVB GmbH (Herzogenrath, Deutschland) bezogen werden. Als Substratmaterial für die Lasereinkoppelscheiben wird synthetisches Quarzglas mit einer Dicke von t = 4 mm mit beidseitiger Anti-Reflexionsbeschichtung (AR-Coating) für die Laserwellenlängenbereiche $\lambda = 1030 - 1080$ nm sowie $\lambda = 800 - 820$ nm verwendet. Zu Aufrechterhaltung der Inert-Atmosphäre während des LPBF-Prozesses wird die Prozesskammer mit Argon gespült. Dabei wird der Volumenstrom des Argons am Kammereinlass und -auslass mittels Schwebekörperdurchflussregler des Typs Q-Flow der Firma Vögtlin Instruments GmbH (Muttenz, Schweiz) gesteuert und beträgt ca. 15 l / h während des LPBF-Prozesses. Der Kammerdruck wird mittels eines Differenzdrucksensors des Typs SPAU der Firma Festo SE & Co. KG (Esslingen, Deutschland) gemessen und auf einen Überdruck von $\Delta p \approx 100$ mbar gegenüber der Umgebungsatmosphäre eingestellt. Der Sauerstoffgehalt innerhalb der Prozesskammer wird durch einen Sauerstoffanalysator BA 4510 der Firma Bühler Technologies GmbH (Ratingen, Deutschland) gemessen und während des LPBF-Prozesses unterhalb von 200 ppm gehalten. Die Pulverzustellung für das LPBF wird durch einen Pulvertank mit motorisierter Dosierwelle an der Oberseite der Prozesskammer realisiert. Nach der Dosierung der nötigen Pulvermenge in die Bearbeitungsebene wird die Pulverschicht durch einen auf einem motorisierten Linearantrieb montierten Beschichter auf die Bauplattform aufgetragen. Als Beschichterwerkzeug kommt eine Silikonlippe zum Einsatz. Überschüssiges Pulver wird durch den Beschichter in einen Pulverüberlauf-Behälter transportiert.

4.2 Werkstoff

In dieser Arbeit wird die Nickelbasislegierung Inconel® 625 (IN625) als Pulverwerkstoff für alle experimentellen Untersuchungen verwendet. IN625 ist eine der am häufigsten mittels LPBF verarbeiteten Nickelbasislegierung und zeichnet sich durch eine hohe Temperatur- und Korrosionsbeständigkeit bei gleichzeitig guter Schweißbarkeit aus (83). LPBF-gefertigte Bauteile weisen relative Dichten von über 99,9% auf. Die Anwendungseigenschaften wie Korrosionsbeständigkeit oder mechanische Eigenschaften können bei IN625 durch eine nachgelagerte Wärmebehandlung der Bauteile eingestellt werden (83–85). Die chemische Zusammensetzung der Legierung IN625 in Gew.-% ist in Tabelle 2 zusammengefasst.

Tabelle 2 Chemische Zusammensetzung der Nickelbasislegierung IN625 nach (83).

Chemische Zusammensetzung der Legierung IN625 [Gew-%]						
C	Si	Mn	P	S	Cr	Mo
0,03 - 0,10	≤ 0,50	≤ 0,50	≤ 0,02	≤ 0,015	20,00 – 23,00	8,00 – 10,00
Ni	Ti	Cu	Al	Co	Fe	Nb
≥ 58,00	≤ 0,40	≤ 0,50	≤ 0,40	≤ 1,00	≤ 5,00	3,15 – 4,15

Aufgrund seiner Eigenschaften findet der Werkstoff IN625 Anwendung in Branchen wie dem Turbomaschinenbau, der chemischen Industrie sowie der Öl- und Gasindustrie. Anwendungen umfassen dabei z.B. Brenner in Gasturbinen (86) sowie Komponenten zur Führung korrosiver Medien.

In dieser Arbeit wird IN625 als Pulverwerkstoff des Typs MetcoAdd 625A der Firma Oerlikon Metco AG (Plymouth, USA) mit einer nominellen Partikelgrößenverteilung (engl.: particle size distribution, PSD) von 15 – 45 µm eingesetzt. Das IN625-Pulver weist eine überwiegend sphärische Partikelform mit wenigen Satelliten auf. Die gemessene, volumengewichtete PSD sowie eine REM-Aufnahme des verwendeten IN625-Pulvers sind in Bild 28 abgebildet.

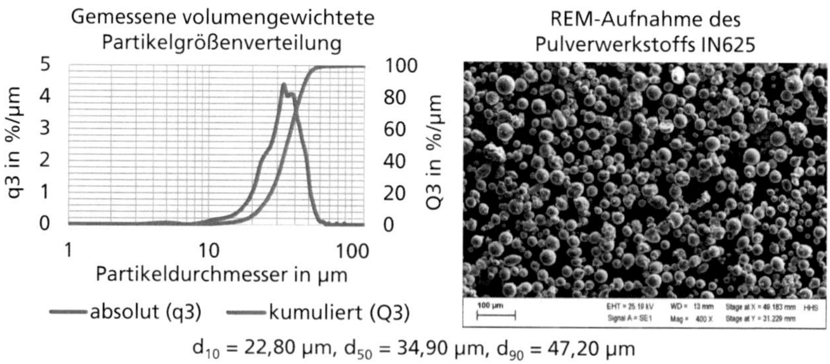

Bild 28 Gemessene volumengewichtete Partikelgrößenverteilung (links) und REM-Aufnahme des Pulverwerkstoffs IN625 (rechts).

4.3 Verfahrensparameter

In einer vorgelagerten Parameterstudie wurden Verfahrensparameter für das Single-Laser LPBF mit dem verwendeten Pulverwerkstoff IN625 anhand von einfachen Volumenkörpern mit 10 x 10 x 10 mm³ unter Verwendung der gleichen LPBF-Maschine ermittelt. Die ermittelten LPBF-Prozessparameter umfassen dabei sowohl Parameter für den Schraffur- als auch für den Konturbereich und dienen als Referenzparameter für das Benchmarking im Kapitel 7. Eine Zusammenfassung der Referenzparameter sowie der resultierenden Bauteildichte und Oberflächenqualität ist in Bild 29 dargestellt. Ähnliche Eigenschaften hinsichtlich Aufbaurate und relativer Dichte werden mit den Verfahrensparametern verschiedener Anlagenhersteller erreicht. Lediglich in Bezug auf die Oberflächenrauheit werden in kommerziellen LPBF-Maschinen aufgrund der homogeneren Schutzgasströmung i.d.R. kleinere Werte im Bereich von S_a = 5 – 8 µm erzielt (85, 84).

Bild 29 LPBF-Referenzparameter und resultierende Bauteilqualität für den Werkstoff IN625

Schraffurparameter				
Laserleistung P_L	Scan-geschwindigkeit v_s	Hatch-abstand Δy_s	Schicht-dicke D_s	Laserstrahl-durchmesser d_s
275 W	1000 mm/s	100 µm	50 µm	100 µm
Konturparameter				
Laserleistung P_L	Scan-geschwindigkeit v_s	Kontur-abstand Δy_k	Anzahl Konturen	Laserstrahl-durchmesser d_s
150 W	300 mm/s	30 µm	1	100µm

Prozessführung

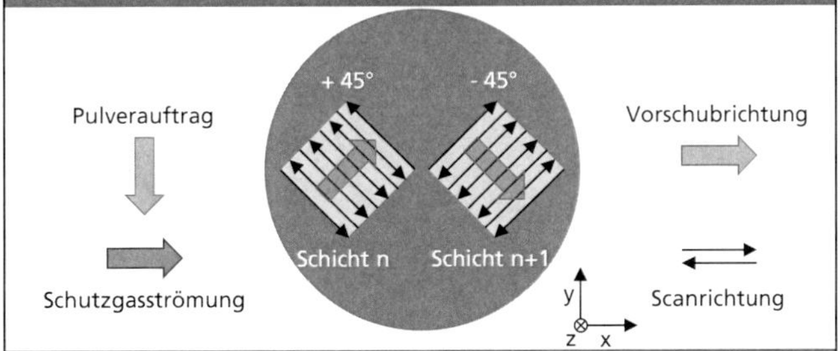

Bauteileigenschaften & Prozesskenngrößen			
Relative Dichte	Oberflächenrauheit S_a	Volumenenergie E_V	Theoretische Aufbaurate
≥ 99,9%	9,2 µm	55 J/mm³	5 mm³/s

4.4 Analysemethoden

4.4.1 High-Speed Videographie des LPBF-Prozesses

Da die Schmelzbadausbildung beim LPBF einen unmittelbaren Einfluss auf die Spurmorphologie und die resultierende Bauteilqualität hat (vgl. Kapitel 2.2), werden im Rahmen der vorliegenden Arbeit High-Speed Videoaufnahmen des LPBF-Prozesses verwendet, um geeignete Konfigurationen für das LPBF mit zwei gekoppelten Laserstrahlen zu identifizieren. Dabei wird die Bearbeitungsebene der LPBF-Anlage durch eine High-Speed Kamera aufgezeichnet. Eine Fremdbeleuchtung der Bearbeitungsebene wird mittels eines Diodenlaser mit einer Wellenlänge von λ = 808 nm realisiert, um eine ausreichende Helligkeit und Kontrast der High-Speed Aufnahmen zu gewährleisten. Eine schematische Abbildung des High-Speed Videographie Systems ist in Bild 30 dargestellt.

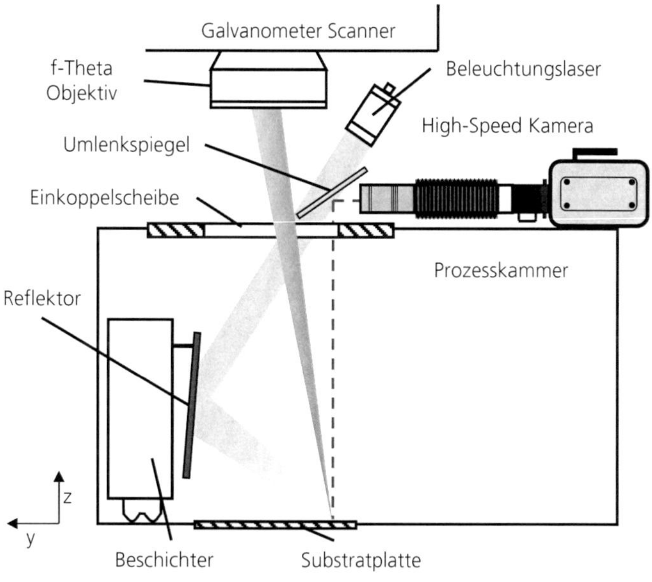

Bild 30 Schematische Darstellung des Versuchsaufbaus zur lateralen High-Speed Videografie des LPBF-Prozesses.

Aufgrund der Baugröße der High-Speed Kamera und des zugehörigen Kameraobjektivs ist eine Kameramontage mit senkrechtem Betrachtungswinkel der Bearbeitungsebene nicht möglich. Aus diesem Grund wird ein 90°-Umlenkspiegel für die Prozessbeobachtung verwendet. Um eine

Abschattung des Bearbeitungslasers durch den Umlenkspiegel zu vermeiden, kann nur ein Teilbereich der Substratplatte für die High-Speed Aufnahmen verwendet werden. Zur gezielten Beleuchtung des durch die High-Speed Kamera erfassten Bereichs der Substratplatte wird der Beleuchtungslaser über einen am Beschichter befestigten Reflektor umgelenkt. Als Reflektor wird ein gesandstrahltes Kupferblech verwendet, um neben der Umlenkung des Laserstrahls auch eine diffuse Streuung und somit eine homogene Ausleuchtung der Bearbeitungsebene zu ermöglichen. Um eine ausreichende Detailauflösung der Aufnahmen der Bearbeitungsebene zu erreichen, wird die High-Speed Kamera des Typs Fastcam Nova S16 (Photron Inc., San Diego, USA) mit einer vergrößernden Kameraoptik kombiniert. Eine Übersichtsaufnahme des verwendeten Kamerasystems sowie dessen Anordnung zur Prozesskammer der LPBF-Maschine ist in Bild 31 abgebildet.

Bild 31 Aufbau des Kamerasystems für die High-Speed Videografie des LPBF Prozesses inkl. der verwendeten Komponenten.

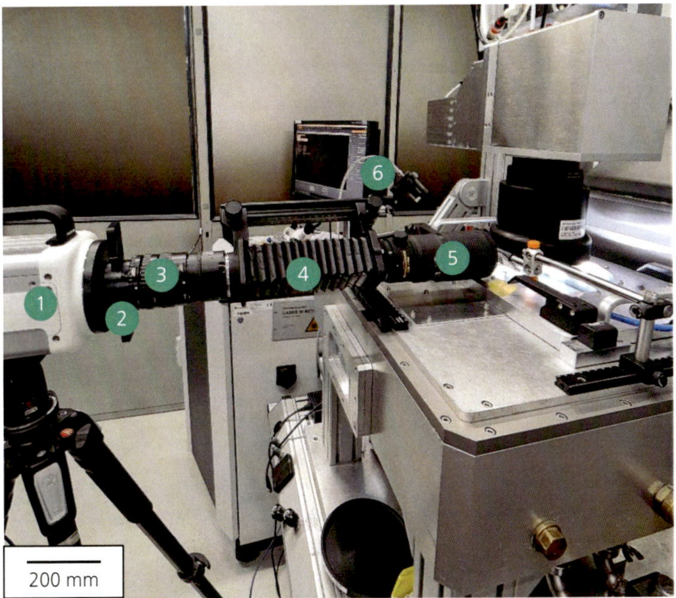

1 High-Speed Kamera
2 Bandpassfilter (λ = 810±10 nm)
3 Telekonverter (2:1)
4 Balgengerät
5 Festbrennweiten-Objektiv (f = 200 mm)
6 Beleuchtungslaser inkl. Kollimator (λ = 808 nm)

Um eine Beschädigung der High-Speed Kamera durch die für das LPBF verwendete Laserstrahlung der Wellenlänge λ = 1070 nm zu verhindern und gleichzeitig eine ausreichende Beleuchtung zu gewährleisten, wird die Kamera mit einem Bandpassfilter für die Wellenlänge des Beleuchtungslasers kombiniert. Neben fremdbeleuchteten High-Speed Aufnahmen können unter Verwendung des gleichen Versuchsaufbaus ebenfalls Aufnahmen des Prozessleuchtens erstellt werden. Hierfür wird statt eines Bandpassfilters ein Tiefpassfilter für die Wellenlänge λ = 1000 nm verwendet. Des Weiteren wird ein 2:1 Telekonverter in Kombination mit einem Balgengerät (beide Nikon Corp., Tokio, Japan) eingesetzt, um eine Vergrößerung des Bildausschnittes zu erreichen. Abschließend wird ein Festbrennweiten-Objektiv des Typs Nikon AF 200 mm 1:4 D IF ED Mikro so positioniert, dass eine Prozessbeobachtung über den 45°-Umlenkspiegel realisiert werden kann. Die Fläche des erfassten Bildausschnittes der Substratplatte der LPBF-Anlage beträgt ca. 40 x 40 mm².

Die High-Speed Videoaufnahmen des LPBF-Prozesses werden mit Bildwiederholungsraten von 12.000 bis 40.000 Hz aufgenommen, auf einem integrierten Flash-Speicher zwischengespeichert und anschließend mittels einer Gigabyte-Ethernet Verbindung an den Auswerterechner übertragen. Für Bildwiderholungsraten bis 16.000 Hz wird eine maximale Auflösung von 1024 x 1024 Pixel erzielt. Für höhere Bildwiederholungsraten werden die Aufnahmen mit einem reduzierten Bildausschnitt erzeugt. Bei der maximal verwendeten Bildwiederholungsrate von 40.000 Hz entspricht die Auflösung 512 x 512 Pixel. Die Auswertung der High-Speed Videoaufnahmen erfolgt mit Hilfe der kameraeigenen Datenverarbeitungssoftware Photron Fastcam Viewer 4 (Photron Inc., San Diego, USA). Zur weiteren Auswertung ausgewählter Bildsequenzen wird weiterhin die Open Source Software ImageJ (Wayne Rasband, National Institute for Health, Bethesda, USA) eingesetzt.

4.4.2 Kamerabasierte Analyse der Prozessnebenprodukte beim LPBF

Da Prozessnebenprodukte, wie kondensierter Metalldampf und Spritzerpartikel, einen unmittelbaren Einfluss auf die Bauteilqualität beim LPBF haben (vgl. Kapitel 2.3), wird im Rahmen dieser Arbeit eine zusätzliche Auswertemethodik zur kamerabasierten Analyse der Prozessnebenprodukten implementiert. Diese basiert auf einer Flächenkamera des Typs Genie™ Nano-C1920 (Teledyne Dalsa Imaging Inc., Waterloo, Kanada) mit einer maximalen Auflösung von 1900 x 1200 Pixel und einer Bildwiederholungsrate von 40 Hz. Die Kamera ist mit einem C-Mount Objektiv des Typs M112FM08 (Tamron Europe GmbH, Köln, Deutschland) und einem Filter des Typs MidOpt SP785 (Midwest Optical Systems Inc., Palatine, USA) ausgestattet. Die Montage der Kamera erfolgt auf einem eigens am Fraunhofer ILT entwickelten Kameragestell, welches auf dem Prozesskammerdeckel der LPBF-Anlage fixiert wird. Zur Beleuchtung der Bearbeitungsebene wird ein Ringlicht in den Prozesskammerdeckel der LPBF-Anlage integriert. Die Aufnahme von Bildern der Bearbeitungsebene erfolgt durch die Einkoppelscheibe der LPBF-Anlage mithilfe der mitgelieferten Software Sapera Vision (Teledyne Dalsa Imaging Inc., Waterloo, Kanada). Die aufgezeichneten Bilder werden mittels einer Gigabyte-Ethernet Verbindung direkt an den Steuerungsrechner der LPBF-Anlage übertragen. Das CAD-Modell des Kamerasystems zur Analyse der Prozessnebenprodukte ist in Bild 32 dargestellt.

Bild 32 Schematische Darstellung des Kamerasystems zur Analyse der Prozessnebenprodukte beim LPBF.

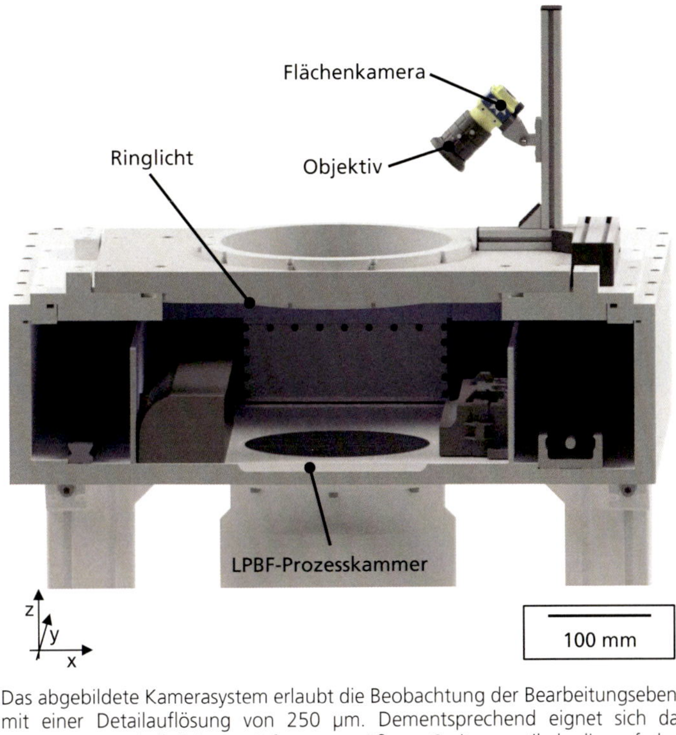

Das abgebildete Kamerasystem erlaubt die Beobachtung der Bearbeitungsebene mit einer Detailauflösung von 250 µm. Dementsprechend eignet sich das Kamerasystem lediglich zur Erfassung größerer Spritzerpartikel, die auf dem Pulverbett landen, sowie der Ablagerung von Metallkondensat im Pulverbett. Durch die geringe Bildwiederholungsrate der Flächenkamera ist eine dynamische Erfassung der Prozessnebenprodukte während des LPBF nicht möglich. Die entwickelte Auswertemethodik basiert deshalb auf dem Vergleich von Schichtaufnahmen des Pulverbettes nach dem Pulverauftrag und nach der Belichtung der Bauteile, um Bereiche mit erhöhtem Spritzeraufkommen zu identifizieren und den Einfluss verschiedener Prozessparameterkombinationen auf die Ausbildung von Prozessnebenprodukten zu identifizieren. Aufgrund der Kritikalität für das LPBF wird insbesondere die Größe und Anzahl von im Pulverbett redeponierten Spritzerpartikeln als Vergleichsgröße für die Prozessführung berücksichtigt. Die jeweiligen Schichtaufnahmen nach dem Pulverauftrag und nach der Belichtung der Bauteile werden dabei automatisiert über die LPBF-Steuerungssoftware ausgelöst. Für die weitere Verarbeitung und Analyse der Schichtaufnahmen wird ebenfalls die Open Source Software ImageJ (Wayne Rasband, National Institute for Health, Bethesda, USA) verwendet. Um eine effiziente Datenvorbereitung zu ermöglichen, werden die Schichtaufnahmen (8-Bit Graustufen) zunächst als Bildstapel (engl.: image stack) in ImageJ importiert. Da die Bauteilquerschnittsflächen keine Informationen über die auf dem Pulverbett abgelagerten Prozessnebenprodukte enthalten und somit die Auswertung verfälschen würden, werden diese in allen Schichtaufnahmen maskiert. Anschließend werden die Schichtaufnahmen in zwei Bildstapel für die Aufnahmen nach dem Pulverauftrag und nach der Belichtung der Bauteile separiert. Durch die Differenzbildung zwischen den Bildstapeln nach der Belichtung und dem Pulverauftrag werden die im Rahmen der Belichtung abgelagerten Prozessnebenprodukte aus den jeweiligen Schichtaufnahmen extrahiert und als separater Differenzbildstapel erfasst. Die vorverarbeiteten Differenzbilder werden anschließend für die Analyse Größe und Anzahl der Spritzerpartikel und Kondensatablagerungen weiterverarbeitet. Die Methodik zur Vorverarbeitung der Schichtaufnahmen ist in Bild 33 zusammengefasst.

Bild 33 Methodik zur Analyse der Prozessnebenprodukte beim LPBF auf Grundlage von Pulverbettaufnahmen.

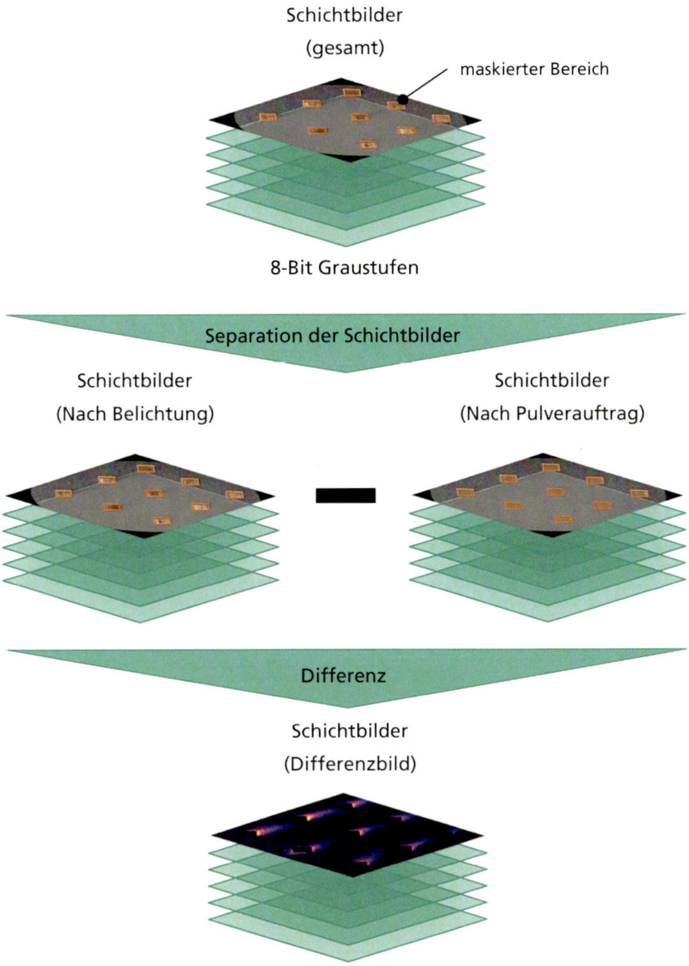

Zur Analyse der Kondensatablagerungen und der im Pulverbett redeponierten Spritzerpartikel müssen die Differenzbilder der jeweiligen Schichten zunächst binarisiert werden. Die Binarisierung dient dabei der Extraktion der Merkmale der Prozessnebenprodukte aus den Differenzbildern und wird mithilfe der in ImageJ enthaltenen Treshold-Funktion durchgeführt. Die Parameter bei der Binarisierung können Bild 108 im Anhang 12.2 entnommen werden. Im Anschluss werden die binarisierten Differenzbilder mit der Particle-Analyzer Funktion in Image J hinsichtlich Partikelgröße und Sphärizität ausgewertet. Durch geeignete Wahl der Auswerteintervalle für die Sphärizität und Partikelgröße können Spritzerpartikel und Kondensatablagerungen separat analysiert werden. Die Analyseparameter der Particle-Analyzer Funktion für Kondensatablagerungen und Spritzerpartikel können ebenfalls Bild 108 im Anhang 12.2 entnommen werden. Eine entsprechend ausgewertete Schichtaufnahme ist in Bild 34 exemplarisch für verschiedene Auswerteintervalle der Sphärizität und Partikelgröße dargestellt. Das Analyseergebnis wird dabei jeweils durch blaue Markierungen hervorgehoben.

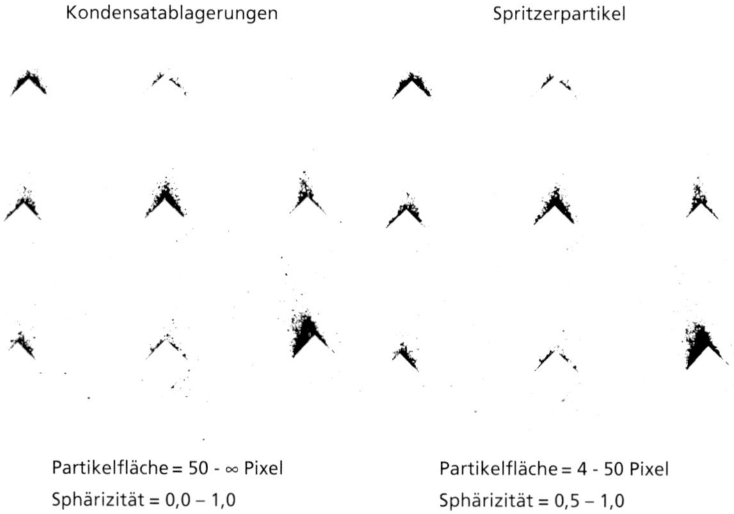

Bild 34 Exemplarische Darstellung des Einflusses der Sphärizität SPHT und der Partikelfläche d_p auf das Analyseergebnis.

Durch die Auswertung der Differenzbilder mit Partikelflächen ≥ 50 Pixel² über den gesamten Sphärizitätsbereich werden Kondensatablagerungen im Pulverbett hervorgehoben, wohingegen eine Begrenzung der Partikelfläche auf den Bereich von 4 – 50 Pixel² bei einer Sphärizität ≥ 0,5 in einer Detektion der redeponierten Spritzerpartikel resultiert.

4.4.3 Analyse der gefertigten Bauteile

Die LPBF-gefertigten Bauteile werden in dieser Arbeit hinsichtlich ihrer relativen Bauteildichte, Schmelzbadgeometrie und Mikrostruktur, Oberflächenqualität und Maßhaltigkeit sowie der mechanischen Eigenschaften charakterisiert. Die hierfür verwendeten Untersuchungsmethoden und Messgeräte sind im Anhang 12.2 zusammengefasst.

5 Entwicklung und Charakterisierung eines optischen Systems für das Laser Powder Bed Fusion mit zwei gekoppelten Laserstrahlen

Das optische System und die Laserstrahlquellen in LPBF-Maschinen haben einen unmittelbaren Einfluss auf die Produktivität und Bauteilqualität. In diesem Zusammenhang wird der Begriff "optisches System" als Synonym für alle Komponenten der LPBF-Maschine zur Laserstrahlerzeugung, -führung und -formung verwendet. Aufgrund der wechselseitigen Abhängigkeiten zwischen Laserstrahlquelle und dem optischen System müssen beide Systeme bei der Auslegung im Rahmen dieser Arbeit gemeinsam betrachtet und aufeinander abgestimmt werden. Im Folgenden werden zunächst die Anforderungen und Funktionen für das optische System diskutiert. Anschließend werden mögliche Konzepte für ein optisches System für das LPBF mit zwei gekoppelten Laserstrahlen abgeleitet und in ein konkretes Design überführt. Abschließend wird das entwickelte System hinsichtlich der Laserstrahlparameter und Positioniergenauigkeit charakterisiert.

5.1 Entwicklung eines optischen Systems für das LPBF mit zwei gekoppelten Laserstrahlen

Für das LPBF mit zwei gekoppelten Laserstrahlen wird ein optisches System (im Folgenden als „Zweistrahloptik" bezeichnet) benötigt, dass die synchronisierte Erzeugung, Modulation und Positionierung der Laserstrahlen ermöglicht. Um eine geeignete Zweistrahloptik zu entwickeln, werden zunächst Funktionen und Prinziplösungen erläutert und anschließend in ein Design für die Zweistrahloptik überführt.

5.1.1 Anforderungsprofil

Für die Konzeptionierung der Zweistrahloptik muss zunächst ein Anforderungsprofil entsprechend der Rahmenbedingungen des LPBF abgeleitet werden. Die Anforderungen werden dabei in die Gruppen Laserstrahlerzeugung und -modulation, Laserstrahlführung, Laserstrahlfokussierung und Ausgleich der Bildfeldwölbung sowie relative Positionierung der Laserstrahlen unterteilt.

Um die für das LPBF notwendigen Laserstrahldurchmesser bei gleichzeitig größtmöglichem Arbeitsabstand einzustellen, wird Laserstrahlung hoher Strahlqualität ($M^2 \approx 1$) benötigt. Aufgrund der breiten industriellen Verfügbarkeit, der hervorragenden Strahlqualität und der sicheren Integration werden für das LPBF deshalb oftmals Singlemode-Faserlaser verwendet. Für die prozesssichere Verarbeitung metallischer Werkstoffe ist zudem eine einstellbare

Laserleistung im Bereich von P_L = 100 – 400 W pro Laserstrahl notwendig. Die dynamische Laserstrahlpositionierung beim LPBF resultiert weiterhin in der Notwendigkeit zur hochdynamischen Laserstrahlmodulation mit Schaltzeiten im Bereich von $t_{rise/fall}$ ~ 30 µs.

Neben der Bereitstellung der Laserstrahlung ist die dynamische Positionierung des Laserstrahls in der Bearbeitungsebene eine der wesentlichen Anforderungen für das LPBF. Dabei müssen einerseits die relevanten Scangeschwindigkeiten von bis zu v_s = 3000 mm/s erreicht werden. Andererseits resultiert insbesondere die Fertigung komplexer Bauteile teilweise in kurzen Scanvektoren und somit vielen Richtungswechseln. Vor diesem Hintergrund wird eine dynamische Beschleunigung mit möglichst geringer Beschleunigungszeit (n_{prev}/ n_{post} ~ 500 µs) angestrebt, um unproduktive Nebenzeiten zu reduzieren.

Für das LPBF metallischer Werkstoffe werden gemäß dem Stand der Technik Laserstrahldurchmesser im Bereich von d_s = 50 – 100 µm eingesetzt, um eine möglichst robuste LPBF-Prozessführung bei gleichzeitig großer Detailauflösung zu ermöglichen (38, 56, 87). Aus diesem Grund muss die Bereitgestellte Laserstrahlung durch entsprechende optische Elemente und Baugruppen in der Bearbeitungsebene fokussiert werden. Neben dem Laserstrahldurchmesser wird beim LPBF zusätzlich eine möglichst präzise Ausrichtung zwischen Fokus- und Bearbeitungsebene benötigt. Zur Verbesserung der Robustheit gegenüber thermisch induzierten Fokusshifts wird zudem eine möglichst große Rayleigh-Länge z_R angestrebt. Neben den bereits diskutierten Auslegungsgrößen muss bei Strahlablenkungssystemen (z.B. Galvanometerscannern) zudem die Korrektur der Bildfeldwölbung, d.h. die Fokusnachführung in Anhängigkeit der Position des Laserstrahls in der Bearbeitungsebene berücksichtigt werden.

Zuletzt soll für die entwickelte Zweistrahloptik eine flexible Relativpositionierung der beiden Laserstrahlen ermöglicht werden. Dabei soll der Abstand der Laserstrahlen in der Bearbeitungsebene sowohl in X- als auch in Y-Richtung eingestellt werden können. Dies dient einerseits dazu, die Anordnung der Laserstrahlen bei schichtweiser Rotation der Hatchvektoren aufrecht zu erhalten. Andererseits schafft die flexible Relativpositionierung der Laserstrahlen zusätzliche Freiheitsgrade zur Steuerung der schmelzbaddynamischen Effekte beim LPBF. Eine Übersicht der Anforderungen an die jeweiligen Teilfunktionen ist in Tabelle 3 zusammengefasst.

Tabelle 3 Anforderungsprofil für die Entwicklung einer Zweistrahloptik für das LPBF.

Funktion	**Anforderung**	**Kenngröße**	**Parameterbereich**
Laserstrahlerzeugung und -modulation	Laserstrahlung mit hoher Strahlqualität	Beugungsmaßzahl M^2	$M^2 < 1{,}1$
	Einstellbare Laserleistung	Laserleistung P_L	$P_L = 100 – 400$ W
	Dynamische Laserstrahlmodulation	Laserschaltzeit t_{rise} / t_{fall}	t_{rise} / $t_{fall} < 50$ µs
Funktion	**Anforderung**	**Kenngröße**	**Parameterbereich**
Dynamische Laserstrahl-positionierung	Hohe mögliche Scangeschwindigkeit	Scan-geschwindigkeit v_s	$v_s \leq 3000$ mm/s
	Hochdynamische Beschleunigung	Be- und Entschleunigungs-zeit n_{prev} / n_{post}	n_{prev} / $n_{post} \leq 500$ µs
Laserstrahlfokussierung und Ausgleich der Bildfeldwölbung	Typischer Laserstrahldurchmesser für das LPBF	Laserstrahl-durchmesser d_s	$d_s = 50 – 100$ µm
	Robustheit gegenüber thermischem Fokusshift	Rayleigh-Länge z_R	$z_R \geq 5$ mm
	Fokusnachführung	Fokushub Δf_θ	$\Delta f_\theta \leq 10$ mm
Relative Positionierung der Laserstrahlen	Flexible Relativpositionierung der Laserstrahlen	Laserstrahlabstand Δx_L / Δy_L	Δx_L / Δy_L: 0 – 1000 µm

5.1.2 Laserstrahlerzeugung und -modulation

Zur Nutzung der entwickelten Zweistrahloptik für das LPBF müssen zwei Laserstrahlen erzeugt sowie unabhängig voneinander moduliert und hinsichtlich ihrer Laserleistung eingestellt werden können. Grundsätzlich kommen sowohl die Verwendung separater Laserstrahlquellen als auch die Laserstrahlteilung als Lösungsansätze in Betracht. Die Kombination von zwei separaten Laserstrahlquellen erlaubt die einfache Umsetzung der notwendigen Anforderungen. Beide Laserstrahlquellen können individuell hinsichtlich ihrer Laserleistung gesteuert und moduliert werden. Bei Verwendung zweier Singlemode-Faserlaser können sowohl die Anforderungen hinsichtlich der Strahlqualität ($M^2 = 1{,}01$) als auch hinsichtlich Leistungseinstellung ($P_L = 50 – 400$ W) und Schaltzeit (t_{rise} / $t_{fall} < 50$ µs) problemlos erfüllt werden (88). Alternativ können die individuellen Laserstrahlen durch Strahlteilung aus einer

Laserstrahlquelle erzeugt werden. Die Strahlteilung kann dabei z.B. durch diffraktive optische Elemente realisiert werden. Die alleinige Laserstrahlteilung erlaubt jedoch keine unabhängige Modulation und Einstellung der Laserleistung. Aus diesem Grund muss das optische System um weitere Elemente zur Laserstrahlmodulation erweitert werden. Unter Berücksichtigung der Anforderungen hinsichtlich der Schaltzeit können hierfür bspw. Akusto-optische Modulatoren (AOM) verwendete werden. Die zusätzlichen optischen Elemente zur Laserstrahlteilung und Modulation bedingen indes größere Verluste im optischen System (Beugungseffizienz pro Element ca. 80%) (89, 90), sodass dafür eine Laserstrahlquelle mit größerer Ausgangsleistung (P_L > 2000 W) benötigt würde. Die beiden Ansätze zur Laserstrahlerzeugung und -modulation sind in Bild 35 zusammengefasst.

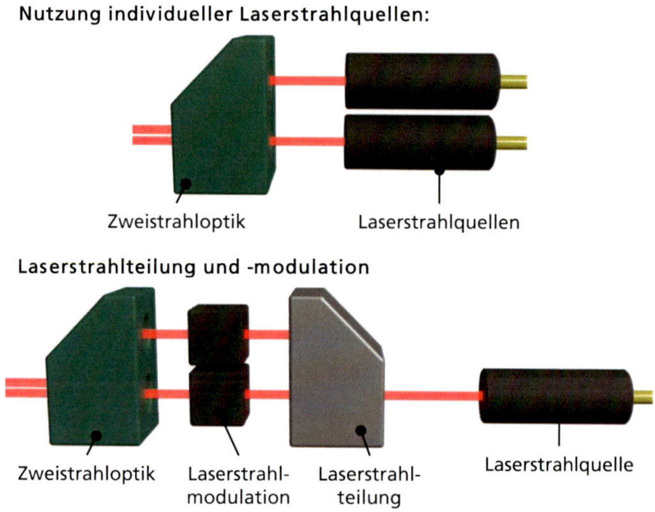

Bild 35 Schematische Darstellung der Ansätz zur Laserstrahlerzeugung und -modulation durch Nutzung individueller Laserstrahlquellen (oben) sowie Laserstrahlteilung und -modulation (unten).

5.1.3 Laserstrahlführung

Eine weitere entscheidende Funktion des optischen Systems in LPBF-Maschinen ist die Laserstrahlführung, d.h. die Bewegung des Laserstrahls mit definierter Geschwindigkeit entlang einer Trajektorie in der Bearbeitungsebene. Grundsätzlich kann die Laserstrahlführung durch verschiedene Kinematiksysteme wie Strahlablenkungssysteme (z.B. Galvanometerscanner) oder Linearachsen (z.B. Gantry-Achssystem) realisiert werden. Ein Vergleich der unterschiedlichen Kinematiksysteme für das LPBF ist in Bild 36 abgebildet.

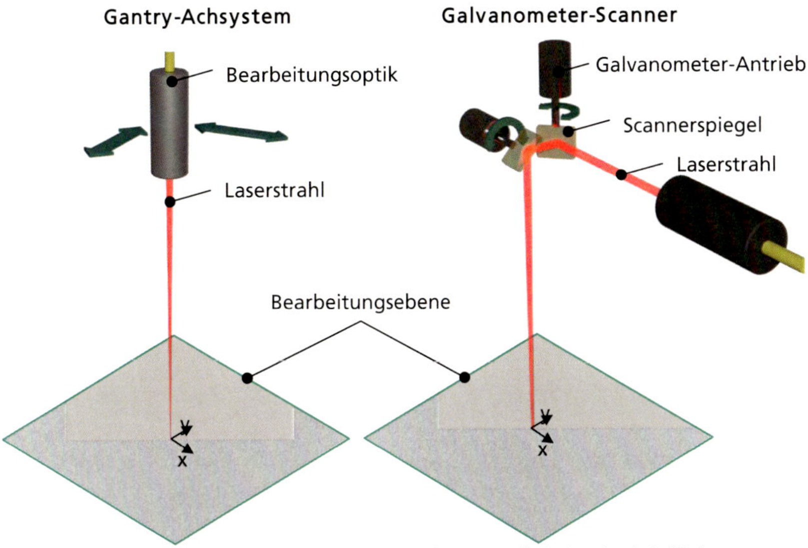

Bild 36 Alternative Kinematiksysteme zur Laserstrahlpositionierung und -Bewegung für das Laser Powder Bed Fusion.

Gantry-Achssysteme ermöglichen eine einfache Laserstrahlführung für das LPBF. Dabei wird die für das LPBF notwendige Laserstrahlbewegung durch eine lineare Bewegung der gesamten Bearbeitungsoptik der LPBF-Maschine in X- und Y-Richtung realisiert. Für die Linearbewegung können sowohl Kugelgewindeantriebe als auch magnetische Direktantriebe genutzt werden. Da bei der Verwendung von Gantry-Achssystemen für das LPBF i.d.R. die gesamte Bearbeitungsoptik bewegt werden muss ist die Dynamik aufgrund der größeren Massenträgheit begrenzt. Die für das LPBF relevanten Bewegungsgeschwindigkeiten können folglich nur für lange Scanvektoren erreicht werden (5). Deshalb werden Gantry-Achssysteme insbesondere in Anlagen für großvolumige Bauteile oder aufgrund von Kostenvorteilen gegenüber Galvanometerscannern in Low-Cost LPBF-Maschinen verwendet (5, 91).

Bei der Laserstrahlführung mittels Galvanometerscanner wird die Laserstrahlbewegung durch zwei kippbare Spiegel realisiert. Die Scangeschwindigkeit des Laserstrahls in der Bearbeitungsebene v_s wird dabei durch das Produkt des Arbeitsabstandes WD [mm] und der Winkelgeschwindigkeit $\dot{\theta}$ [s^{-1}] gemäß

$$v_s = \dot{\theta} \cdot WD \quad \left[\frac{mm}{s}\right] \tag{5.1}$$

beschrieben. Aufgrund der geringen Trägheit der Scannerspiegel und der Möglichkeit der Nutzung großer Arbeitsabstände (typ. WD > 300 mm) erlauben Galvanometerscanner eine hochdynamische Laserstrahlführung auch bei kurzen Scanvektoren. Der aus der Massenträgheit des Scannerspiegels resultierende Schleppverzug sowie die Be- und Entschleunigungszeiten werden bei Galvanometerscannern durch entsprechende Delay-Zeiten und sog. Skywriting-Bewegungen kompensiert, die in Bild 37 schematisch zusammengefasst sind.

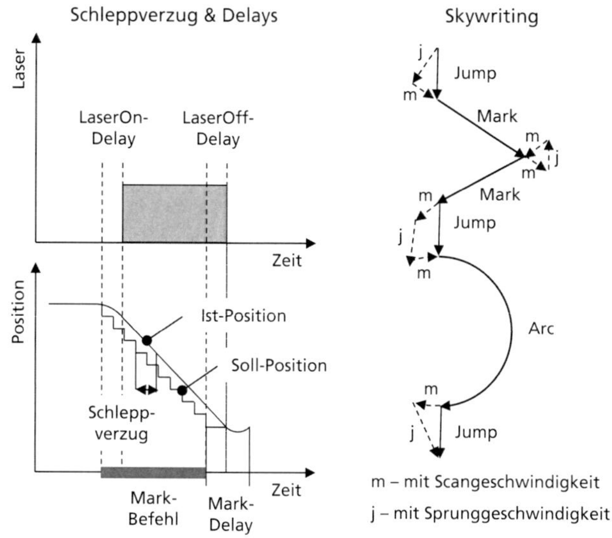

Bild 37 Expemplarische Darstellung des Schleppverzugs und der Delay-Zeiten (links) sowie der Skywriting-Bewegungen (rechts) von Galvanometerscannern. Adaptiert nach (92).

Aufgrund der Dynamikvorteile gegenüber Gantry-Achssystemen und der Kompatibilität zu industriellen LPBF-Maschinen wird für die Auslegung der Zweistrahloptik lediglich die Laserstrahlführung durch Galvanometerscanner berücksichtigt.

5.1.4 Laserstrahlfokussierung und Ausgleich der Bildfeldwölbung

Neben der Laserstrahlführung wird die Fokussierung der Laserstrahlung auf einen für das LPBF relevanten Laserstrahldurchmesser d_s (typ. $d_s = 50 - 100\ \mu m$) benötigt. Die typischerweise für das LPBF verwendeten Singlemode-Faserlaser werden meist mit Kollimatoren kombiniert, um einen Rohstrahldurchmesser d_k mit möglichst geringer Divergenz zu erzeugen. Der Rohstrahldurchmesser kann auf Grundlage des Faserkerndurmessers d_f [µm] des Faserlasers, des Strahlparameterprodukts BPP [mm x mrad] bzw. der Beugungsmaßzahl M^2 [$mm^{-1}mrad^{-1}$] und der Brennweite des Kollimators f_k [mm] gemäß

5.2 $$d_k = \tan\varphi \cdot f_k\ [mm]\ mit\ \varphi = \frac{2 \cdot BPP}{d_f} = \frac{2}{M^2 \cdot d_f}\ [mrad]$$

berechnet werden. Der kollimierte Laserstrahl muss anschließend durch entsprechende Fokussieroptiken in die Bearbeitungsebene der LPBF-Maschine fokussiert werden. Der resultierende Laserstrahldurchmesser d_s kann auf Grundlage des Rohstrahldurchmesser d_k [mm], der effektiven Brennweite der Fokussieroptik f_f [mm], der Wellenlänge λ [µm] und der Beugungsmaßzahl M^2 [$mm^{-1}mrad^{-1}$] entsprechend

5.3 $$d_s = \frac{2 \cdot M^2 \cdot \lambda}{\pi \cdot \varphi}\ [mm]\ mit\ \varphi = \arctan\frac{d_k}{2 \cdot f_f}\ [mrad]$$

bestimmt werden. Wie in Abschnitt 5.1.3 beschrieben wird die Laserstrahlbewegung bei Verwendung von Galvanometerscannern durch die Auslenkung des Laserstrahls an einem kippbaren Scannerspiegel umgesetzt. Die Laserstrahlfokus wird folglich auf einer Kreisbahn mit einem Radius entsprechend des Arbeitsabstandes WD bewegt. Bei Fokussierung des Laserstrahls mit einer festen Brennweite f resultiert dies in einer Abweichung der Fokuslage von der Bearbeitungsebene in Abhängigkeit des Auslenkungswinkels θ. Dieser Effekt wird als Bildfeldwölbung bezeichnet und ist schematisch in Bild 38 dargestellt.

Bild 38 Schematisceh Darstellung der Bildfeldwölbung bei der Laserstrahlablenkung durch Galvanometerscanner.

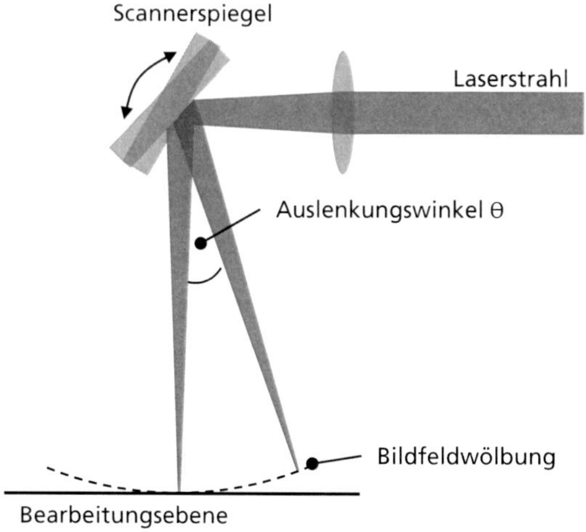

Die Abweichung der Fokuslage von der Bearbeitungsebene resultiert indes in einer Vergrößerung des Laserstrahldurchmessers in der Bearbeitungsebene. Folglich muss die Bildfeldwölbung ausgeglichen werden. Prinzipiell existieren zwei alternative Lösungsansätze zur Kompensation der Bildfeldwölbung. Einerseits kann die Bildfeldwölbung durch Verwendung einer sogenannten dynamischen Fokussiereinheit (auch: Z-Shifter) ausgeglichen werden. Dabei wird der Divergenzwinkel des Laserstrahls vor der Fokussierung durch eine verfahrbare Zerstreuungslinse eingestellt. Dadurch kann die effektive Brennweite f_f in Abhängigkeit der Position des Laserstrahls in der Bearbeitungsebene eingestellt und die Fokuslagenabweichung korrigiert werden. Dynamische Fokussiereinheiten werden folglich in Pre-Objective Konfiguration, d.h. vor dem Galvanometerscanner in den Strahlengang integriert. Andererseits kann die Bildfeldwölbung auch durch sogenannte f-Theta Objektive (auch: Flachfeldobjektive) kompensiert werden. Im Gegensatz zu dynamischen Fokussiereinheiten basieren f-Theta Objektive nicht auf beweglichen Linsen, sondern kombinieren verschiedene feststehende Linsen, um die effektive Brennweite in Abhängigkeit der Position des Laserstrahls in der Bearbeitungsebene auszugleichen. Weiterhin wird für f-Theta Objektive durch die f-Θ-Beziehung gemäß

5.4 $$l_s \sim f \cdot \theta$$

die Proportionalität der Scanlänge l_s [mm] mit der Brennweite f [mm] und dem Auslenkwinkel ϴ [rad] gewährleistet, um Verzeichnungen im Scanfeld zu kompensieren. Die Integration von f-Theta Objektiven erfolgt entsprechend in Post-Objective Konfiguration, d.h. im Strahlengang hinter dem Galvanometerscanner. Eine Übersicht der beiden Ansätze zum Ausgleich der Bildfeldwölbung ist in Bild 39 abgebildet.

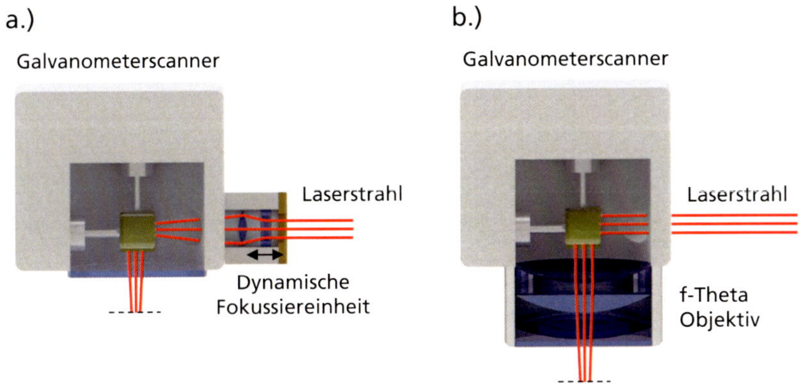

Bild 39 Schematische Darstellung von optischen Systemen in LPBF-Maschinen unter Verwendung von Galvanometerscannern in Pre-Objective Konfiguration (a) und Post-Objective Konfiguration (b) nach (33, 5).

Aus der Kombination von Galvanometerscannern mit f-Theta Objektiven und dynamischen Fokussiereinheiten resultieren, durch den Strahlversatz im Galvanometerscanner und die Einbaulage der Fokussieroptik, charakteristische kissen- bzw. tonnenförmige Verzeichnungen im Scanfeld (93). Das bedeutet, dass die tatsächliche Laserstrahlposition in der Bearbeitungsebene von der eingestellten Position abweicht. Diese Abweichung kann durch eine sogenannte Scanfeldkorrektur steuerungsseitig kompensiert werden. Die für die Scanfeldkorrektur benötigten Korrekturtabellen werden dabei auf die jeweilige Kombination aus Galvanometerscanner und Fokussieroptik abgestimmt (92). Da die Verwendung von dynamischen Fokussiereinheiten die zulässigen Aperturen deutlich stärker begrenzt als dir Nutzung von f-Theta Objektiven und die Integration eine zusätzliche Synchronisation zwischen dynamischer Fokussiereinheit und Zweistrahloptik erfordert, wird für die Entwicklung der Zweistrahloptik die Verwendung eines f-Theta Objektivs bevorzugt. Der entwickelte Ansatz zur Relativpositionierung der Laserstrahlen (vgl. 5.1.5) ist allerdings prinzipiell mit beiden Ansätzen zum Ausgleich der Bildfeldwölbung kompatibel.

5.1.5 Relative Positionierung der Laserstrahlen

Die wesentliche Funktion der entwickelten Zweistrahloptik ist die relative Positionierung der beiden Laserstrahlen in der Bearbeitungsebene. Um diese Funktion zu realisieren, muss ein geeignetes opto-mechanisches System zur Strahlpositionierung in das optische System der LPBF-Maschine integriert werden. Die zugrundeliegenden Anforderungen sind einerseits die Möglichkeit der flexiblen Anpassung der relativen Laserstrahlposition in zwei Raumrichtungen (X- und Y-Richtung) mit möglichen Laserstrahlabständen im Bereich von $\Delta x_L, y_L = 0 - 1000$ µm. Dabei sollte eine Dynamik der relativen Positionierung der Laserstrahlen mit $t < 10$ ms erreichbar sein, um die Anpassung der Laserstrahlanordnung zwischen verschiedenen Bereichen (z.B. Hatch und Kontur) in einer Bauteilschicht ohne zusätzliche Nebenzeiten beim LPBF zu ermöglichen. Andererseits muss die Kompatibilität des entwickelten Konzepts mit den weiteren Komponenten des optischen Systems der LPBF-Maschine sichergestellt werden. Dies umfasst insbesondere die Einhaltung der Aperturen des Galvanometerscanners und des f-Theta Objektivs.

Da ein optisches System aus einem Galvanometerscanner und einem f-Theta Objektiv für die Entwicklung der Zweistrahloptik ausgewählt wurde wird auch für die relative Positionierung der Laserstrahlen ein Strahlablenkungssystem ausgewählt. Die Verkippung des zweiten Laserstrahls relativ zum ersten Laserstrahl um einen Verkippungswinkel $\Delta\Theta$ resultiert gemäß der f-Θ-Beziehung (vgl. Formel **5.4**) in einem proportionalen Versatz $\Delta x,y$ in der Bearbeitungsebene. Um eine relative Laserstrahlpositionierung in zwei Raumrichtungen zu realisieren, muss der zweite Laserstrahl entsprechend um zwei Achsen verkippt werden. Diese Funktion kann beispielsweise durch einen X-Y-Kippspiegel oder zwei unabhängige Kippspiegel umgesetzt werden. Das beschriebene Konzept zur relativen Laserstrahlpositionierung für die Zweistrahloptik ist schematisch in Bild 40 dargestellt. Zur Vereinfachung ist lediglich die Verkippung des zweiten Laserstrahls um eine Achse dargestellt.

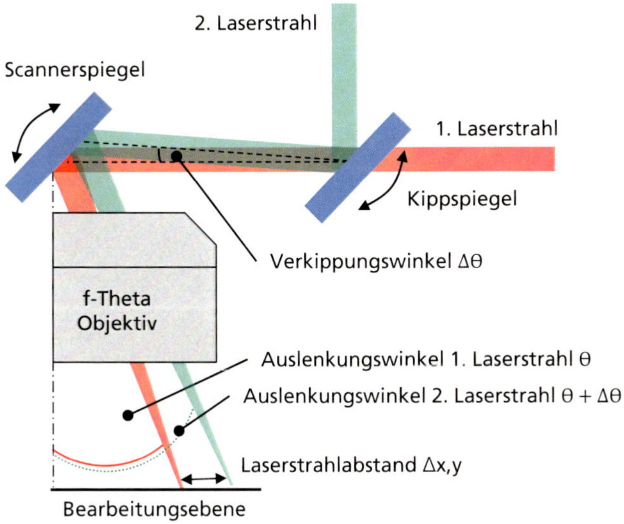

Bild 40 Schematische Darstellung des Konzepts zur Relativen Positionierung der beiden Laserstrahlen durch Verkippung des zweiten Laserstrahls relativ zum ersten Laserstrahl.

Die Verkippung des zweiten Laserstrahls durch Kippspiegel wird gegenüber der Verkippung durch beugungsbasierte Systeme (z.B. AODs) bevorzugt, da große Leistungsverluste durch die begrenzte Beugungseffizienz (~ 80%) kommerziell verfügbarer Lösungen in einem wesentlich größeren Leistungsbedarf für die Laserstrahlquelle(n) resultieren würde.

5.1.6 Synthese und Bewertung von Lösungskonzepten

Auf Grundlage der zuvor beschriebenen Funktionen und Ausgestaltungsmöglichkeiten werden zwei mögliche Konzepte zur Einbindung der entwickelten Zweistrahloptik in das optische System einer LPBF-Maschine abgeleitet. Die Konzepte werden im Folgenden näher beschrieben und hinsichtlich ihrer Eignung zur Erfüllung des Anforderungsprofils bewertet.

Konzept 1: Verwendung separater Laserstrahlquellen

Für das erste Konzept zur Einbindung der Zweistrahloptik, wird diese mit zwei Laserstrahlquellen kombiniert. Die Zweistrahloptik selbst ermöglicht die geforderte relative Laserstrahlpositionierung durch Verkippung des zweiten Laserstrahls um zwei Achsen. Die für das LPBF notwendige Laserstrahlbewegung wird durch einen Galvanometerscanner umgesetzt. Dieser wird mit einem f-Theta Objektiv kombiniert, um einem Laserstrahldurchmesser von d_s = 50 – 100 µm in der Bearbeitungsebene einzustellen und gleichzeitig die resultierenden Bildfeldwölbung zu kompensieren. Das beschriebene Konzept ist in Bild 41 schematisch zusammengefasst.

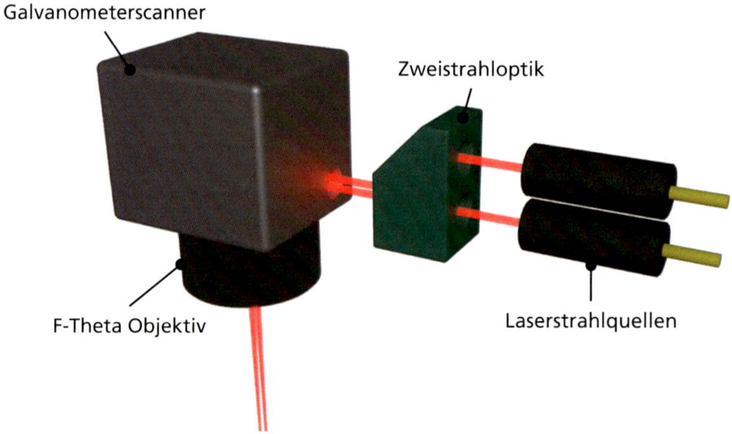

Bild 41 Schematischer Aufbau eines Konzepts für das LPBF mit Zweistrahloptik unter Verwendung zweier individueller Laserstrahlquellen.

Durch die Verwendung von zwei separaten Laserstrahlquellen kann die Laserleistung beider Laserstrahlquellen individuell gesteuert werden. Des Weiteren kann die geforderte Schaltzeit von $t_{rise/fall}$ < 50 µs durch synchronisierte Ansteuerung der Laserstrahlquellen problemlos sichergestellt werden (88). Die Verwendung einer Galvanometerscanners in Kombination mit einem f-Theta Objektiv machen eine Überlagerung der zwei Laserstrahlen durch die Zweistrahloptik erforderlich. Für die Kombination eines Galvanometerscanners mit einer Eintrittsapertur mit d_{in} = 30 mm und ein f-Theta Objektiv mit einem maximalen Eintrittsstrahldurchmesser von d_{in} = 20 mm beträgt der maximal zulässige Eintrittsdurchmesser der überlagerten Laserstrahlen $d_{s,in} \approx$ 16 mm. Die Begrenzung des Eintrittsdurchmessers dient einerseits dazu durch einen Laserleistungseinschluss ≥ 99,9% eine Vignettierung an der Eintrittsblende und den Spiegeln des Galvanometerscanners auszuschließen. Andererseits wird durch den begrenzten Eintrittsdurchmesser in das f-Theta Objektiv eine beugungsbegrenzte Abbildung gewährleistet (94). Als weiteres Auslegungskriterium muss weiterhin die Zerstörschwelle der Scannerspiegel berücksichtigt werden. Diese wird mit I_{krit} = 1000 W/cm² (95) allerdings selbst bei einem Rohstrahldurchmesser von d_k = 5 mm der beiden Laserstrahlen und einer maximalen Laserleistung je Strahlquelle von $P_{L,max}$ = 400 W nicht überschritten

Konzept 2: Verwendung von Laserstrahlteilung & -modulation

Im Gegensatz zum Konzept 1 basiert das Konzept 2 nicht auf der Verwendung separater Laserstrahlquellen, sondern der Laserstrahlteilung und -modulation. Bei diesem Konzept muss der Laserstrahl einer einzigen Laserstrahlquelle zunächst durch Strahlteilung auf zwei Teilstrahlen aufgeteilt werden. Bei der Strahlteilung geht jedoch die Möglichkeit der individuellen Leistungssteuerung und Schaltung der Teilstrahlen verloren. Aus diesem Grund muss ein zusätzliches System zur Modulation jedes Teilstrahls implementiert werden. Aufgrund der Anforderungen hinsichtlich der Schaltzeit von $t_{rise/fall} < 20$ µs kommen hierfür ausschließlich akusto-optische Modulatoren in Betracht. Der resultierende Leistungsverlust bei der Strahlteilung und aufgrund der begrenzten Beugungseffizienz der AOMs muss indes durch eine größere Eingangsleistung kompensiert werden. Bei einer angenommenen Beugungseffizienz von 60 – 80% für Strahlteilung und Modulation wird ein Laserleistungsbedarf von $P_L \approx 2000$ W abgeschätzt. Die resultierenden Leistungsverluste müssen weiterhin durch entsprechende Strahlfallen aufgenommen und durch effiziente Kühlsysteme aus dem optischen System der LPBF-Maschine abgeführt werden. Der weitere Aufbau des optischen Systems zu Konzept 2 entspricht dem zu Konzept 1. Nach der Strahlteilung und der Modulation werden die Teilstrahlen durch die Zweistrahloptik relativ zueinander positioniert und überlagert. Anschließend werden beiden Laserstrahlen durch den Galvanometerscanner abgelenkt und durch das f-Theta Objektiv in die Bearbeitungsebene fokussiert. Der schematische Aufbau des optischen Systems zu Konzept 2 ist in Bild 42 dargestellt

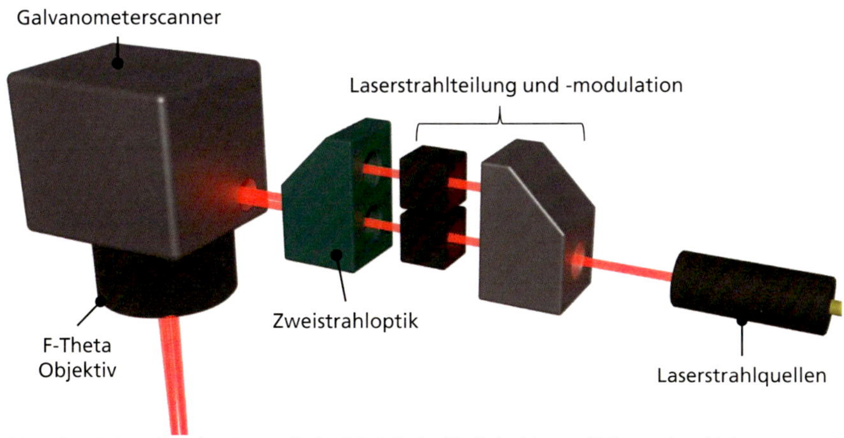

Bild 42 Schematischer Aufbau eines Konzepts für das LPBF mit Zweistrahloptik durch Laserstrahlteilung und -modulation.

Beide dargestellten Lösungskonzepte für die Integration einer Zweistrahloptik in das optische System einer LPBF-Maschine weisen jeweils Vor- und Nachteile auf. Folglich ist eine Bewertung der Konzepte im Hinblick auf die Erfüllung des Anforderungsprofils (vgl. Abschnitt 5.1.1) erforderlich. Da sich beide Konzepte lediglich in der Laserstrahlerzeugung und -modulation unterscheiden wird entsprechend nur auf die Kriterien der Laserleistungssteuerung und der Laserstrahlmodulation eingegangen. Des Weiteren wird die Skalierbarkeit des Konzeptes im Hinblick auf weitere Laserstrahlen sowie den Integrationsaufwand und die Wirtschaftlichkeit des Konzeptes bewertet. Eine Zusammenfassung der Bewertung 2 ist in Tabelle 4 dargestellt.

Tabelle 4 Bewertung der Konzepte für die Integration der entwickelten Zweistrahloptik in das optische System einer LPBF-Maschine. Bei der Bewertung erhält das jeweils überlegende Konzept eine Bewertung von 1 und das unterlegene Konzept eine Bewertung von 0.

Bewertungskriterium	Gewichtung	Konzept 1	Konzept 2
Laserleistungseinstellung	25%	1	0
Laserstrahlmodulation	25%	1	0
Skalierbarkeit	20%	0	1
Integrationsaufwand	20%	1	0
Wirtschaftlichkeit	10%	0	1
Summe	100%	0,7	0,3

In Bezug auf die Laserleistungseinstellung und -Strahlmodulation unterscheiden sich die beiden Konzepte deutlich. Während bei der Verwendung separater Laserstrahlquellen (Konzept 1) sowohl die Laserleistung als auch die Modulation gemäß den Anforderungen über die jeweiligen Hardwareschnittstellen der Laserstrahlquellen gesteuert werden können (88), bedarf das Konzept unter Nutzung der Strahlteilung zusätzlicher Steuerungsmöglichkeiten. Zwar ermöglicht die Strahlmodulation mittels AOM das Schalten der Laserstrahlen mit Schaltzeiten im µs-Bereich, jedoch kann die Laserleistungssteuerung lediglich durch einen Quasi-CW-Betrieb durch hochdynamisches Schalten des Laserstrahls realisiert werden. Folglich wird ein Vorteil des Konzepts 1 gegenüber dem Konzept 2 für die Kriterien Laserleistungseinstellung und Laserstrahlmodulation festgestellt. Für das Konzept unter Verwendung der Strahlteilung ergeben sich aus der Laserleistungseinstellung und -strahlmodulation mittels AOM zudem zusätzliche Hardware- und Software-Schnittstellen, die bei der Integration des entwickelten optischen Systems in die LPBF-Maschine berücksichtigt werden müssen. Insbesondere für die Laserleistungssteuerung von zwei Laserstrahlen über die Ausgangsleistung der Laserstrahlquelle und zwei separate AOM ist eine umfängliche Charakterisierung und regelmäßige Kalibrierung des optischen Systems unabdingbar. Insofern wird ebenfalls ein Vorteil des Konzepts 1 gegenüber dem Konzept bezüglich des Bewertungskriteriums Integrationsaufwand festgestellt.

Im Hinblick auf die Skalierbarkeit und Wirtschaftlichkeit lässt sich das Konzept unter Verwendung der Strahlteilung einfach erweitern. Statt der Aufteilung eines Laserstrahls auf zwei Teilstrahlen kann durch Verwendung von DOE (z.B. 1x4-DOE) die Aufteilung auf eine wesentlich größere Anzahl von Teilstrahlen realisiert werden. Hierfür ist hauptsächlich eine Steigerung der Ausgangsleistung der Laserstrahlquelle vonnöten. Entsprechende Singlemode-Faserlaser sind bereits mit Ausgangsleistungen im Multi-kW-Bereich kommerziell verfügbar. Im Gegensatz dazu kann die Skalierung der Laserstrahlanzahl bei Verwendung separater Laserstrahlquellen (Konzept 1) nur durch die Integration weiterer Laserstrahlquellen in die LPBF-Maschine umgesetzt werden. Folglich resultiert die Skalierung für das Konzept 1 in einer deutlichen Steigerung der Investitionskosten. Zusätzlich erschwert die Vervielfältigung der Lichtleitkabel und Kollimatoren bei gegebenem Bauraum die relative Positionierung und Überlagerung der Laserstrahlen. Vor diesem Hintergrund wird ein Vorteil des Konzepts 2 gegenüber dem Konzept 1 im Hinblick auf die Bewertungskriterien Skalierbarkeit und Wirtschaftlichkeit festgestellt.

Aufgrund der prozessdynamischen Anforderungen des LPBF-Verfahrens werden hohe Gewichtungen von jeweils 25% für die Bewertungskriterien Laserleistungseinstellung und Laserstrahlmodulation festgelegt. Diese dienen insbesondere dazu, eine Vergleichbarkeit der erzielten Ergebnisse mit LPBF-Maschinen gemäß dem Stand der Technik zu ermöglichen. Weiterhin werden Gewichtungen von jeweils 20% für die Bewertungskriterien Integrationsaufwand und Skalierbarkeit definiert. Diese dienen einerseits dazu eine Kompatibilität des entwickelten optischen Systems mit existierenden LPBF-Maschinen sicherzustellen. Andererseits wird durch die Gewichtung der Skalierbarkeit die Möglichkeit zur Erweiterung des optischen Systems zur Verwendung von mehreren Laserstrahlen adressiert. Der Wirtschaftlichkeit wird mit einer Gewichtung von 10% die geringste Wichtigkeit beigemessen. Dies ist insbesondere darauf zurückzuführen, dass die kosteneffiziente Gestaltung und Skalierung des entwickelten optischen Systems maßgeblich durch die Technologie- und Preisentwicklung im Bereich der Laserstrahlquellen und optischen Komponenten bestimmt werden. Folglich ist die Abschätzung der Wirtschaftlichkeit mit einer gewissen Unschärfe behaftet und soll deshalb im Rahmen der Gesamtbewertung nicht überinterpretiert werden. Unter Berücksichtigung der oben beschriebenen Bewertungskriterien und der zugehörigen Gewichtungen ergeben sich Gesamtbewertungen von 0,7 für das Konzept unter Verwendung separater Strahlquellen und 0,3 für das Konzept unter Verwendung der Strahlteilung bestimmt. Für die konstruktive Ausgestaltung wird deshalb das Konzept für das optische System zum LPBF mit zwei gekoppelten Laserstrahlen unter Verwendung separater Laserstrahlquellen ausgewählt.

5.1.7 Konstruktive Ausgestaltung

Für die weitere Umsetzung des LPBF mit zwei gekoppelten Laserstrahlen muss das ausgewählte Konzept des optischen Systems unter Verwendung separater Laserstrahlquellen zunächst in ein realisierbares Design überführt werden. Da sowohl für die Laserstrahlquellen als auch für den Galvanometerscanner und das f-Theta Objektiv kommerziell verfügbare Komponenten verwendet werden können, wird im Folgenden lediglich auf die konstruktive Ausgestaltung der Zweistrahloptik (vgl. Bild 41) eingegangen.

Gemäß der im Abschnitt 5.1.5 beschriebenen Funktionen wird die Zweistrahloptik für die Einstellung der relativen Positionierung der Laserstrahlen sowie die Überlagerung der Laserstrahlen vor der Laserstrahlablenkung und -fokussierung verwendet. Den Ausgangspunk hierfür stellen zwei kollimierte Laserstrahlen dar. Im Rahmen der vorliegenden Arbeit werden zwei Singlemode-Faserlaser der Wellenlänge λ = 1070 nm und des Typs YLR-400-WC der Firma IPG Photonics GmbH (Burbach, Deutschland) verwendet, die mit Kollimatoren mit der Brennweite f_k = 50 mm einen Rohstrahl mit einem Durchmesser von d_k = 5 mm erzeugen. Zur Einstellung eines Laserstrahldurchmessers von d_s = 100 µm wird ein bereits vorhandener Galvanometerscanner des Typs intelliSCAN III 30 der Firma Scanlab GmbH (Puchheim, Deutschland) mit einem zugehörigen f-Theta Objektiv mit einer effektiven Brennweite von f = 340 mm kombiniert. Die maximalen Eintrittsaperturen des Galvanometerscanners und des f-Theta Objektivs betragen d_{in} = 30 mm bzw. d_{in} = 20 mm folglich wird der zulässige Eintrittsstrahldurchmesser gemäß der Herstellerangaben auf $d_{s,in} \approx$ 16 mm begrenzt wird (94).

Die Spezifikationen der verwendeten Laserstrahlquellen sowie des Galvanometerscanner und des f-Theta Objektiv dienen als Grundlage für die Auslegung und Konstruktion der Zweistrahloptik. Zur relativen Positionierung und Überlagerung der Laserstrahlen muss die Zweistrahloptik zwischen den Kollimatoren der Laserstrahlquellen und dem Galvanometerscanner in den Strahlengang integriert werden. Die relative Positionierung der Laserstrahlen erfolgt, wie in Bild 40 dargestellt, durch zweiachsige Verkippung des zweiten Laserstrahls gegenüber dem ersten Laserstrahl. Zur Komponentenauswahl muss folglich zunächst der erforderliche Winkelbereich abgeschätzt werden. Aufgrund der zusätzlichen Wegstrecke der Laserstrahlen zum Passieren des Galvanometerscanners und unter Berücksichtigung der voraussichtlichen Position zur Integration in den Strahlengang ergibt sich ein Abstand von WD_2 = 450 mm zwischen Laserstrahlverkippung und der Bearbeitungsebene. Der maximale Laserstrahlversatz wird gemäß der Anforderungsliste mit $\Delta x,y_{max}$ = 1000 µm angenommen. Eine vereinfachte Darstellung des resultierenden Strahlengangs mit Verkippung um eine Achse ist in Bild 43 abgebildet.

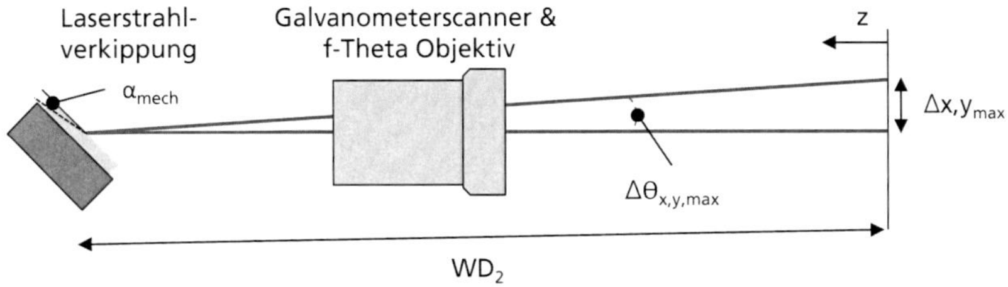

Bild 43 Vereinfachte Darstellung des Strahlengangs mit Verkippung des zweiten Laserstrahls durch den FSM.

Der erforderliche Verkippungswinkel um jeden Achse $\Delta\theta_{x,y,max}$ kann auf Basis des Abstandes WD_2 [mm] zwischen Kippspiegel und Bearbeitungsebene und dem angestrebten maximalen Abstand in X- und Y-Richtung $\Delta x,y_{max}$ [mm] gemäß

5.5 $$\Delta\theta_{x,y,max} = \tan^{-1}\left(\frac{\Delta x, y_{max}}{WD_2}\right) [rad]$$

berechnet werden. Unter Berücksichtigung des Abstandes des Kippspiegels zur Bearbeitungsebene von WD_2 = 450 mm sowie des maximalen angestrebten Laserstrahlversatzes in X- und Y-Richtung von $\Delta x,y_{max}$ = 1000 µm = 1 mm ergibt sich ein maximaler Verkippungswinkel um die X- bzw. Y-Achse von $\Delta\theta_{x,y,max}$ = 2,22 mrad. Gemäß der Gleichheit des Eintritts- und Austrittswinkels wird für den Kippspiegel lediglich ein mechanischer Stellwinkel von α_{mech} = 1,11 mrad benötigt. Um die erforderliche Präzision bei der relativen Laserstrahlpositionierung im Bereich von 10 µm zu ermöglichen, wird allerdings eine Winkelauflösung im Bereich von ca. 10 µrad benötigt. Des Weiteren resultieren die Anforderungen hinsichtlich der Dynamik der relativen Laserstrahlpositionierung mit Schaltzeiten im Bereich von $t < 10$ ms in Auslenkfrequenzen im Bereich von $100 \text{ Hz} < f < 1000 \text{ Hz}$. Aufgrund der notwendigen Winkelauflösung und Dynamik kommen insbesondere Piezo- oder Voice-Coil-Aktuatoren für die Realisierung des benötigten Kippspiegels in Betracht. Aufgrund der kommerziellen Verfügbarkeit und der Kompatibilität mit den benötigten Spiegelsubstraten wird ein Fast-Steering Mirror (FSM) des Typs OIM 5001 FSM der Firma Optics In Motion LLC (Long Beach, USA) für die Zweistrahloptik ausgewählt. Eine 3D-CAD Darstellung des ausgewählten FSM sowie die zugehörigen Herstellerspezifikationen sind in Bild 44 zusammengefasst.

Bild 44 3D CAD-Darstellung des verwendeten FSM (links) und zugehörige technische Spezifiskationen (rechts).

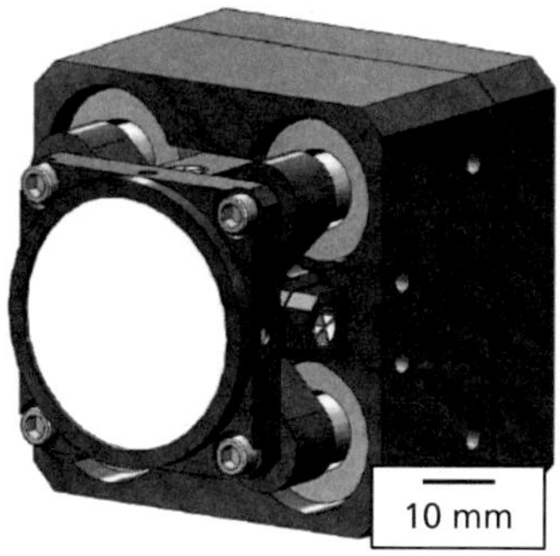

OIM5001 FSM	
Dynamische Eigenschaften	
Auslenkwinkel (mechanisch)	±1,5°
Positionsauflösung	< 0,6 µrad RMS
3dB Bandbreite	> 800 Hz
Spiegelsubstrat	
Maße	Ø 25,4 x 6 mm
Freie Apertur	23,8 mm

Der FSM wird mit einen 1″-Spiegelsubstrat aus Vollquarz für die Laserwellenlänge von λ = 1064 nm eingesetzt. Mittels einer werkseitigen Kalibrierung des FSM wird eine maximale Auslenkfrequenz von f_{max} = 800 Hz für eine vollständige Verkippung des Spiegels mit $\alpha_{mech,max}$ = ±26 mrad festgestellt. Die zugehörigen Kalibrierkurven für den FSM können dem Bild 112 im Anhang 12.3 entnommen werden.

Zur weiteren konstruktiven Ausgestaltung der Zweistrahloptik muss ein geeignetes Gehäuse zur Aufnahme des FSM sowie der Kollimatoren der Laserstrahlquellen abgeleitet werden. Bei der Gehäusegestaltung müssen insbesondere die präzise Aufnahme und Ausrichtung der Komponenten im Strahlengang sowie der Berücksichtigung der Schnittstellen zum Galvanometerscanner berücksichtigt werden. Die Aufnahme der Kollimatoren kann durch parallele Bohrungen entsprechend des Kollimatordurchmessers realisiert werden. Eine Fixierung der Kollimatoren wird durch eine radiale Klemmung mit jeweils einer Schraube umgesetzt. Der FSM wird unter einem Winkel von 45° in den Strahlengang der zweiten Laserstrahlquelle integriert. Die Überlagerung der Laserstrahlen folgt durch ein im Strahlengang der zweiten Laserstrahlquelle angeordnetes 45°-Spiegelprisma. Zu Wartungszwecken wird ein abnehmbarer Gehäusedeckel vorgesehen. Eine Kabeldurchführung für die Spannungsversorgung und Steuerungsleitung des FSM soll die Kontamination der Zweistrahloptik vermeiden. Durch die Schnittstelle zum Galvanometer-scanner wird zudem eine Spülung der Zweistrahloptik mit gereinigter Druckluft gewährleistet. Eine Übersicht des resultierenden Designs der Zweistrahloptik und des gesamten optischen Systems für das LPBF mit zwei gekoppelten Laserstrahlen ist in Bild 45 abgebildet.

Bild 45 Resultierendes Design des optischen Systems für das LPBF mit zwei gekoppelten Laserstrahlen.

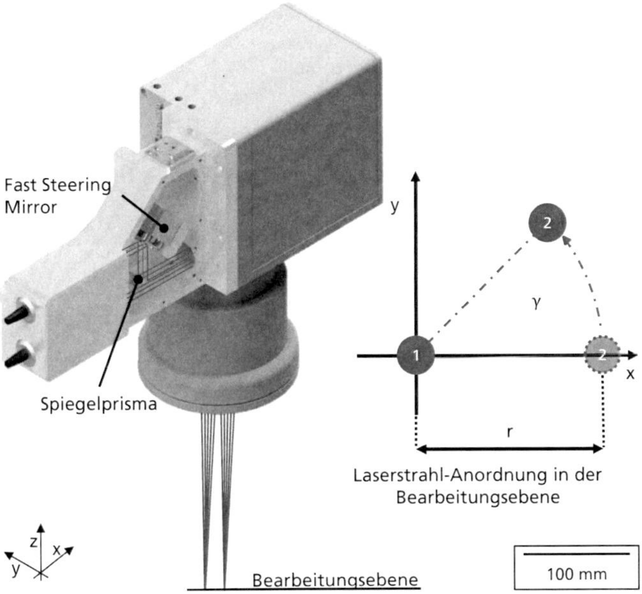

5.2 Charakterisierung des optischen Systems

Zur Überprüfung der Eigenschaften wird das entwickelte optische System für das LPBF zwei gekoppelten Laserstrahlen zunächst umfassend charakterisiert. Die Charakterisierung umfasst die Bestimmung der Laserleistungskennlinien und Laserstrahlkaustiken für beide Laserstrahlquellen sowie die Messung der Positioniergenauigkeit bei der Relativpositionierung der Laserstrahlen. Auf die verwendeten Messmethoden und -ergebnisse wird im Folgenden eigegangen.

5.2.1 Messung der Laserleistungskennlinien

Die Bestimmung der Laserleistungskennlinie ermöglicht die Vorgabe exakter Laserleistungswerte während des LPBF-Prozesses. Zur Ermittlung der Laserleistungskennlinien wird die emittierte Laserleistung nach dem optischen System für beide Laserstrahlquellen gemessen. Dabei wird die Leistungsvorgabe stufenweise von 10% bis 100% variiert. Die Laserleistungsmessung erfolgt mithilfe eines absorptionsbasierten Laserleistungsmesskopfes des Typs Flash-3K-55 (Gentec-EO Inc., Quebec, Kanada). Um etwaige Einflüsse auf das Messergebnis auszuschließen, erfolgt je eine Hysteresemessung mit zunehmender (10% → 100%) und abnehmender Laserleistungsvorgabe

(100% → 10%). Die Ergebnisse der Bestimmung der Laserleistungskennlinie für beide Laserstrahlquellen sind in Bild 46 zusammengefasst.

Bild 46 Ergebnisse der Laserleistungsmessung und Laserleistungskennlinie für Laser 1 und Laser 2.

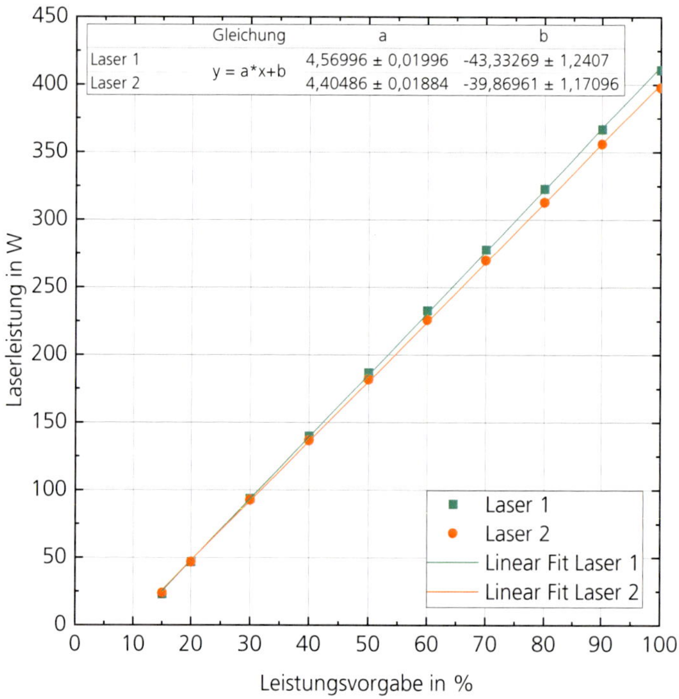

Für eine Laserleistungsvorgabe von 10% wird für keine der Laserstrahlquellen Laserleistung emittiert. Aus diesem Grund wird eine Laserleistungsvorgabe von 15% als Startpunkt für die folgenden Messungen gewählt. Beide Laserstahlquellen weisen einen linearen Anstieg der emittierten Laserleistung mit zunehmender Laserleistungsvorgabe auf. Bei einer Laserleistungsvorgabe von 100% werden Laserleistungen von P_L = 411 W für Laser 1 und P_L = 398 W für Laser 2 gemessen. Damit wird eine maximale Laserleistungsdifferenz von $\Delta P_{L,\,max}$ = 13 W für eine Laserleistungsvorgabe von 100% festgestellt. Die Ursache für die unterschiedliche Kennlinie der beiden Laserstrahlquellen wird in einer unterschiedlichen werkseitigen Kalibrierung der Laserstrahlquellen vermutet. Für die weiteren experimentellen Untersuchungen zum LPBF mit zwei gekoppelten Laserstrahlen werden deshalb unterschiedlichen Kalibrierungstabellen (engl.: Look-up table, LUT) für die Maschinensteuerung hinterlegt. Die zugehörigen Kalibrierungstabellen für die beiden Laserstrahlquellen sind der Tabelle 14 im Anhang 12.3 zu entnehmen.

5.2.2 Messung der Laserstrahlkaustik

Neben der Laserleistungskennlinie ist die Kenntnis der Laserstrahlkaustik für beide Laserstrahlquellen von großer Bedeutung, um vergleichbare Prozessbedingungen beim LPBF mit zwei gekoppelten Laserstrahlen sicherzustellen. Zur Bestimmung der Laserstrahlkaustik wird die Leistungsdichteverteilung (LDV) der Laserstrahlen für mehrere Messebenen mit unterschiedlichem Z-Abstand zur Bearbeitungsoptik gemessen. Die Berechnung des Laserstrahldurchmessers für alle Messebenen erfolgt anhand der 2. Momente-Methode gemäß DIN EN ISO 11146-1 (96). Anhand der Messergebnisse für den Laserstrahldurchmesser kann die Laserstrahlkaustik approximiert werden. Die Bestimmung der Laserstrahlkaustik erfolgt für beide Laserstrahlquellen für die Laserleistung von $P_L = 200$ W bei senkrechtem Strahleinfall. Dies entspricht einem Laserstrahlabstand von $r = 0$ µm bei gleichzeitiger Positionierung des Galvanometer-scanners in der (0,0) Lage. Die Kaustikmessung wird mithilfe des Kaustik-messgeräts des Typs Focus-Beam-Profiler FBP-1KF (Cinogy Technologies GmbH, Duderstadt, Deutschland) durchgeführt. Die Messebenen werden in einem Bereich von ± 20 mm mit einem Abstand von $\Delta = 1$ mm um die errechnete Fokuslage verteilt. Die Anpassung des Abstandes zwischen dem optischen System und dem Messgerät und damit die Einstellung der Messebene, erfolgt mit Hilfe der Z-Achse der LPBF-Maschine (vgl. Bild 26). Die Bestimmung der Laserstrahlkaustik erfolgt anhand von Graustufen-Bildern der Leistungsdichteverteilung in den jeweiligen Messebenen unter Verwendung der Matlab-Toolbox IFSW BeamAnalyzer (IFSW, Stuttgart, Deutschland). Um einen direkten Vergleich der Laserstrahlkaustiken der Laser 1 und 2 zu ermöglichen, wird die Fokusebene z_0 des Lasers 1 als Bezugsebene für die weitere Auswertung verwendet. Zusätzlich zu den Kaustikkennwerten der Fokuslage z_0, des Fokusdurchmessers d_0 und der Rayleigh-Länge z_R werden die Abweichung Δz_0 der Fokuslagen von Laser 1 und Laser 2, die Abweichung des Laserstrahldurchmessers im Fokus Δd_0 und die Abweichung des Laserstrahldurchmessers in der Fokusebene des Lasers 1 $\Delta d_{z=0}$ beim Vergleich der Laserstrahlquellen berücksichtigt. Eine Zusammenfassung der Laserstrahlkaustikmessung für beide Laserstrahlquellen bei einer Laserleistung von $P_L = 200$ W ist in Bild 47 dargestellt.

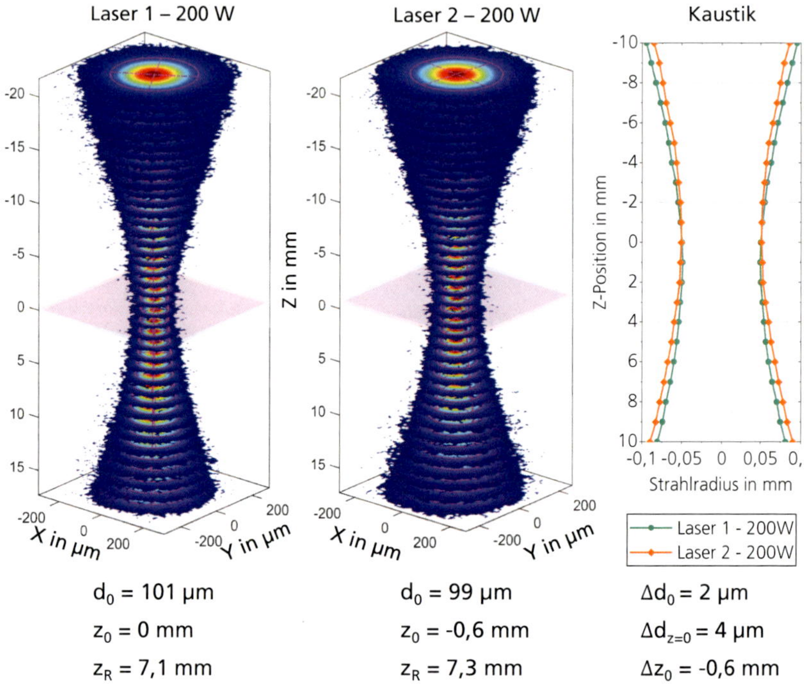

Bild 47 Ergebnisse der Laserstrahlkaustik-Messung für die Laser 1 und 2 bei einer Laserleistung von P_L = 200 W.

Für beide Laserstrahlquellen wird eine gaußförmige Leistungsdichteverteilung in der Bearbeitungsebene z = 0 mm gemessen. Der Laserstrahldurchmesser des Lasers 1 beträgt d_0 = 101 µm bei einer Rayleigh-Länge von z_R = 7,1 mm. Für den Laser 2 wird ein Laserstrahldurchmesser von d_0 = 99 µm bei einer Rayleigh-Länge von z_R = 7,3 mm. In Vergleich zum Laser 1 wird eine Verschiebung der Fokusebene um Δz_0 = -0,6 mm ermittelt. Dies resultiert in einer Vergrößerung des Laserstrahldurchmessers des Lasers 2 in der Bearbeitungsebene z = 0 mm von $\Delta d_{z=0}$ = 4 µm. Dies entspricht einer Abweichung von ca. 4% des Laserstrahldurchmessers d_0 und liegt somit innerhalb der durch den Hersteller angegebenen Messungenauigkeit von 2 - 4% (97).

5.2.3 Kalibrierung der relativen Positionierung der Laserstrahlen

Neben der Laserleistungskennlinie und der Laserstrahlkaustik muss das optische System hinsichtlich der relativen Positionierung der Laserstrahlen zueinander charakterisiert und kalibriert werden. Die Kalibrierung dient dabei einer möglichst genauen Einstellung der Laserstrahlanordnung und umfasst den Laserstrahlabstand r und den Winkel γ bei der Einstellung in Polarkoordinaten (vgl. 5.1.7, Bild 45). Die Messung der relativen Laserstrahlpositionierung erfolgt unter Verwendung des Kaustikmessgeräts FBP-1KF in der Bearbeitungsebene z = 0 mm. Die Messung erfolgt bei einer eingestellten Laserleistung von P_L = 200W für beide Laserstrahlquellen und senkrechtem Laserstrahleinfall in das Messgerät unter Variation der Laserstrahlabstandes r und des Winkels γ für den Laser 2. Dabei werden gemäß den Anforderungen in Kapitel 5.1 Winkel zwischen γ = 0° und γ = 360° sowie Laserstrahlabstände von r = 0 µm bis r = 1000 µm betrachtet. Die Ermittlung der Laserstrahlpositionen erfolgt anhand der Schwerpunkte der Leistungsdichteverteilungen von Laser 1 und Laser 2 in den Graustufenbildern des Kaustikmessgeräts. Eine Übersicht des verwendeten Messrasters sowie der betrachteten Kombinationen von r und γ ist in Bild 48 dargestellt.

Bild 48 Verwendetes Messraster zur Bestimmung der Positioniergenauigkeit des optischen Systems für das LPBF mit zwei gekoppelten Laserstrahlen.

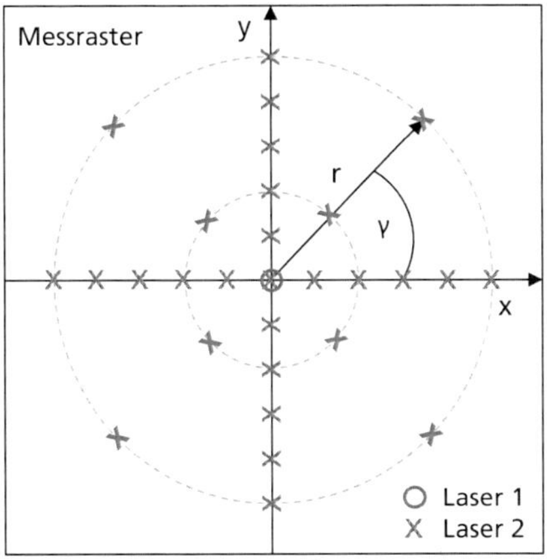

r	γ
0 µm	0°
100 µm	0°
200 µm	0° - 360°; Δ = 45°
300 µm	0°
400 µm	0°
500 µm	0° - 360°; Δ = 45°
600 µm	0°
700 µm	0°
800 µm	0°
900 µm	0°
1000 µm	0°

Bei der Charakterisierung der Positioniergenauigkeit der Laserstrahlanordnung kann grundsätzlich zwischen verschiedenen Positionierfehlern unterschieden werden, auf die im Folgenden eingegangen wird. Als Ausrichtungsfehler werden Positionierfehler bezeichnet, die aus einer Abweichung der Bezugskoordinatensysteme von Laser 1 und Laser 2 resultieren. Hierbei kann zwischen translatorischen Fehlern $\Delta x,y_{trans}$ und rotatorischen Ausrichtungsfehlern $\Delta x,y_{rot}$ unterschieden werden. Translatorische Ausrichtungsfehler resultieren aus einer

Verschiebung des Koordinatenursprungs von Lasers 2 gegenüber dem Ursprung des Referenzkoordinatensystems von Laser 1, wohingegen rotatorische Ausrichtungsfehler aus einer Verkippung des Koordinatensystems des Lasers 2 gegenüber dem Referenzkoordinatensystem des Lasers 1 resultieren. Gemäß der Rotationsmatrix R_α (vgl. Formel 5.6) können die X- und Y-Verschiebung gemäß

5.6
$$R_\alpha = \begin{pmatrix} \cos\alpha & -\sin\alpha \\ \sin\alpha & \cos a \end{pmatrix}$$

5.7
$$\Delta x_{rot} = x \cdot (\cos\alpha - \sin\alpha) - x$$
$$\Delta y_{rot} = y \cdot (\sin\alpha + \cos\alpha) - y$$

α: Rotationswinkel [°]; x: X-Position [µm]; y: Y-Position [µm]

aus dem Rotationswinkel α berechnet werden. Eine Zusammenfassung der translatorischen und rotatorischen Ausrichtungsfehler der Laserstrahlanordnung ist in Bild 3 dargestellt.

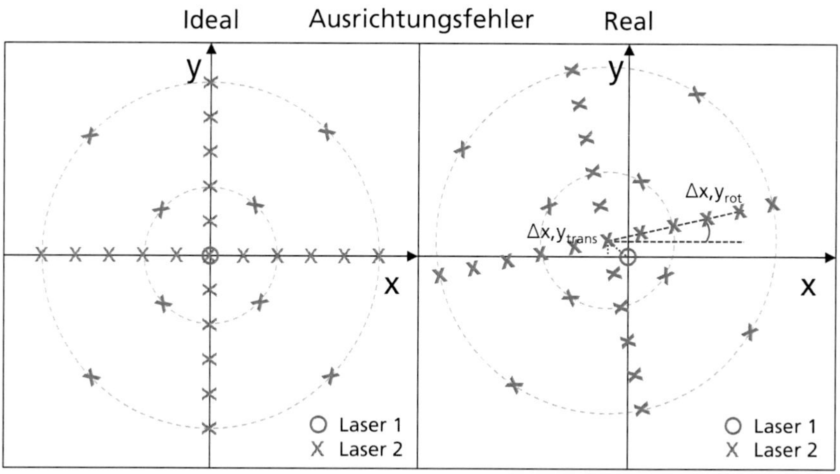

Bild 49 Schematische Darstellung möglicher Ausrichtungsfehler bei der Kalibrierung der Laserstrahlanordnung.

Die Messung der translatorischen Ausrichtungsfehler Δx_{trans} und Δy_{trans} erfolgt auf Grundlage der Schwerpunktskoordinaten der Leistungsdichteverteilung für die Laser 1 und 2 bei Vorgabe eines Spotabstandes von r = 0 µm und eines Winkels von γ = 0°. Die gemessenen translatorischen Ausrichtungsfehler betragen Δx_{trans} = -13,40 µm und Δy_{trans} = -19,41 µm und können entsprechend über die

Steuerungssoftware der LPBF-Laboranlage kompensiert werden. Die Charakterisierung der rotatorischen Ausrichtungsfehler Δx_{rot} und Δy_{rot} erfolgt anhand einer linearen Ausgleichsgeraden entlang der Messwerte der X-Achse. Dies entspricht einer Variation des Laserstrahlabstandes r bei einer Winkelvorgabe von $\gamma = 0°$ und $\gamma = 180°$. Anhand der Steigung a der linearen Ausgleichsgeraden kann der Rotationswinkel α gemäß

5.8 $$\alpha = arctan(a)$$

α: Rotationswinkel [°]; a: Steigung der Ausgleichgeraden entlang X [-]

berechnet werden. Die Auswertung der Schwerpunktskoordinaten der Leistungsdichteverteilung von Laser 2 entlang der X-Achse ergibt eine Ausgleichsgerade mit $y = 0{,}0224x-19{,}114$. Entsprechend wird der Rotationswinkel mit $\alpha = \arctan(0{,}0224) = 1{,}2831°$ berechnet und in der Steuerungssoftware der LPBF-Laboranlage hinterlegt.

Neben den Ausrichtungsfehlern sind Skalierungsfehler entscheidend für die Positioniergenauigkeit der Laserstrahlanordnung. Skalierungsfehler resultieren aus der Ansteuerung des FSM und führen zu einer systematischen Abweichung zwischen den eingestellten Werten für den Laserstrahlabstand und den Winkel r_{soll} und γ_{soll} sowie den gemessenen Werten r_{ist} und γ_{ist} gemäß

5.9 $$r_{ist} = b_r \cdot r_{soll};\ \gamma_{ist} = b_\gamma \cdot \gamma_{soll}$$

b_r: Skalierungsfaktor für den Laserstrahlabstand r
b_γ: Skalierungsfaktor für den Winkel γ

Im Falle einer idealen Skalierung von r und γ betragen die Werte für die Skalierungsfaktoren b_r; $b_\gamma = 1$. Für Werte der Skalierungsfaktoren von b_r; $b_\gamma < 1$ wird eine systematische Abweichung nach unten zwischen den eingestellten und gemessenen Werten für r und γ festgestellt. Demgegenüber entsprechen Skalierungsfaktoren von b_r; $b_\gamma > 1$ einer systematischen Abweichung der Messwerte nach oben. Eine schematische Darstellung des Einflusses der Skalierungsfehler auf die Positioniergenauigkeit des optischen Systems ist in Bild 50 abgebildet.

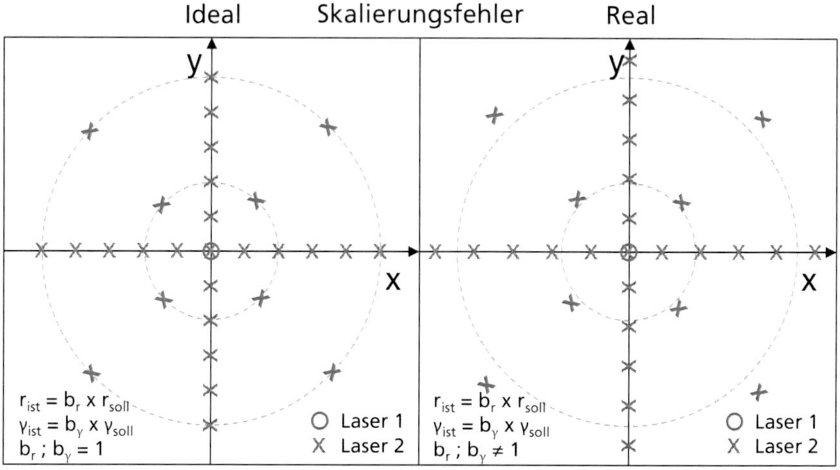

Bild 50 Schematische Darstellung möglicher Skalierungsfehler bei der Kalibrierung der Laserstrahlanordnung.

Die Charakterisierung der Laserstrahlanordnung hinsichtlich etwaiger Skalierungsfehler erfolgt nach der Kompensation der translatorischen und rotatorischen Ausrichtungsfehler anhand aller betrachteten r-γ-Kombinationen des verwendeten Messrasters (vgl. Bild 48). Hierfür werden der mittlere gemessene Laserstrahlabstand r_{ist} und der mittlere gemessene Winkel γ_{ist} gegen den eingestellten Laserstrahlabstand r_{soll} und Winkel γ_{soll} aufgetragen. Anschließend wird sowohl für den Laserstrahlabstand als auch für den Winkel eine lineare Ausgleichsgerade der Form $y = a + b*x$ mit $a = 0$ bestimmt. Die Skalierungsfaktoren für den Laserstrahlabstand b_r und den Winkel b_γ können im Anschluss anhand der Steigung der Ausgleichsgeraden bestimmt werden. Für den Laserstrahlabstand r ergibt die Messung einen Skalierungsfaktor von $b_r = 1{,}04055 \pm 0{,}00078$, d.h. der gemessene Laserstrahlabstand r_{ist} ist systematisch um ca. 4% größer als der eingestellten Laserstrahlabstand r_{soll}. Im Vergleich dazu wird für den Winkel γ ein Skalierungsfaktor von $b_\gamma = 0{,}99718 \pm 0{,}00117$ festgestellt. Dies entspricht einer systematischen Abweichung des gemessenen Winkels γ_{ist} um ca. 0,3% nach unten. Aufgrund des linearen Verhaltens der Skalierungsfehler für den Laserstrahlabstand r und den Winkel γ kann die Steuerung der Laserstrahlanordnung durch eine Kalibrierungstabelle kompensiert werden. Die Graphen zur Ermittlung der der Skalierungsfaktoren für den Laserstrahlabstand und den Winkel b_r und b_γ sind in Bild 51 dargestellt. Die Messdaten sowie die Kalibrierungstabellen für den Laserstrahlabstand r und den Winkel γ können Bild 113 und Tabelle 16 im Anhang 12.3 entnommen werden.

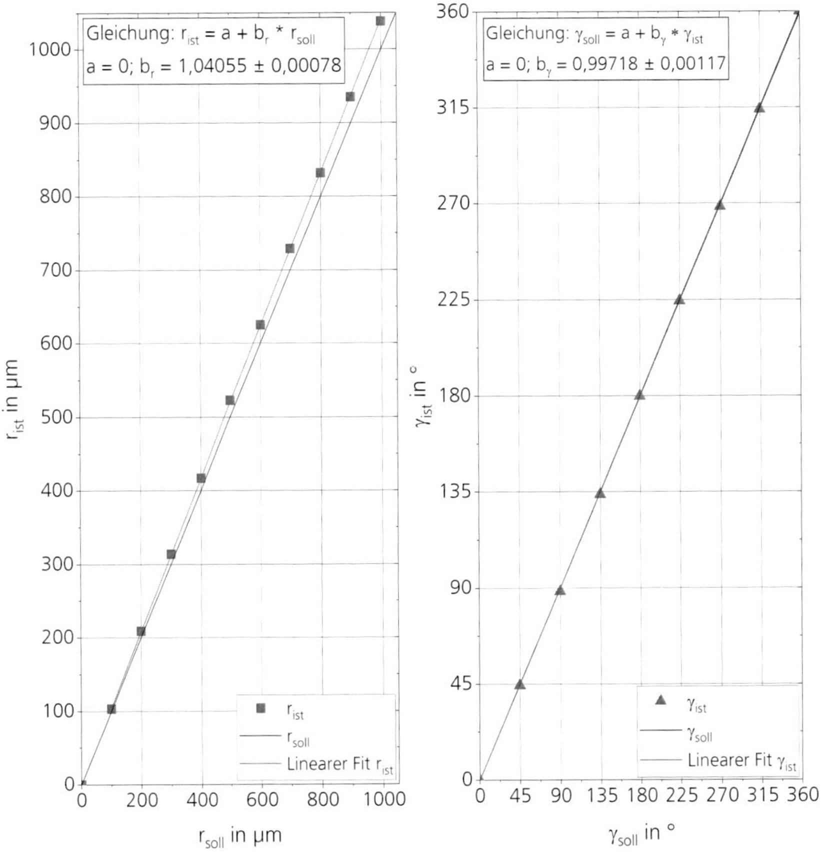

Bild 51 Ergebnisse der Messung der Skalierungsfehler für den Radius r und den Winkel γ der Laserstrahlanordnung.

Nach der Kalibrierung der Laserstrahlanordnung hinsichtlich der Positionsabweichungen durch Ausrichtungs- und Skalierungsfehler muss das System abschließend hinsichtlich der verbleibenden unsystematischen Positionsabweichungen charakterisiert werden. Hierfür wird das gesamte Messrater für den Laserstrahlabstand r und den Winkel γ gemäß Bild 48 nach der Kompensation der systematischen Positionsabweichungen verwendet. Die verbleibenden Positionsabweichungen Δr_{res} und $\Delta\gamma_{res}$ werden aus den gemessenen Schwerpunktskoordinaten anhand der Leistungsdichteverteilungen von Laser 1 und Laser 2 berechnet und analog zu Bild 51 gegen den eingestellten Laserstrahlabstand r_{soll} und den eingestellten Winkel γ_{soll} aufgetragen. Aus der Streubreite der Messwerte kann die Genauigkeit der Einstellung des Laserstrahlabstand r und des Winkels γ abgeleitet werden. Die verbleibenden unsystematischen Positionsabweichungen für den Laserstrahlabstand r und den Winkel γ sind in Bild 52 dargestellt.

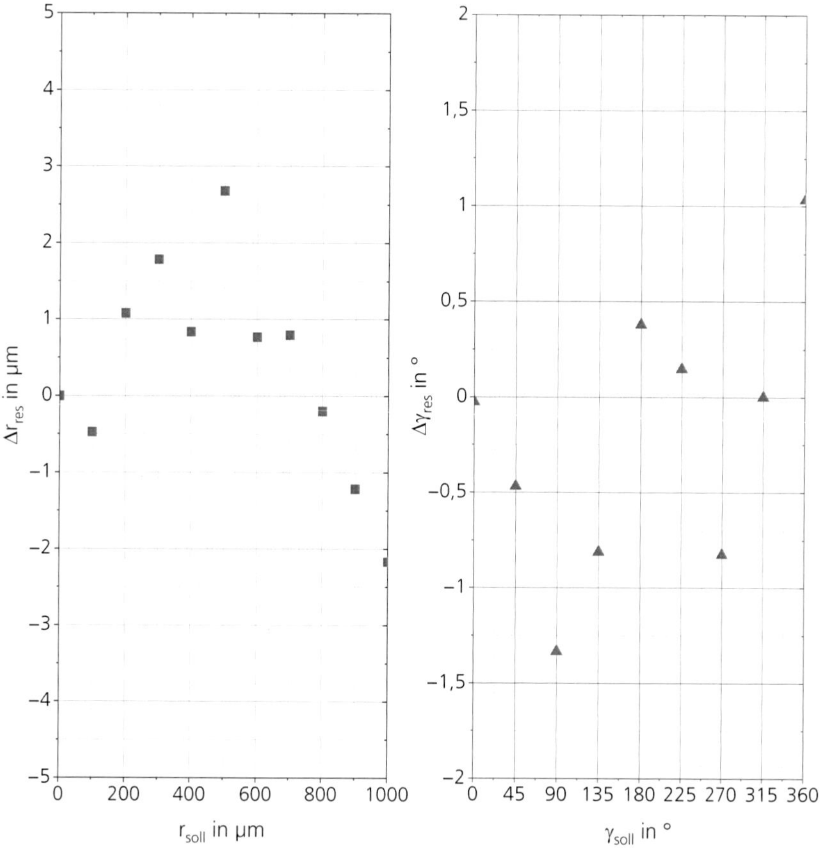

Bild 52 Darstellung der verbleibenden Positionsabweichungen Δr_{res} und $\Delta\gamma_{res}$ nach der Kalibrierung der Laserstrahlanordnung für den Laserstrahlabstand r und den Winkel γ.

Für den Laserstrahlabstand r werden verbleibende Positionsabweichungen im Bereich von Δr_{res} = -1,21 – 2,68 µm gemessen. Die mittlere verbleibende Positionsabweichung des Laserstrahlabstandes r beträgt $\overline{\Delta r_{res}} = 0{,}35\ \mu m$ bei einer Standardabweichung von 1,36 µm. Hinsichtlich des Winkels γ werden verbleibende Positionsabweichungen im Wertebereich $\Delta \gamma_{res}$ = -1,33 – 1,01° festgestellt. Die mittlere verbleibende Positionsabweichung des Winkels γ beträgt $\overline{\Delta \gamma_{res}} = -0{,}21°$ bei einer Standardabweichung von 0,72°. Durch Überführung de in kartesische Koordinaten kann die verbleibendem Positionsabweichungen mit Δx_{res} = -1,11 – 1,71 µm und Δy_{res} = -0,02 – 0,02 µm. Hieraus ergibt sich ein maximaler Positionsfehler mit $\sqrt{\Delta x_{res}^2 + \Delta {y_{res}}^2}$ = 1,71 µm. Bezogen auf die Laserstrahldurchmesser mit d_s = 100 µm beträgt der Positionierfehler weniger als 2%. Eine Beeinflussung der Bearbeitungsergebnisse beim LPBF mit zwei gekoppelten Laserstrahlen durch den Positionierfehler bei der Laserstrahlanordnung wird folglich nicht erwartet.

6 Prozessführung

Die zusätzlichen Freiheitsgrade durch die relative Positionierung der Laserstrahlen bedingen eine deutliche Erweiterung des möglichen Parameterraums. Um das entwickelte optische System für das LPBF mit zwei gekoppelten Laserstrahlen für die Fertigung von Bauteilen einsetzen zu können muss folglich eine geeignete Prozessführung ermittelt werden. Um geeignete Konfigurationen aus Laserstrahlanordnung und Laserleistung zu bestimmen, wird zunächst die High-Speed Videografie zur Analyse des LPBF-Prozesses eingesetzt (6.1). Anhand der ermittelten Konfigurationen werden anschließend Prozessfenster für das LPBF mit zwei gekoppelten Laserstrahlen anhand der Fertigung einfacher Volumenkörper bestimmt (6.2). Als weiteres Bewertungskriterium für die ermittelten LPBF-Prozessführungsstrategien wird die Ausbildung von Prozessnebenprodukten hinzugezogen (6.3). Die resultierende Prozessführung für das LPBF mit zwei gekoppelten Laserstrahlen dient als Grundlage für die Demonstration und das Benchmarking in Kapitel 7.

6.1 Ermittlung geeigneter Konfigurationen für das LPBF mit zwei gekoppelten Laserstrahlen

Im Rahmen erster Vorversuche wird die Spurmorphologie sowie die Spurgeometrie beim Single-Laser LPBF sowie beim LPBF mit zwei gekoppelten Laserstrahlen für die Nickelbasis-Legierung IN625 miteinander verglichen. Dabei wird beim LPBF mit zwei gekoppelten Laserstrahlen und parallelem Versatz eine Vergrößerung der Scangeschwindigkeit v_s gegenüber dem Single-Laser LPBF Referenzparameter angestrebt, wohingegen durch das LPBF mit zwei gekoppelten Laserstrahlen und senkrechtem Versatz eine Vergrößerung des Hatchabstandes Δy_s erzielt werden soll. Die Untersuchungen erfolgen anhand der Belichtung einer einzelnen Pulverschicht mit einer Schichtdicke von $D_s = 50$ µm und einer Fläche von 10 x 10 mm² auf einer Substratplatte. Im Rahmen der Voruntersuchungen wird eine gleiche Laserleistung für beide Laserstrahlen mit $P_{L1,2} = 0{,}5 \times P_{L,ges}$ sowie ein konstanter paralleler bzw. senkrechter Laserstrahlversatz mit $\Delta x_L = 200$ µm bzw. $\Delta y_L = 200$ µm eingesetzt. Die Bewertung der Spurmorphologie sowie der resultierenden Spurgeometrie erfolgt anhand von REM-Aufnahmen der Bauteiloberfläche sowie anhand von lichtmikroskopischen Aufnahmen von Querschliffen der generierten Einzelschichten. Ein Vergleich der resultierenden Spurmorphologie und Spurgeometrie für den Single-Laser LPBF Referenzparameter sowie für das LPBF mit zwei gekoppelten Laserstrahlen und parallelem bzw. senkrechtem Versatz ist in Bild 53 dargestellt.

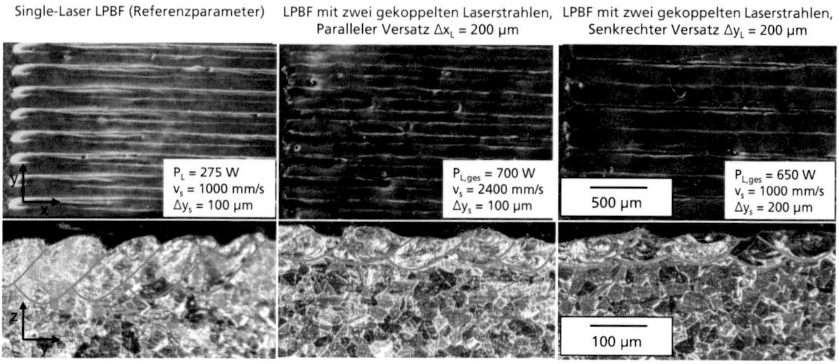

Bild 53 Spurmorphologie (oben) und resultierende Spurgeometrie (unten) beim Single-Laser LPBF sowie beim LPBF mit zwei gekoppelten Laserstrahlen.

Das LPBF mit zwei gekoppelten Laserstrahlen und parallelem Versatz ermöglicht mit v_s = 2400 mm/s eine deutliche Steigerung der Scangeschwindigkeit gegenüber dem Single-Laser LPBF Referenzparameter. Im Gegensatz zum Single-Laser LPBF mit größerer Scangeschwindigkeit (siehe Bild 1, Mitte) wird eine homogene Spurmorphologie mit konstanter Spurbreite und -tiefe erreicht. Zudem wird eine gute Anbindung der benachbarten Spuren mit einer größtenteils ebenen Bauteiloberfläche sichergestellt. Folglich wird das Aufbauratensteigerungspotenzial für das LPBF mit zwei gekoppelten Laserstrahlen und parallelem Versatz insbesondere in der Vergrößerung der Scangeschwindigkeit vermutet. Für das LPBF mit zwei gekoppelten Laserstrahlen und senkrechtem Versatz wird gegenüber dem Single-Laser LPBF mit größerem Hatchabstand (vgl. Bild 1, rechts) eine homogene Spurmorphologie sowie eine defektfreie Anbindung der benachbarten Spuren festgestellt. Diese wird insbesondere durch die Vergrößerung der Spurbreite gegenüber dem Single-Laser LPBF Referenz-parameter ermöglicht. Dementsprechend wird das Potenzial zur Aufbauratensteigerung für das LPBF mit zwei gekoppelten Laserstrahlen und senkrechtem Versatz insbesondere in der Vergrößerung des Hatchabstandes gegenüber dem Single-Laser LPBF Referenzparameter vermutet.

Die Voruntersuchungen belegen das Potenzial zur Aufbauratensteigerung beim LPBF mit zwei gekoppelten Laserstrahlen. Aus der flexiblen Relativpositionierung der Laserstrahlen resultieren jedoch weitere Freiheitsgrade für die LPBF-Prozessführung. Um den experimentellen Aufwand bei der Ermittlung von Prozessführungsstrategien für das LPBF mit zwei gekoppelten Laserstrahlen zu verringern, muss der Parameterraum zunächst auf geeignete Laserstrahlanordnungen $\Delta x,y_L$ und Laserleistungen $P_{L1,2}$ für beide Laserstrahlen eingegrenzt werden. Hierfür wird das unter 4.4.1 beschriebene System zur High-Speed Videografie des LPBF-Prozesses eingesetzt. Zusätzlich dienen die Referenzparameter für das Single-Laser LPBF von IN625 (vgl. Bild 29) als Ausgangsbasis für die Untersuchungen. Geeignete Werte für den Hatchabstand Δy_s und die Scangeschwindigkeit v_s wurden in Vorversuchen ermittelt. Hinsichtlich der Laserstrahlanordnung werden einerseits ein Versatz der Laserstrahlen senkrecht zur Scanrichtung mit variablem Laserstrahlabstand Δy_L und andererseits ein Versatz der Laserstrahlen parallel zur Scanrichtung mit variablem Laserstrahlabstand Δx_L betrachtet. Des Weiteren werden für beide Varianten der Laserstrahlanordnung sowohl gleiche als auch unterschiedliche Laserleistungen für beide Laserstrahlen betrachtet. Hierfür wird die gesamte Laserleistung mit $P_{L,ges} = P_{L1} + P_{L2}$ konstant gehalten. Die High-Speed Aufnahmen werden bei der Belichtung einer quadratischen Querschnittsfläche mit einer Kantenlänge von 10 mm mit konstanten Verfahrensparametern erzeugt. Das Vorgehen zur Bestimmung geeigneter Kombinationen für das LPBF mit zwei gekoppelten Laserstrahlen ist in Bild 54 zusammengefasst.

Bild 54 Vorgehen bei der Bestimmung geeigneter Kombinationen aus Laserstrahlanordnung und Laserleistung für das LPBF mit zwei gekoppelten Laserstrahlen

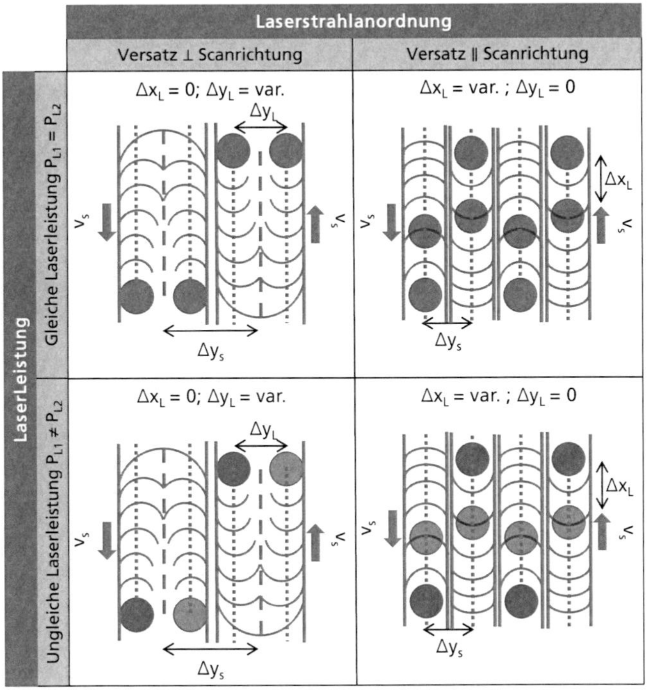

Um einen Vergleich der betrachteten Kombinationen aus Laserstrahlanordnung und Laserleistungsverteilung anhand der High-Speed Videoaufnahmen zu ermöglichen, müssen diese zunächst mit einer geeigneten Methodik vorverarbeitet werden. Während die mittels Diodenlaser fremdbeleuchteten Aufnahmen des LPBF-Prozesses aufgrund einer Vielzahl von Umgebungseinflüssen (z.B. Reflexionen an der Oberfläche) lediglich einen qualitativen Vergleich erlauben, eignen sich die Aufnahmen des Prozessleuchtens zur Bestimmung quantitativer Vergleichswerte. Die Untersuchung der fremdbeleuchteten High-Speed Aufnahmen erfolgt anhand ausgewählter Kriterien: Einerseits werden die betrachteten Konfigurationen hinsichtlich der Schmelzspurstabilität (z.B. Auftreten von Balling) und der lateralen Anbindung der Schmelzspuren miteinander verglichen, um Rückschlüsse über die resultierende Spurmorphologie und -geometrie (vgl. Bild 1 und Bild 53) zu ziehen. Andererseits werden die Aufnahmen im Hinblick auf die Ausbildung der Interaktionszone(n) zwischen den Laserstrahlen und dem Schmelzbad analysiert. Die Fläche der Interaktionszone sowie deren Fluktuation weisen einen direkten Zusammenhang mit dem Spritzerauswurf beim LPBF auf (vgl. Bild 114, Anhang 12.4) und dienen somit als weiteres Bewertungskriterium für die Prozessstabilität. Infolge der großen Temperaturen in der unmittelbaren Interaktionszone der Laserstrahlen mit dem Schmelzbad wird der Bereich der Interaktionszone i.d.R. in Sättigung erfasst. Dementgegen werden für die nachlaufende Schmelzspur eine variierende Länge und Breite sowie Helligkeit festgestellt. Unter Annahme eines richtungsunabhängigen Emissionsverhaltens des verarbeiteten Werkstoffs sowie gleichbleibender Kameraeinstellungen können aus der Abnahme der Helligkeit Vergleichswerte zum Abkühlverhalten der Schmelzspur abgeschätzt werden. Eine Abschätzung der Temperatur ist infolge der veränderlichen spektralen Sensitivität des CMOS-Sensors der High-Speed Kamera im Wellenlängenbereich von $\lambda = 400 - 900$ nm nicht möglich (vgl. Bild 106, Anhang 12.2). Eine Zusammenfassung der Methodik zur Analyse der Interaktionszone und der Schmelzspur ist in Bild 55 grafisch dargestellt

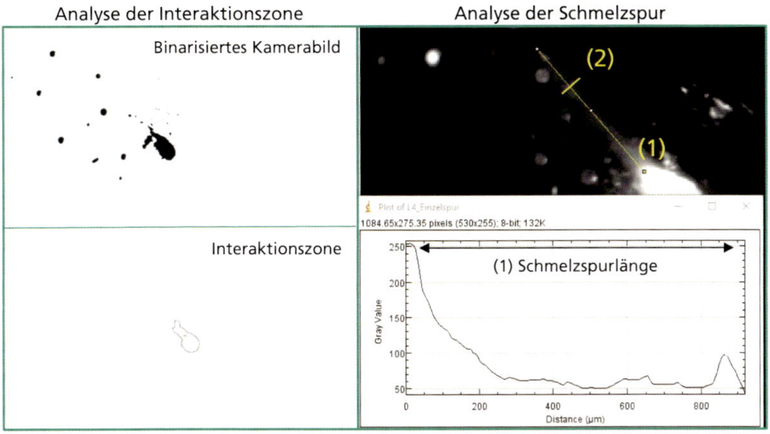

Bild 55 Methodik zur Analyse der Interaktionszone (links) sowie zur Ermittlung der Schmelzspurlänge, -breite und Abkühlzeit (rechts) auf Grundlage der High-Speed Aufnahmen des Prozessleuchtens.

Die Erfassung der Interaktionszone erfolgt anhand des Bereichs, in dem der Kamerasensor eine Sättigung erreicht (vgl. Bild 55, links oben). Die Interaktionszone kann anschließend durch Filterung anhand der zusammenhängenden Fläche separiert und vermessen werden (Bild 55, links unten). Die Erfassung der Interaktionszone erfolgt für jeweils alle Bilder entlang einer Spur. Aufgrund der unterschiedlichen Scangeschwindigkeiten kann die Anzahl der ausgewerteten Bilder allerdings variieren. Da der Grauwert für den Bereich der nachlaufenden Schmelzspur variiert, ist eine Separation nur bedingt möglich. Die Schmelzspurlänge und -breite werden deshalb anhand des Abfalls des Grauwertes erfasst. Dabei wird die Schmelzspurlänge entgegen der Scanrichtung ausgehend von der Interaktionszone bis zum Abfall der Graustufe auf einen Wert kleiner 40 definiert (vgl. Bild 55, rechts unten). Dieser Wert entspricht dem mittleren Grauwert der High-Speed Aufnahmen. Die Schmelzspurbreite wird senkrecht zur Scanrichtung erfasst und entspricht ebenfalls dem Bereich mit einem Grauwert größer 40. Als Abkühlzeit wird im Rahmen dieser Arbeit die Zeit beschrieben, in der der Grauwert auf einen Wert kleiner 40 abfällt. Folglich wird der Grauwert des Punktes 1 (vgl. Bild 55, rechts oben) über mehrere, sequenzielle Bilder ermittelt. Die Abkühlzeit entspricht der Anzahl der Bilder bis zum Abklingen des Grauwertes multipliziert mit der Frame-Time von $t_f = 0{,}0625$ ms. Zur statistischen Absicherung der Ergebnisse werden die Vergleichswerte für die Schmelzspurlänge und -breite sowie die Abkühlzeit für mindestens fünf Bilder ermittelt.

6.1.1 Untersuchung des LPBF mit zwei gekoppelten Laserstrahlen und parallelem Versatz Δx_L

Das LPBF mit zwei gekoppelten Laserstrahlen und parallelem Versatz zeichnet sich durch die Anordnung der Laserstrahlen im Vor- bzw. Nachlauf aus. D.h. beide Laserstrahlen folgen in Scanrichtung der gleichen Spur. Eine Möglichkeit zur Erhöhung der Aufbaurate wird bei dieser Konfiguration folglich insbesondere in der Erhöhung der Scangeschwindigkeit v_s vermutet. Erste eigene Voruntersuchungen deuten auf eine Erhöhung der Scangeschwindigkeit auf Werte von $v_s > 2000$ mm/s hin. Basierend auf den Referenzparametern für das Single-Laser LPBF von IN625 werden die in Tabelle 5 aufgeführten Parameter für die High-Speed Aufnahmen des LPBF mit zwei gekoppelten Laserstrahlen und parallelem Versatz Δx_L ausgewählt

Tabelle 5 Verfahrensparameter für die High-Speed Videografie des LPBF mit zwei gekoppelten Laserstrahlen und parallelem Versatz Δx_L.

Laserleistung $P_{L,ges}$	Hatchabstand Δy_s	Scangeschwindigkeit v_s	Schichtdicke D_s	Laserstrahlversatz Δx_L	Laserleistungs-anteil $P_{L1}/P_{L,ges}$
550 W	100 µm	2400 mm/s	50 µm	variabel	variabel

Die Untersuchungen zur High-Speed Videografie des LPBF mit zwei gekoppelten Laserstrahlen und parallelem Versatz werden in zwei Versuchsreihen untergliedert. Zunächst wird der Einfluss des parallelen Laserstrahlversatzes Δx_L bei gleicher Verteilung der Laserleistung $P_{L,ges}$ auf beide Laserstrahlen, d.h. $P_{L1} = P_{L2}$, untersucht. In einer zweiten Versuchsreihe wird anschließend ein Wert für den parallelen Laserstrahlversatz Δx_L ausgewählt und der Einfluss des Laserleistungsanteils $P_{L1}/P_{L,ges}$ analysiert. Basierend auf den Versuchsreihen wird eine geeignete Konfiguration aus Laserstrahlversatz Δx_L und Laserleistungsanteil $P_{L1}/P_{L,ges}$ für die folgende Charakterisierung der Prozessfenster beim LPBF mit zwei gekoppelten Laserstrahlen in Abschnitt 6.3 gewählt.

Einfluss des parallelen Laserstrahlversatzes Δx_L

Die Untersuchung des Einflusses des parallelen Laserstrahlversatzes Δx_L auf das Laser Powder Bed Fusion mit zwei gekoppelten Laserstrahlen erfolgt bei gleicher Verteilung der Laserleistung auf beide Laserstrahlen mit $P_{L1,2} = 0{,}5 \times P_{L,ges} = 275$ W. Der parallele Laserstrahlversatz Δx_L wird bei ansonsten unveränderten Verfahrensparametern in fünf Stufen zwischen $\Delta x_L = 100$ µm und $\Delta x_L = 500$ µm mit einer Stufenbreite von 100 µm variiert. Die Untersuchung erfolgt anhand von High-Speed Aufnahmen des LPBF-Prozesses mit und ohne zusätzliche Beleuchtung der Bearbeitungsebene. Für die fremdbeleuchteten High-Speed Aufnahmen wird eine Bildwiederholungsrate von 40.000 Bildern/s mit einer Auflösung von 768 x 496 Pixeln verwendet. Die High-Speed Aufnahmen ohne zusätzliche Beleuchtung der Bearbeitungsebene werden mit einer Bildwiederholungsrate von 16.000 Bildern/s und einer Auflösung von 1024 x 1024 Pixeln erfasst. Ein Vergleich der fremdbeleuchteten High-Speed Aufnahmen des LPBF mit zwei gekoppelten Laserstrahlen und parallelem Laserstrahlversatz Δx_L findet sich in Bild 56.

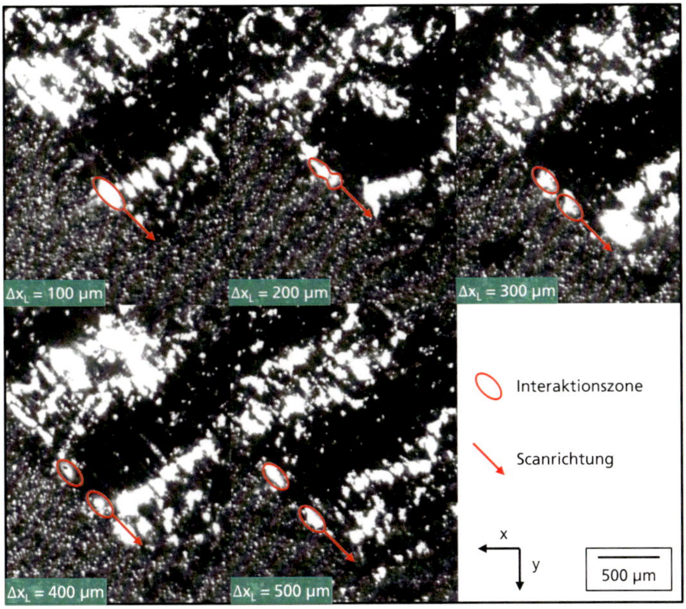

Bild 56 Vergleich der fremdbeleuchteten High-Speed Aufnahmen beim LPBF mit zwei gekoppelten Laserstrahlen und parallelem Versatz Δx_L.

Für keinen der untersuchten Werte für den parallelen Laserstrahlversatz Δx_L kann eine Beeinflussung der Schmelzspurstabilität festgestellt werden. Vielmehr weisen alle analysierten High-Speed Aufnahmen Schmelzspuren mit einer homogenen Breite und keinen Auffälligkeiten hinsichtlich der Schmelzspurtopografie auf. Trotz der großen Scangeschwindigkeit von v_s = 2400 mm/s wird für keine Verfahrensparameterkombination Balling beobachtet. Weiterhin wird für alle Werte für den parallelen Laserstrahlversatz Δx_L eine fehlerfreie laterale Anbindung der benachbarten Schmelzspuren detektiert. Lediglich in den Umkehrpunkten werden für große Laserstrahlversätze mit Δx_L = 300 – 500 µm diskontinuierliche Schmelzspuren festgestellt. Dies wird auf das längere Schmelzbad infolge des größeren Laserstrahlversatzes sowie die limitierte Wärmeableitung durch den kleinen wärmeleitenden Querschnitt an der Bauteilkante sowie das umliegende Pulver zurückgeführt. In Bezug auf die Interaktionszone zwischen den Laserstrahlen und dem Schmelzbad wird für Δx_L = 100 – 200 µm eine zusammenhängende Interaktionszone beobachtet, deren Länge und Breite vom Laserstrahlversatz nahezu unbeeinflusst bleibt. Ab einem Laserstrahlversatz von $\Delta x_L \geq$ 300 µm zerfällt die Interaktionszone in zwei separate Interaktionszonen, deren Abstand mit zunehmendem Laserstrahlversatz zunimmt. Die Länge und Breite der separaten Interaktionszonen bleibt dabei annähernd konstant.

Neben der Auswertung der fremdbeleuchteten High-Speed Aufnahmen liefert die Analyse der High-Speed Aufnahmen des Prozessleuchtens quantitative Werte zum Vergleich der betrachteten Konfigurationen für das LPBF mit zwei gekoppelten Laserstrahlen. Analog zu den fremdbeleuchteten High-Speed Aufnahmen wird das Prozessleuchten beim LPBF unter Variation des parallelen Laserstrahlversatzes Δx_L in fünf Stufen zwischen 100 µm und 500 µm mit einer Stufenbreite von 100 µm aufgenommen. Die Aufnahmen werden für alle betrachteten Konfigurationen hinsichtlich der Fläche der Interaktionszone und der Abkühlzeit sowie der gemessenen Schmelzspurbreite und -länge ausgewertet. Der anschließende Vergleich der ermittelten Werte bietet die Möglichkeit der Erkennung systematischer Trends durch die Anpassung des Laserstrahlversatzes Δx_L. Die Werte für die Fläche der Interaktionszone, die Abkühlzeit sowie die Schmelzspurbreite und -länge sind in Bild 57 in Abhängigkeit des parallelen Laserstrahlversatzes Δx_L aufgetragen.

Bild 57 Fläche der Interaktionszone (oben links), Abkühlzeit (oben rechts) sowie Schmelzspurbreite und -länge (unten) in Abhängikeit des parallelen Laserstrahlversatzes Δx_L beim LPBF mit zwei gekoppelten Laserstrahlen.

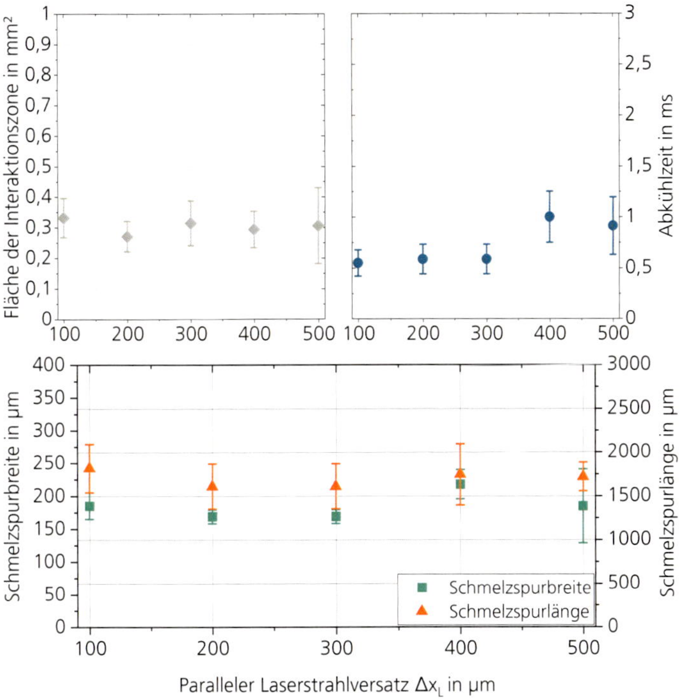

Für die Interaktionszone wird im Bereich von $\Delta x_L = 100 - 200$ µm zunächst eine Abnahme der Fläche von ca. 0,33 mm² auf ca. 0,26 mm² festgestellt. Anschließend steigt die Fläche der Interaktionszone für $\Delta x_L \geq 300$ µm auf einen nahezu konstanten Wert von 0,3 mm² an. Diese Beobachtung korreliert mit der Auswertung der fremdbeleuchteten High-Speed Aufnahmen bei denen für $\Delta x_L \leq 200$ µm eine zusammenhängende Interaktionszone mit abnehmender Fläche detektiert wird. Für $\Delta x_L \geq 300$ µm wird ein Zerfall in zwei räumlich getrennte Interaktionszonen annähernd gleicher Fläche festgestellt. Die Streuung der Fläche der Interaktionszone bietet ein weiteres Vergleichskriterium für die betrachteten Konfigurationen. Die Fluktuation der Fläche resultiert aus dem Auswurf von Spritzerpartikel aus der Interaktionszone (vgl. Bild 114 im Anhang 12.4) und liefert somit Hinweise zur Prozessstabilität und Ausbildung von Prozessnebenprodukten. Für die Laserstrahlversätze von Δx_L = 100, 300 und 400 µm wird eine annähernd gleiche Streuung der Fläche der Interaktionszone gemessen. Für $\Delta x_L = 500$ µm wird die insgesamt größte Streuung der Fläche der Interaktionszone festgestellt. Diese wird darauf zurückgeführt, dass durch den großen Laserstrahlversatz das Schmelzbad eine lange Existenzdauer hat und dadurch die Wahrscheinlichkeit für den Auswurf von Spritzerpartikeln zunimmt. Die kleinste Streuung der Messwerte für die Interaktionszone wird für $\Delta x_L = 200$ µm ermittelt. Gegenüber dem kleinsten Laserstrahlversatz mit $\Delta x_L = 100$ µm wird die eingekoppelte Energie über einen größeren Bereich in Scanrichtung verteilt, gleichzeitig aber der Zerfall in räumlich getrennte Interaktionszonen vermieden. Beim Vergleich der verschiedenen Konfigurationen wird weiterhin eine nahezu konstante Abkühlzeit von 0,6 ms für $\Delta x_L \leq 300$ µm ermittelt. Für $\Delta x_L = 400$ und 500 µm wird ein sprunghafter Anstieg der Abkühlzeit auf einen Wert von etwa 1 ms beobachtet und korreliert mit der Auswertung der Fläche Interaktionszone. Die größere Abkühlzeit belegt weiterhin die Hypothese für die größere Fluktuation der Interaktionszone infolge der langsameren Abkühlung für $\Delta x_L = 500$ µm. Hinsichtlich der Schmelzspurbreite und -länge wird im Bereich von $\Delta x_L = 100 - 300$ µm zunächst eine geringfügige Abnahme der Messwerte festgestellt. Anschließend steigen diese für $\Delta x_L = 400$ und 500 µm erneut an. Folglich wird die Hypothese der langsameren Abkühlung für große Laserstrahlversätze von $\Delta x_L = 400 - 500$ µm auch durch die Messung der Schmelzspurbreite und -länge gestützt.

Insgesamt wird für den parallelen Laserstrahlversatz von $\Delta x_L = 200$ µm die kleinste Interaktionszone festgestellt. Der verstärkte Auswurf von Spritzerpartikeln kann sowohl durch die Vermeidung hoher lokaler Intensitäten infolge eines geringen Laserstrahlversatzes als auch durch die Vergrößerung des Schmelzbadvolumens und der Abkühlzeit infolge eines zu großen Laserstrahlversatzes vermieden werden. Diese Beobachtungen werden weiterhin durch die fremdbeleuchteten High-Speed Aufnahmen des LPBF-Prozesses mit zwei gekoppelten Laserstrahlen gestützt. Folglich wird für alle weiteren Untersuchungen zum LPBF mit zwei gekoppelten Laserstrahlen und parallelem Versatz ein Wert von $\Delta x_L = 200$ µm verwendet.

Einfluss des Laserleistungsverhältnisses

Neben dem parallelen Laserstrahlversatz Δx_L stellt das Verhältnis der Laserleistung beider Laserstrahlen eine weitere Variable bei der Bestimmung geeigneter Konfiguration für das LPBF mit zwei gekoppelten Laserstrahlen dar. Wie auch für die Analyse des Einflusses des parallelen Laserstrahlversatzes werden die Verfahrensparameter aus Tabelle 5 verwendet und ein konstanter paralleler Laserstrahlversatz von $\Delta x_L = 200$ µm festgelegt. Die gesamte Laserleistung $P_{L,ges} = 550$ W wird im Rahmen der Untersuchungen konstant gehalten und der Leistungsanteil des vorlaufenden ersten Laserstrahls in fünf Stufen mit $P_{L1}/P_{L,ges} = 0{,}25$, 0,33, 0,5, 0,67 und 0,75 variiert. Der Leistungsanteil für den nachlaufenden zweiten Laserstrahl ergibt sich folglich mit $(1-P_{L1}/P_{L,ges})$. Analog zu den bereits dargestellten Untersuchungen werden sowohl fremdbeleuchtete High-Speed Aufnahmen als auch High-Speed Aufnahmen des Prozessleuchtens analysiert. Der Vergleich der fremdbeleuchteten High-Speed Aufnahmen des LPBF mit zwei gekoppelten Laserstrahlen und parallelem Versatz Δx_L ist in Abhängigkeit des Leistungsanteils des ersten Laserstrahls $P_{L1}/P_{L,ges}$ in Bild 58 zusammengefasst.

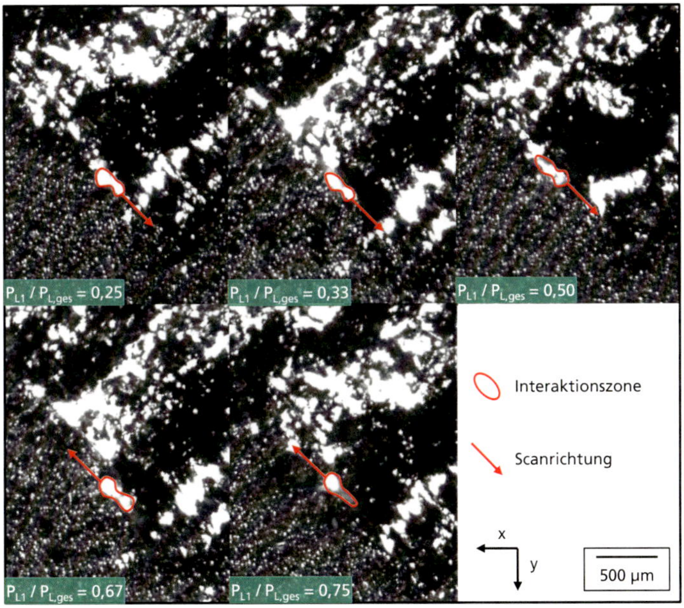

Bild 58 Vergleich der fremdbeleuchteten High-Speed Aufnahmen beim LPBF mit zwei gekoppelten Laserstrahlen und parallelem Versatz in Abhängigkeit des Laserleistungsanteils $P_{L1}/P_{L,ges}$.

Für keinen der untersuchten Werte für den Leistungsanteil des ersten Laserstrahls $P_{L1}/P_{L,ges}$ kann eine Beeinflussung der Schmelzspurstabilität festgestellt werden. Vielmehr weisen alle analysierten High-Speed Aufnahmen Schmelzspuren mit einer homogenen Breite und keinen Auffälligkeiten hinsichtlich der Schmelzspurtopografie auf. Trotz der großen Scangeschwindigkeit von v_s = 2400 mm/s wird für keinen der betrachteten Laserleistungsanteile $P_{L1}/P_{L,ges}$ eine Instabilität der Schmelzspur durch Balling beobachtet. Weiterhin wird für alle Werte für den Leistungsanteil des ersten Laserstrahls $P_{L1}/P_{L,ges}$ eine defektfreie laterale Anbindung der benachbarten Schmelzspuren detektiert. Auch in den Umkehrpunkten können keine Unterschiede für die betrachtetet Werte von $P_{L1}/P_{L,ges}$ ermittelt werden. Für alle betrachteten Werte von $P_{L1}/P_{L,ges}$ wird eine zusammenhängende Interaktionszone zwischen den Laserstrahlen und dem Schmelzbad beobachtet. Die Interaktionszone wird für $P_{L1}/P_{L,ges} < 0,5$ überwiegend durch den nachlaufenden zweiten Laserstrahl definiert, sodass die Breite der Interaktionszone entgegen der Scanrichtung zunimmt. Für $P_{L1}/P_{L,ges} = 0,5$ weist die zusammenhängende Interaktionszone eine homogene Breite im Vor- und Nachlauf auf. Ab einem Laserleistungsanteil von $P_{L1}/P_{L,ges} > 0,5$ wird die Interaktionszone vorwiegend durch den vorlaufenden ersten Laserstrahl definiert. Dies resultiert in einer Abnahme der Breite der Interaktionszone entgegen der Scanrichtung. Weiterhin deutet der qualitative Vergleich der Interaktionszone in Abhängigkeit des Leistungsanteils des ersten Laserstrahls $P_{L1}/P_{L,ges}$ auf keine Unterschiede hinsichtlich der Länge der Interaktionszone hin. Um quantitative Aussagen über das Verhalten der Interaktionszone und der Schmelzspur treffen zu können ist allerdings eine weiterführende Analyse der High-Speed Aufnahmen des Prozessleuchtens beim LPBF mit zwei gekoppelten Laserstrahlen notwendig. Analog zu den fremdbeleuchteten High-Speed Aufnahmen wird das Prozessleuchten beim LPBF unter Variation des Leistungsanteils des ersten Laserstrahls $P_{L1}/P_{L,ges}$ in fünf Stufen aufgenommen. Die Aufnahmen werden für alle betrachteten Konfigurationen hinsichtlich der Fläche der Interaktionszone und der Abkühlzeit sowie der gemessenen Schmelzspurbreite und -länge ausgewertet und miteinander verglichen Die Werte für die Fläche der Interaktionszone, die Abkühlzeit sowie die Schmelzspurbreite und -länge sind in Bild 59 in Abhängigkeit des Laserleistungsanteils $P_{L1}/P_{L,ges}$ aufgetragen.

Bild 59 Fläche der Interaktionszone (oben links), Abkühlzeit (oben rechts) sowie Schmelzspurbreite und -länge (unten) in Abhängikeit des Laserleistungsanteils $P_{L1}/P_{L,ges}$ beim LPBF mit zwei gekoppelten Laserstrahlen und parallelem Versatz.

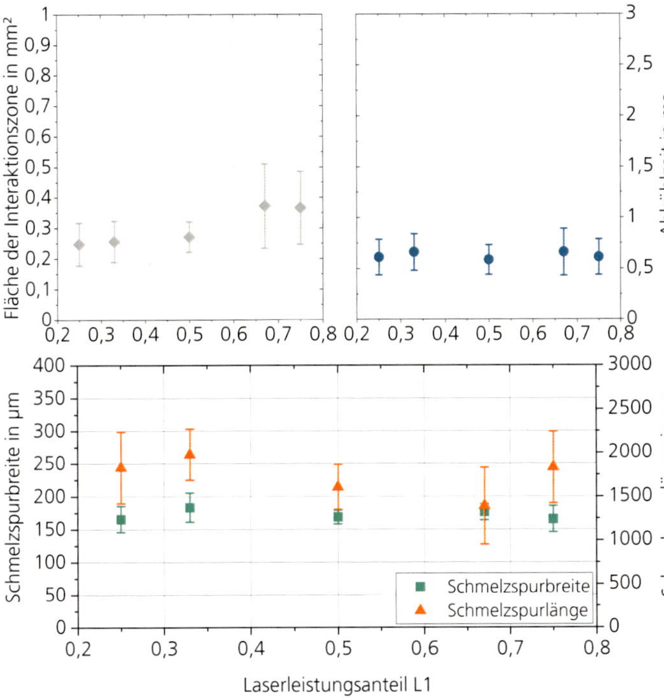

Für die Interaktionszone wird im Bereich von $P_{L1}/P_{L,ges} = 0{,}25 – 0{,}50$ zunächst ein moderater Anstieg der Fläche von ca. 0,25 mm² auf ca. 0,26 mm² festgestellt. Anschließend steigt die Fläche der Interaktionszone für $P_{L1}/P_{L,ges} > 0{,}5$ sprunghaft auf einen nahezu konstanten Wert von 0,37 mm² an. Neben der Auswertung der fremdbeleuchteten High-Speed Aufnahmen belegt die Analyse der Interaktionszone in den High-Speed Aufnahmen des Prozessleuchtens folglich einen Einfluss des Laserleistungsanteils auf die Fläche der Interaktionszone. Die Streuung der Fläche der Interaktionszone dient als weiteres Vergleichskriterium für die betrachteten Konfigurationen und gibt Aufschluss über die Fluktuation der Fläche resultiert durch den Auswurf von Spritzerpartikel aus der Interaktionszone. Für die Laserleistungsanteile von $P_{L1}/P_{L,ges} = 0{,}25$, 0,33 und 0,5 werden vergleichbare Werte für die Streuung der Fläche der Interaktionszone gemessen. Die geringste Streuung wird mit ±0,05 mm² für $P_{L1}/P_{L,ges} = 0{,}5$ ermittelt. Für die Laserleistungsanteile von $P_{L1}/P_{L,ges} = 0{,}67$ und 0,75 wird neben der Vergrößerung der Interaktionszone auch eine deutliche Zunahme der Streuung auf Werte von bis zu ±0,14 mm² ermittelt. Somit scheint eine größere Laserleistung im Vorlauf den Auswurf von Spritzerpartikeln aus der Interaktionszone zu begünstigen. Einerseits könnte die Spritzerbildung aus der hohen Intensität im Bereich der Schmelzbadfront und dem damit verbundenen Austrieb von Schmelztropfen in Scanrichtung resultieren (17, 19). Andererseits könnte der verstärkte Spritzerauswurf durch die Instabilität des Schmelzbades an der Kapillarrückwand durch Schmelzbadwellen hervorgerufen werden (19, 22). Diese resultieren maßgeblich aus der Kombination aus einer ausgeprägten Staudruckströmung bei großen Scangeschwindigkeiten und der geringen Laserleistung im Nachlauf. Beim Vergleich der verschiedenen Konfigurationen wird weiterhin eine nahezu konstante Abkühlzeit von 0,6 ms für alle Werte von $P_{L1}/P_{L,ges}$ gemessen. Auch für die Schmelzspurbreite werden im gesamten Bereich von $P_{L1}/P_{L,ges}$ nahezu konstante Werte im Bereich von 165 – 185 µm ermittelt. Hinsichtlich der Schmelzspurlänge wird im Bereich von $P_{L1}/P_{L,ges}$ = 0,25 und 0,33 zunächst eine näherungsweise konstante Schmelzspurlänge von ca. 1900 µm gemessen. Im Bereich zwischen $P_{L1}/P_{L,ges}$ = 0,33 und 0,64 nehmen die Messwerte für die Schmelzspurlänge auf einen Wert von ca. 1400 µm ab. Anschließend steigt die Schmelzspurlänge für $P_{L1}/P_{L,ges}$ = 0,75 erneut auf ca. 1900 µm an. Folglich werden große Schmelzspurlängen insbesondere durch große Laserleistungsanteile im Vor- und Nachlauf begünstigt, wohingegen die Gleichverteilung der Laserleistung auf beide Laserstrahlen kleinere Schmelzspurlängen hervorruft.

Zusammenfassend wird für die gleichmäßige Verteilung der Laserleistung mit $P_{L1}/P_{L,ges}$ = 0,5 eine kleine Interaktionszone mit geringer Fluktuation der Fläche hervorgerufen. Fluktuationen der Interaktionszone sowie große Schmelzbadlängen werden insbesondere durch die große Laserleistungsanteile im Vor- und Nachlauf begünstigt. Dabei sind die großen Intensitäten im Vorlauf vermutlich ursächlich für den Auswurf von Spritzerpartikeln aus der Interaktionszone. Diese Beobachtungen werden weiterhin durch die fremdbeleuchteten High-Speed Aufnahmen des LPBF-Prozesses mit zwei gekoppelten Laserstrahlen gestützt, bei denen für die Verteilungen $P_{L1}/P_{L,ges}$ = 0,25 und 0,75 eine Verbreiterung der Interaktionszone im Vor- bzw. Nachlauf hervorgerufen wird. Folglich wird für alle weiteren Untersuchungen zum LPBF mit zwei gekoppelten Laserstrahlen und parallelem Versatz eine gleiche Verteilung der Laserleistung auf beide Laserstrahlen mit $P_{L1}/P_{L,ges}$ = 0,5 verwendet.

6.1.2 Untersuchung des LPBF mit zwei gekoppelten Laserstrahlen und senkrechtem Versatz Δy_L

Das LPBF mit zwei gekoppelten Laserstrahlen und senkrechtem Versatz zeichnet sich durch die Anordnung der Laserstrahlen nebeneinander aus. D.h. beide Laserstrahlen belichten in Scanrichtung eine eigene Spur. Eine Möglichkeit zur Erhöhung der Aufbaurate wird bei dieser Konfiguration maßgeblich in der Erhöhung des Hatchabstandes Δy_s vermutet. Erste eigene Voruntersuchungen deuten auf eine Erhöhung auf Werte von Δy_s = 100 µm auf Δy_s = 200 µm hin (vgl. Tabelle 5). Basierend auf den Referenzparametern für das Single-Laser LPBF von IN625 werden die in Tabelle 6 aufgeführten Parameter für die High-Speed Aufnahmen des LPBF mit zwei gekoppelten Laserstrahlen und senkrechtem Versatz Δy_L ausgewählt

Tabelle 6 Verfahrensparameter für die High-Speed Videografie des LPBF mit zwei gekoppelten Laserstrahlen und senkrechtem Versatz Δy_L

Laserleistung $P_{L,ges}$	Hatchabstand Δy_s	Scangeschwindigkeit v_s	Schichtdicke D_s	Laserstrahlversatz Δy_L	Laserleistungs-anteil $P_{L1}/P_{L,ges}$
550 W	200 µm	1000 mm/s	50 µm	variabel	variabel

Die Untersuchungen zur High-Speed Videografie des LPBF mit zwei gekoppelten Laserstrahlen und senkrechtem Versatz werden in zwei Versuchsreihen unterteilt. Zunächst wird der Einfluss des senkrechten Laserstrahlversatzes Δy_L bei gleicher Verteilung der Laserleistung $P_{L,ges}$ auf beide Laserstrahlen, d.h. $P_{L1} = P_{L2}$, untersucht. In einer zweiten Versuchsreihe wird anschließend ein Wert für den parallelen Laserstrahlversatz Δx_L ausgewählt und der Einfluss des Laserleistungsanteils $P_{L1}/P_{L,ges}$ analysiert. Basierend auf den Versuchsreihen wird eine geeignete Konfiguration aus Laserstrahlversatz Δy_L und Laserleistungsanteil $P_{L1}/P_{L,ges}$ für die in Kapitel 6.3 erfolgende Charakterisierung der Prozessfenster beim LPBF mit zwei gekoppelten Laserstrahlen gewählt.

Einfluss des senkrechten Laserstrahlversatzes Δy_L

Die Untersuchung des Einflusses des senkrechten Laserstrahlversatzes Δy_L auf das Laser Powder Bed Fusion mit zwei gekoppelten Laserstrahlen erfolgt bei gleicher Verteilung der Laserleistung auf beide Laserstrahlen mit $P_{L1,2} = 0,5 \times P_{L,ges} = 275$ W. Auf Grundlage eigener Voruntersuchungen (78) wird der senkrechte Laserstrahlversatz Δy_L bei ansonsten unveränderten Verfahrensparametern in vier Stufen zwischen $\Delta y_L = 100$ µm und $\Delta y_L = 250$ µm in Stufen von 50 µm variiert. Analog zu den Untersuchungen mit parallelem Laserstrahlversatz erfolgen die Untersuchungen anhand von High-Speed Aufnahmen des LPBF-Prozesses mit und ohne zusätzliche Beleuchtung der Bearbeitungsebene (vgl. 6.1.1). Ein Vergleich der fremdbeleuchteten High-Speed Aufnahmen des LPBF mit zwei gekoppelten Laserstrahlen und senkrechtem Laserstrahlversatz Δy_L ist in Bild 60 dargestellt.

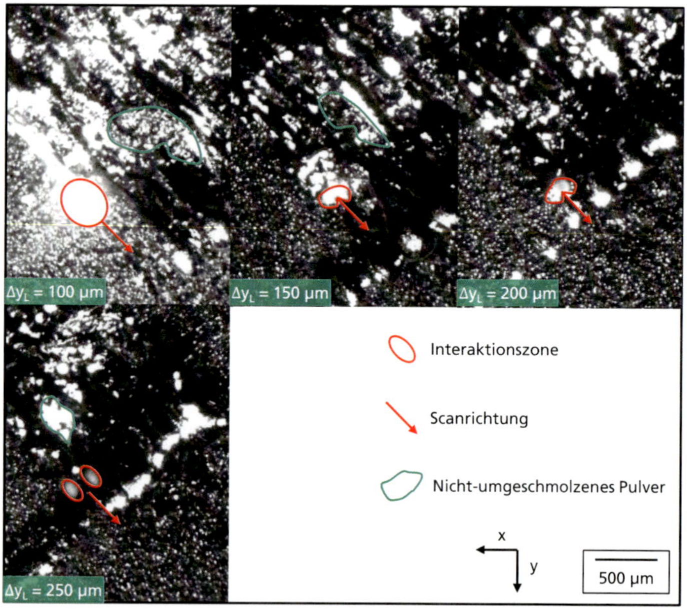

Bild 60 Vergleich der fremdbeleuchteten High-Speed Aufnahmen beim LPBF mit zwei gekoppelten Laserstrahlen und senkrechtem Versatz Δy_L.

Für Werte des senkrechten Laserstrahlversatzes von $\Delta y_L = 100$µm und 150 µm wird eine Kontraktion der Schmelzspur hinter der Interaktionszone festgestellt. Dieses Verhalten wird auf den von Zhang et. al. beschriebenen Koaleszenzeffekt zur Minimierung der Oberflächenspannung zurückgeführt (67). Die Kontraktion der Schmelzspur bedingt in Kombination mit dem Hatchabstand von Δy_S = 200 µm das Verbleiben von nicht-aufgeschmolzenem Pulver zwischen benachbarten Scanvektoren. Bei einem senkrechten Laserstrahlversatz von Δy_L = 200 µm werden stabile, benachbarte Schmelzspuren mit homogener Breite ausgebildet, wodurch eine defektfreie Anbindung an die Schmelzspuren des benachbarten Scanvektors erreicht wird. Ab einem senkrechten Laserstrahlversatz von Δy_L = 250 µm werden zwar stabile benachbarte Schmelzspuren mit homogener Breite gebildet, jedoch wird entlang des Scanvektors keine Anbindung zwischen den benachbarten Schmelzspuren erreicht. Somit verbleibt nicht-aufgeschmolzenes Pulver zwischen den Schmelzspuren entlang eines Scanvektors. Die Ursachen für den Verbleib von nicht aufgeschmolzenem Pulver beim LPBF mit zwei gekoppelten Laserstrahlen und senkrechtem Versatz sind in Bild 61 schematisch dargestellt. Der Verbleib von nicht aufgeschmolzenem Pulver korreliert beim LPBF mit zwei gekoppelten Laserstrahlen unmittelbar mit der Entstehung von Fehlstellen (vgl. Bild X, Anhang 12.4) und muss deshalb bei der Laserstrahlanordnung vermieden werden.

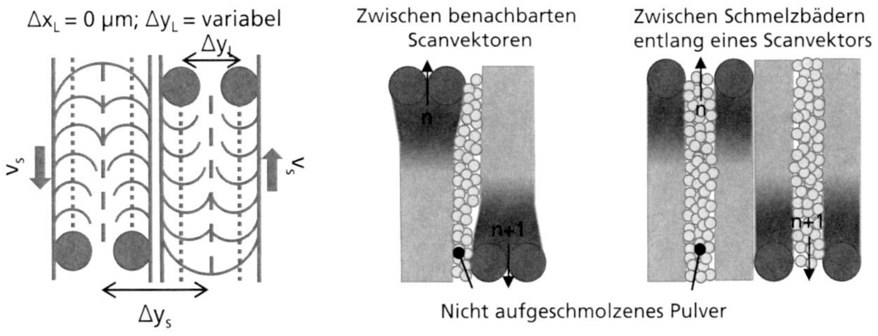

Bild 61 Schematische Darstellung der Ursachen für den Verbleib von nicht aufgeschmolzenem Pulver beim LPBF mit zwei gekoppelten Laserstrahlen und senkrechtem Versatz.

Weiterhin wird für alle Werte des senkrechten Laserstrahlversatzes Δy_L eine Überhöhung der Schmelzspuren im Bereich der Umkehrpunkt zwischen den Scanvektoren festgestellt. Diese wird auf die lokale Überhitzung des Materials in Folge der verringerten Wärmeleitung an der Bauteilkante und durch das umliegende Pulver begründet. Im Hinblick auf die Interaktionszone zwischen den Laserstrahlen und dem Schmelzbad kann für Δy_L = 100 µm keine Aussage getroffen werden, da eine deutliche Überbelichtung der Aufnahmen durch das ausgeprägte Prozessleuchten erfolgt. Für Δy_L = 100 und 200 µm wird eine zusammenhängende Interaktionszone der benachbarten Laserstrahlen festgestellt. Ab einem Laserstrahlversatz von Δy_L = 250µm zerfällt die Interaktionszone in zwei separate Interaktionszonen, deren Abstand dem Laserstrahlversatz Δy_L entspricht.

Analog zu den fremdbeleuchteten High-Speed Aufnahmen wird das Prozessleuchten beim LPBF unter Variation des senkrechten Laserstrahlversatzes Δy_L in vier Stufen zwischen 100 µm und 250 µm in Stufen von 50 µm aufgenommen. Die Aufnahmen werden für alle betrachteten Konfigurationen hinsichtlich der Fläche der Interaktionszone und der Abkühlzeit sowie der gemessenen Schmelzspurbreite und -länge ausgewertet. Der anschließende Vergleich der ermittelten Werte bietet die Möglichkeit der Detektion von Trends, die aus der Anpassung des Laserstrahlversatzes Δy_L resultieren. Die Werte für die Fläche der Interaktionszone, die Abkühlzeit sowie die Schmelzspurbreite und -länge sind in Bild 62 in Abhängigkeit des parallelen Laserstrahlversatzes Δy_L aufgetragen.

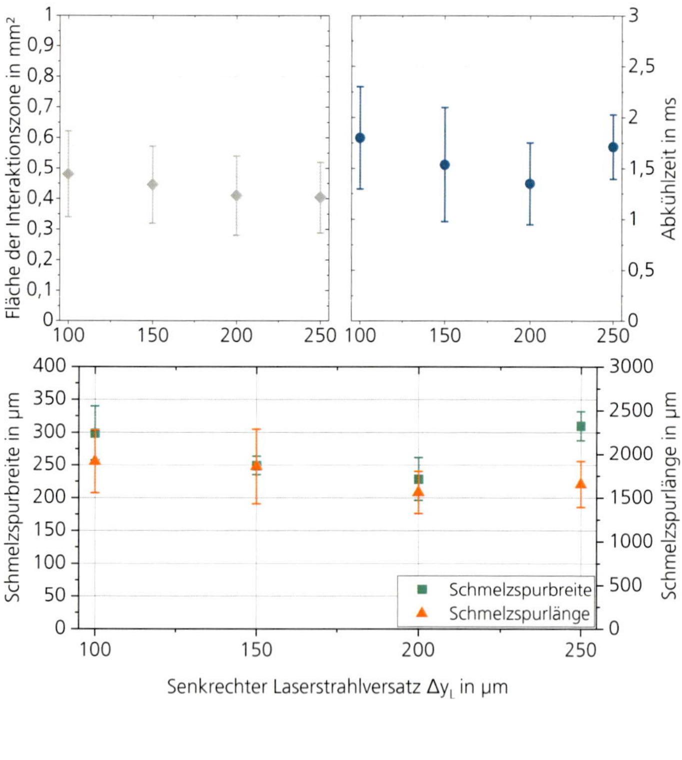

Bild 62 Fläche der Interaktionszone (oben links), Abkühlzeit (oben rechts) sowie Schmelzspurbreite und -länge (unten) in Abhängikeit des senkrechten Laserstrahlversatzes Δy_L beim LPBF mit zwei gekoppelten Laserstrahlen.

Für die Interaktionszone wird im Bereich von Δy_L = 100 – 200 µm zunächst eine kontinuierliche Abnahme der Fläche von ca. 0,49 mm² auf ca. 0,41 mm² festgestellt. Anschließend bleibt die Fläche der Interaktionszone im Bereich von Δy_L = 200 - 250 µm Wert von ca. 0,4 mm² nahezu konstant. Dieses Ergebnis korreliert mit der Auswertung der fremdbeleuchteten High-Speed Aufnahmen bei denen für Δy_L = 100 µm eine deutliche Überbelichtung der Aufnahmen infolge des ausgeprägten Prozessleuchtens erfolgt. Das ausgeprägte Prozessleuchten im Bereich von Δy_L = 100 – 150 µm wird indes auf den großen lokalen Energieeintrag und die resultierende Interaktion der benachbarten Schmelzbäder zurückgeführt. Ab einem senkrechten Laserstrahlversatz von Δy_L = 200 µm kann die Interaktion der benachbarten Schmelzbäder weitestgehend vermieden werden, sodass die Fläche der Interaktionszone stabilisiert wird. Ab einem Wert von Δy_L = 250 µm werden zwei räumlich separierte Interaktionszonen beobachtet, deren Fläche nicht vom Laserstrahlversatz abhängt. Die Streuung der Fläche der Interaktionszone dient als Vergleichskriterium zur Bewertung des Auswurfs von Spritzerpartikel aus der Interaktionszone und liefert somit Hinweise auf die Prozessstabilität. Für alle Laserstrahlversätze Δy_L wird eine annähernd gleiche Streuung der Fläche der Interaktionszone mit Werten von ±0,13 mm² festgestellt. Folglich können basierend auf den High-Speed Aufnahmen keine Aussagen über den Spritzerauswurf in Abhängigkeit des senkrechten Laserstrahlversatzes Δy_L getroffen werden. Beim Vergleich der betrachteten Konfigurationen wird weiterhin eine stetige Abnahme der Abkühlzeit von 1,8 ms auf 1,35 ms zwischen Δy_L = 100 µm und Δy_L = 200 µm ermittelt. Für Δy_L = 250 µm wird ein erneuter Anstieg der Abkühlzeit auf einen Wert von etwa 1,71 ms beobachtet. Die Ergebnisse zeigen somit im Bereich von Δy_L = 100 – 200 µm eine hohe Korrelation mit der Auswertung der Fläche der Interaktionszone. Die größere Abkühlzeit im Bereich kleinerer Laserstrahlversätze belegt weiterhin die Hypothese für die größere Fläche der Interaktionszone infolge der langsameren Abkühlung durch die ausgeprägte Schmelzbadinteraktion. Analog zur Abkühlzeit wird eine Abnahme der Schmelzspurbreite im Bereich von Δy_L = 100 – 200 µm von 300 µm auf etwa 230 µm beobachtet. Dies steht im Gegensatz zur in den fremdbeleuchteten High-Speed Aufnahmen festgestellten Kontraktion der Schmelzspur für Δy_L = 100 und 150 µm. Da in den High-Speed Aufnahmen allerdings nur die Emission der abkühlenden Schmelzspur erkannt und durch die ausgeprägte Schmelzbadinteraktion ein grundsätzlich größeres Temperaturniveau erwartet wird, erscheint die Beobachtung dennoch schlüssig. Anschließend steigt die Schmelzspurbreite durch den Zerfall in separate Schmelzspuren für Δy_L = 250 µm auf einen Wert von 310 µm an. Für die Schmelzspurlänge werden im gesamten Wertebereich von Δy_L annähernd konstante Schmelzspurlängen mit Werten von 1600 – 1900 µm ermittelt.

Insgesamt wird für den senkrechten Laserstrahlversatz von Δy_L = 200 µm sowohl eine kleine Interaktionszone als auch die geringste Abkühlzeit festgestellt. Durch die Vermeidung der ausgeprägten Schmelzbadinteraktion bei kleineren Laserstrahlversätzen kann die Kontraktion der Schmelzspuren vermieden und somit eine defektfreie Anbindung benachbarter Scanvektoren sichergestellt werden. Gegenüber dem größten Laserstrahlversatz mit Δy_L = 250 µm kann der Zerfall der Interaktionszone vermieden und folglich eine fehlerfreie Anbindung der benachbarten Schmelzspuren entlang eines Scanvektors erreicht werden. Im Folgenden wird deshalb für alle weiteren Untersuchungen zum LPBF mit zwei gekoppelten Laserstrahlen und senkrechtem Versatz ein Wert von Δy_L = 200 µm eingesetzt.

Einfluss der Laserleistungsverhältnisses

Neben dem senkrechten Laserstrahlversatz Δy_L stellt das Verhältnis der Laserleistungen beider Laserstrahlen eine weitere Variable bei der Bestimmung geeigneter Konfiguration für das LPBF mit zwei gekoppelten Laserstrahlen dar. Wie auch für die Analyse des Einflusses des senkrechten Laserstrahlversatzes werden die Verfahrensparameter aus Tabelle 6 verwendet und ein konstanter senkrechter Laserstrahlversatz von $\Delta y_L = 200\ \mu m$ eingestellt. Die gesamte Laserleistung $P_{L,ges} = 550$ W wird im Rahmen der Untersuchungen konstant gehalten und der Leistungsanteil des innenliegenden, ersten Laserstrahls in fünf Stufen mit $P_{L1}/P_{L,ges} = 0{,}25$, 0,33, 0,5, 0,67 und 0,75 variiert. Als innenliegend wird in diesem Zusammenhand derjenige Laserstrahl bezeichnet, der dem bereits verfestigten Material zugewandt ist. Der Leistungsanteil für den außenliegenden, zweiten Laserstrahl ergibt sich folglich zu $(1\text{-}P_{L1}/P_{L,ges})$. Analog zu den bereits dargestellten Untersuchungen werden sowohl fremdbeleuchtete High-Speed Aufnahmen als auch High-Speed Aufnahmen des Prozessleuchtens analysiert. Der Vergleich der fremdbeleuchteten High-Speed Aufnahmen des LPBF mit zwei gekoppelten Laserstrahlen und senkrechtem Versatz Δy_L ist in Abhängigkeit des Leistungsanteils des ersten Laserstrahls $P_{L1}/P_{L,ges}$ in Bild 63 zusammengefasst.

Bild 63 Vergleich der fremdbeleuchteten High-Speed Aufnahmen beim LPBF mit zwei gekoppelten Laserstrahlen und senkrechtem Versatz in Abhängigkeit des Laserleistungsanteils $P_{L1}/P_{L,ges}$.

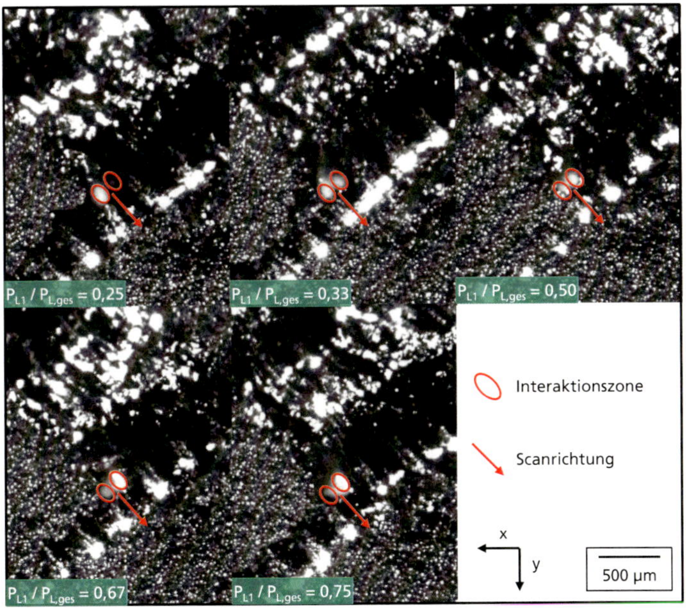

Für keinen Wert für den Leistungsanteil des ersten Laserstrahls $P_{L1}/P_{L,ges}$ wird eine Beeinflussung der Schmelzspurstabilität festgestellt. Alle analysierten High-Speed Aufnahmen weisen Schmelzspuren mit einer homogenen Breite und keinen Auffälligkeiten hinsichtlich der Schmelzspurtopografie auf. Trotz des großen Hatchabstandes von $\Delta y_s = 200$ µm wird für alle betrachteten Laserleistungsanteile $P_{L1}/P_{L,ges}$ eine fehlerfreie Anbindung benachbarter Schmelzspuren ermittelt. Auch in den Umkehrpunkten können keine Unterschiede für die betrachtetet Werte von $P_{L1}/P_{L,ges}$ festgestellt werden. Für alle betrachteten Werte von $P_{L1}/P_{L,ges}$ wird eine zusammenhängende Interaktionszone zwischen den Laserstrahlen und dem Schmelzbad beobachtet. Die Interaktionszone wird für $P_{L1}/P_{L,ges} < 0{,}5$ überwiegend durch den außenliegenden zweiten Laserstrahl definiert. Die Breite der Interaktionszone bleibt dadurch unbeeinflusst. Für $P_{L1}/P_{L,ges} = 0{,}5$ weist die zusammenhängende Interaktionszone eine homogene Fläche im innen- und außenliegenden Bereich der Spur auf. Ab einem Laserleistungsanteil von $P_{L1}/P_{L,ges} > 0{,}5$ wird die Interaktionszone vorwiegend durch den innenliegenden ersten Laserstrahl definiert. Dies resultiert in einer Vergrößerung der Interaktionszone im innenliegenden Bereich der Spur. Weiterhin deutet der qualitative Vergleich der Interaktionszone in Abhängigkeit des Leistungsanteils des ersten Laserstrahls $P_{L1}/P_{L,ges}$ auf keine Unterschiede hinsichtlich der Länge der Interaktionszone hin. Um quantitative Aussagen über das Verhalten der Interaktionszone und der Schmelzspur treffen zu können ist allerdings eine weiterführende Analyse der High-Speed Aufnahmen des Prozessleuchtens beim LPBF mit zwei gekoppelten Laserstrahlen notwendig. Analog zu den fremdbeleuchteten High-Speed Aufnahmen wird das Prozessleuchten beim LPBF unter Variation des Leistungsanteils des ersten Laserstrahls $P_{L1}/P_{L,ges}$ in fünf Stufen aufgenommen. Die Aufnahmen werden für alle betrachteten Konfigurationen hinsichtlich der Fläche der Interaktionszone und der Abkühlzeit sowie der gemessenen Schmelzspurbreite und -länge ausgewertet und miteinander verglichen Die Werte für die Fläche der Interaktionszone, die Abkühlzeit sowie die Schmelzspurbreite und -länge sind in Bild 64 in Abhängigkeit des Laserleistungsanteils $P_{L1}/P_{L,ges}$ aufgetragen.

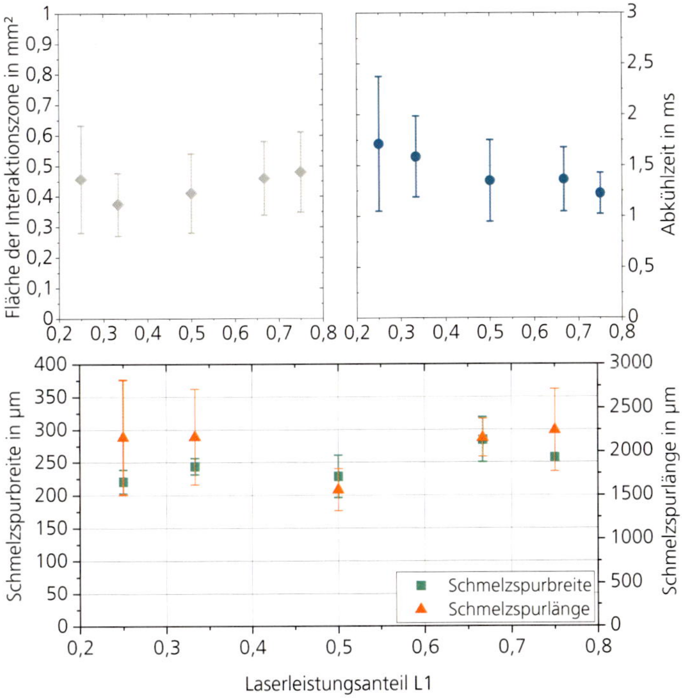

Bild 64 Fläche der Interaktionszone (oben links), Abkühlzeit (oben rechts) sowie Schmelzspurbreite und -länge (unten) in Abhängikeit des Laserleistungsanteils $P_{L1}/P_{L,ges}$ beim LPBF mit zwei gekoppelten Laserstrahlen und senkrechtem Versatz.

Für die Interaktionszone wird im Bereich von $P_{L1}/P_{L,ges} = 0{,}25 – 0{,}33$ zunächst eine Abnahme der Fläche von ca. 0,45 mm² auf ca. 0,37 mm² festgestellt. Anschließend steigt die Fläche der Interaktionszone für $P_{L1}/P_{L,ges} \geq 0{,}5$ stetig bis auf einen Wert von 0,48 mm² an. Im Gegensatz zur Auswertung der fremd-beleuchteten High-Speed Aufnahmen belegt die Analyse der Interaktionszone in den High-Speed Aufnahmen des Prozessleuchtens folglich einen Einfluss des Laserleistungsanteils auf die Fläche der Interaktionszone. Die Streuung der Fläche der Interaktionszone dient als zusätzliches Vergleichs-kriterium für die betrachteten Konfigurationen und gibt Aufschluss über die Fluktuation der Fläche, die aus dem Auswurf von Spritzerpartikeln aus der Interaktionszone resultiert. Für alle betrachteten Werte von $P_{L1}/P_{L,ges}$ werden vergleichbare Werte für die Streuung der Fläche der Interaktionszone im Bereich von etwa ±0,15 mm² gemessen. Die geringste Streuung wird mit ±0,10 mm² für $P_{L1}/P_{L,ges} = 0{,}33$ ermittelt. Für die Extrema der Laserleistungsanteile mit $P_{L1}/P_{L,ges} = 0{,}25$ und 0,75 wird neben den größten Flächen der Interaktionszone auch eine deutliche Zunahme der Streuung auf Werte von bis zu ±0,18 mm² ermittelt. Somit scheint sowohl eine größere Laserleistung im Innenbereich als auch im Außenbereich der Spur den Auswurf von Spritzerpartikeln aus der Interaktionszone zu begünstigen. Dies könnte einerseits auf die allgemein große Intensität im Randbereich des Schmelzbades und den damit verbundenen Austrieb von Schmelztropfen zurückgeführt werden. Andererseits kann die vermehrte Spritzerbildung aus Beeinflussung der Marangoni-Strömung an den Rändern des Schmelzbades infolge eines asymmetrischen Temperaturgradienten senkrecht zur Scanrichtung resultieren (19, 98). Beim Vergleich der verschiedenen Konfigurationen wird weiterhin eine fortwährende Abnahme der Abkühlzeit von 1,71 ms auf 1,23 ms mit zunehmendem Laserleistungsanteil des innenliegenden ersten Laserstrahls festgestellt. Eine Begründung wird in der asymmetrischen Wärmeableitung senkrecht zur Scanrichtung vermutet, da das umliegende Pulver im Außenbereich eine geringere Wärmeleitfähigkeit aufweist als das bereits umgeschmolzene Material im Innenbereich der Spur. Folglich resultiert die Verlagerung der Laserleistung in den Außenbereich der Spur bei kleinen Werten von $P_{L1}/P_{L,ges}$ in einer langsameren Abkühlung. Für die Schmelzspurbreite werden im betrachteten Bereich von $P_{L1}/P_{L,ges}$ Werte von 220 – 285 µm ermittelt. Ein klarer Trend in Abhängigkeit der Leistungsverteilung auf die Laserstrahlen ist allerdings nicht erkennbar. Hinsichtlich der Schmelzspurlänge werden Werte von 1565 – 2245 µm gemessen. Ein eindeutiger Trend in Abhängigkeit der Laserleistungsverteilung ist auch hier nicht erkennbar. Die geringste Schmelzspurlänge wird mit 1565 µm für $P_{L1}/P_{L,ges} = 0{,}50$ ermittelt. Die größten Schmelzbadlängen werden für die Extrema des Laserleistungsanteils mit $P_{L1}/P_{L,ges} = 0{,}25$ und 0,75 festgestellt. Folglich werden große Schmelzspurlängen ebenfalls durch große Laserleistungsanteile im Innen- und Außenbereich der Spur begünstigt, wohingegen die Gleichverteilung der Laserleistung auf beide Laserstrahlen kleinere Schmelzspurlängen hervorruft.

Zusammenfassend wird für die gleichmäßige Verteilung der Laserleistung mit $P_{L1}/P_{L,ges} = 0{,}5$ eine kleine Interaktionszone mit geringer Fluktuation der Fläche hervorgerufen. Fluktuationen der Interaktionszone sowie große Schmelzbadlängen werden insbesondere durch große Laserleistungsanteile im Innen- und Außenbereich der Spur hervorgerufen. Dabei sind die großen Intensitäten im Randbereich der Spur vermutlich ursächlich für den Auswurf von Spritzerpartikeln aus der Interaktionszone. Diese Beobachtungen werden weiterhin durch die fremdbeleuchteten High-Speed Aufnahmen des LPBF-Prozesses mit zwei gekoppelten Laserstrahlen gestützt, bei denen für die $P_{L1}/P_{L,ges} = 0{,}25$ und 0,75 eine Vergrößerung der Interaktionszone sowie eine größere Abkühlzeit nachgewiesen wird. Folglich wird für alle weiteren Untersuchungen zum LPBF mit zwei gekoppelten Laserstrahlen und parallelem Versatz eine gleiche Verteilung der Laserleistung auf beide Laserstrahlen mit $P_{L1}/P_{L,ges} = 0{,}5$ genutzt.

6.1.3 Vergleich des LPBF mit zwei gekoppelten Laserstrahlen mit dem Single-Laser LPBF

Abschließend sollen die ermittelten Konfigurationen für das LPBF mit zwei gekoppelten Laserstrahlen mit dem Single-Laser LPBF verglichen werden, um etwaige Unterschiede hinsichtlich der Laserstrahl-Schmelzbad-Interaktion sowie der Schmelzspurstabilität zu ermitteln. Die Vergleichsmethodik basiert ebenfalls auf der qualitativen Analyse der fremdbeleuchteten High-Speed Aufnahmen sowie der quantitativen Analyse der High-Speed Aufnahmen des Prozessleuchtens beim LPBF. Analog zu den vorherigen Untersuchungen werden quadratische Querschnittsflächen mit einer Kantenlänge von 10 mm mit konstanten Verfahrensparametern belichtet. Beim LPBF mit zwei gekoppelten Laserstrahlen wird je eine Konfiguration mit parallelem (DL-LPBF, Δx_L) und senkrechtem Laserstrahlversatz (DL-LPBF, Δy_L) berücksichtigt. Die verwendeten Verfahrensparameter für das Single-Laser LPBF sowie das LPBF mit zwei gekoppelten Laserstrahlen sind in Tabelle 7 zusammengefasst

Tabelle 7 Verfahrensparameter zum Vergleich des LPBF mit zwei gekoppelten Laserstrahlen mit dem Single Laser LPBF mittels High-Speed Videografie

Single-Laser LPBF			
Laserleistung $P_{L,ges}$	Hatchabstand Δy_s	Scangeschwindigkeit v_s	Schichtdicke D_s
275 W	100 µm	1000 mm/s	50 µm

LPBF mit zwei gekoppelten Laserstrahlen und parallelem Versatz Δx_L					
Laserleistung $P_{L,ges}$	Hatchabstand Δy_s	Scangeschwindigkeit v_s	Schichtdicke D_s	Laserstrahlversatz Δx_L	Laserleistungsanteil $P_{L1}/P_{L,ges}$
550 W	100 µm	2400 mm/s	50 µm	200 µm	0,5

LPBF mit zwei gekoppelten Laserstrahlen und senkrechtem Versatz Δy_L					
Laserleistung $P_{L,ges}$	Hatchabstand Δy_s	Scangeschwindigkeit v_s	Schichtdicke D_s	Laserstrahlversatz Δy_L	Laserleistungsanteil $P_{L1}/P_{L,ges}$
550 W	200 µm	1000 mm/s	50 µm	200 µm	0,5

Die fremdbeleuchteten High-Speed Aufnahmen sowie die High-Speed Aufnahmen des Prozessleuchtens für die drei betrachteten Konfigurationen sind in Bild 65 gegenübergestellt.

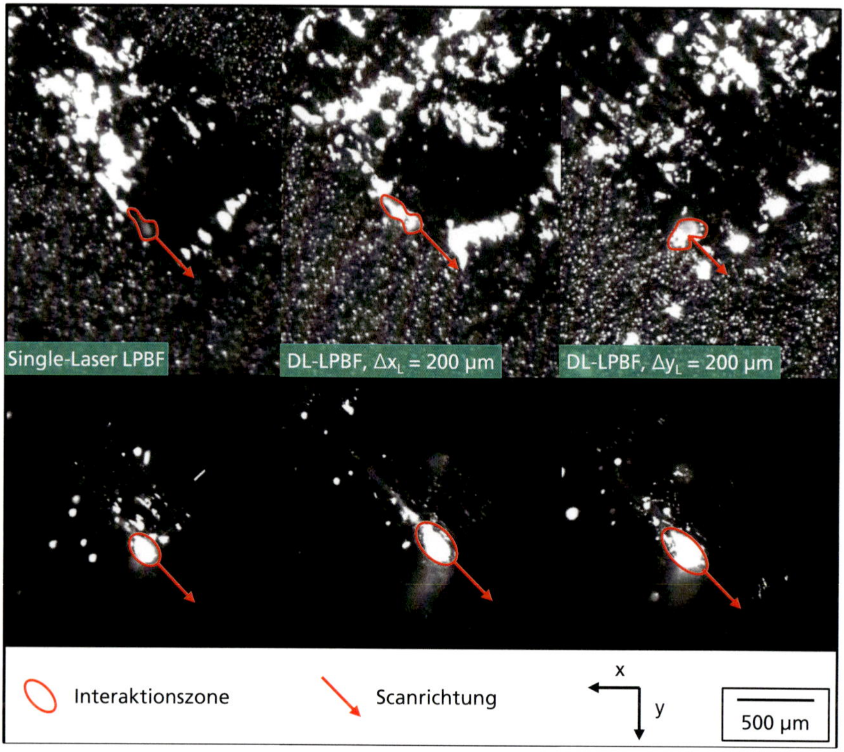

Bild 65 Vergleich der fremdbeleuchteten High-Speed Aufnahmen (oben) sowie der High-Speed Aufnahmen des Prozessleuchtens (unten) für das Single-Laser LPBF (links) sowie das LPBF mit zwei gekoppelten Laserstrahlen und parallelem (Mitte) bzw. senkrechtem Versatz (rechts).

Für die drei betrachteten Konfigurationen sind in den fremdbeleuchteten High-Speed Aufnahmen des LPBF stabile Schmelzspuren mit homogener Breite erkennbar. Eine Beeinflussung kann folglich für keine der Konfigurationen festgestellt werden. Trotz der großen Scangeschwindigkeit von v_s = 2400 mm/s wird für das LPBF mit zwei gekoppelten Laserstrahlen und parallelem Versatz keine Instabilität der Schmelzspur durch Balling beobachtet. Weiterhin wird für alle drei Konfigurationen eine defektfreie laterale Anbindung der benachbarten Schmelzspuren detektiert. In den Umkehrpunkten wird insbesondere für das LPBF mit zwei gekoppelten Laserstrahlen und parallelem Versatz eine Materialanhäufung festgestellt. Diese wird auf eine Kombination des Schmelzbadvolumens, der geringen Wiederkehrzeit und der geänderten Wärmeableitungsbedingungen an der Bauteilkante zurückgeführt. Im Hinblick auf die Interaktionszone sind deutliche Unterschiede für die betrachteten Konfigurationen erkennbar. Während für das Single-Laser LPBF eine kleine Interaktionszone beobachtet wird, deren Breite entgegen der Scanrichtung abnimmt, wird für das LPBF mit zwei gekoppelten Laserstrahlen und parallelem Versatz zwar eine vergleichbare Form mit allerdings unterschiedlichen Dimensionen der Interaktionszone festgestellt. Insbesondere die Länge sowie der Verlauf der Breite der Interaktionszone weicht von dem des Single-Laser LPBF ab (vgl. Bild 65, Mitte oben). Dies wird durch die Vor- bzw. Nachlauf-Anordnung der Laserstrahlen in Scanrichtung begründet. Für das LPBF mit zwei gekoppelten Laserstrahlen wird gegenüber dem Single-Laser LPBF eine Vergrößerung der Breite der Interaktionszone ermittelt (vgl. Bild 65, oben rechts), welche aus der benachbarten Anordnung der Laserstrahlen in Scanrichtung resultiert. Der Vergleich der fremdbeleuchteten High-Speed Aufnahmen mit den Aufnahmen des Prozessleuchtens zeigt eine qualitative Übereinstimmung der Ergebnisse. Allerdings wird für das LPBF mit zwei gekoppelten Laserstrahlen und senkrechtem Versatz (Bild 65, rechts) ebenfalls eine Zunahme der Länge der Interaktionszone gegenüber dem Single-Laser LPBF erkannt.

Um quantitative Aussagen über das Verhalten der Interaktionszone und der Schmelzspur treffen zu können ist folglich eine weiterführende Analyse der High-Speed Aufnahmen des Prozessleuchtens beim LPBF notwendig. Analog zu den fremdbeleuchteten High-Speed Aufnahmen wird das Prozessleuchten beim LPBF für die drei betrachteten Konfigurationen aufgenommen. Die Aufnahmen werden anschließend hinsichtlich der Fläche der Interaktionszone und der Abkühlzeit sowie der gemessenen Schmelzspurbreite und -länge ausgewertet und miteinander verglichen. Die Werte für die Fläche der Interaktionszone, die Abkühlzeit sowie Schmelzspurbreite und -länge sind in Bild 66 für alle Konfigurationen abgebildet.

Bild 66 Fläche der Interaktionszone (oben links), Abkühlzeit (oben rechts) sowie Schmelzspurbreite (unten links) und -länge (unten rechts) für das Single-Laser LPBF sowie das LPBF mit zwei gekoppelten Laserstrahlen.

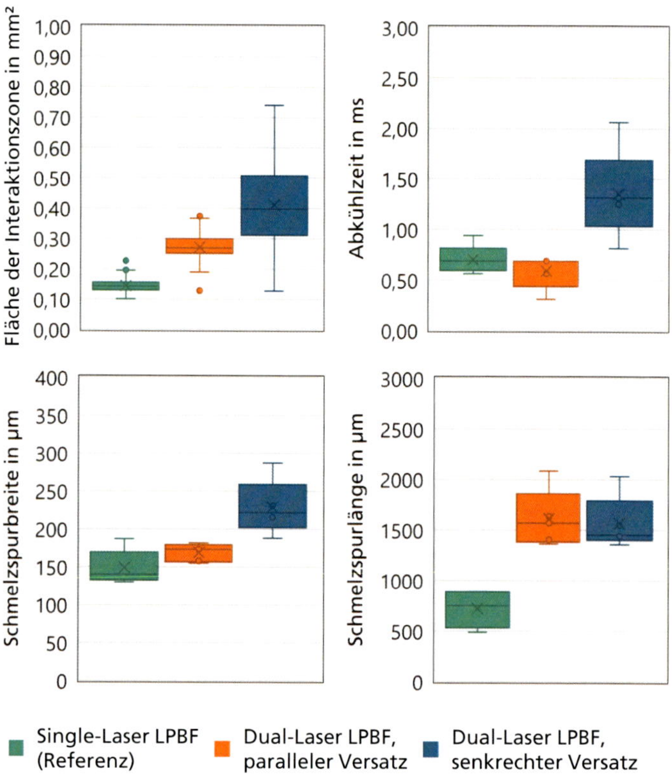

Die Auswertung der High-Speed Aufnahmen des Prozessleuchtens belegt die Vergrößerung der Interaktionszone für das LPBF mit zwei gekoppelten Laserstrahlen. Für das LPBF mit zwei gekoppelten Laserstrahlen und parallelem Versatz wird gegenüber dem Single-Laser LPBF eine Zunahme der mittleren Fläche der Interaktionszone von 0,14 mm^2 auf 0,27 mm^2 ermittelt. Das LPBF mit zwei gekoppelten Laserstrahlen und senkrechtem Versatz resultiert indes in einer Zunahme der mittleren Fläche der Interaktionszone auf 0,41 mm^2. Dieses Verhalten wird durch die gleichzeitige Vergrößerung der Breite und Länge der Interaktionszone (vgl. Bild 65, rechts) hervorgerufen. Die Streuung der Fläche der Interaktionszone dient als zusätzliches Vergleichskriterium für die betrachteten Konfigurationen und gibt Aufschluss über die Fluktuation der Fläche, die aus dem

Auswurf von Spritzerpartikeln aus der Interaktionszone resultiert. Gegenüber dem Single-Laser LPBF wird für das LPBF mit zwei gekoppelten Laserstrahlen und parallelem Versatz eine geringfügige Zunahme der Streuung von ±0,02 mm² auf ±0,05 mm² festgestellt. Dementgegen resultiert das LPBF mit zwei gekoppelten Laserstrahlen und senkrechtem Versatz in einer Zunahme der Fluktuation der Interaktionszone auf ±0,13 mm². Insbesondere für das LPBF mit zwei gekoppelten Laserstrahlen und senkrechtem Versatz wird folglich ein verstärkter Spritzerauswurf vermutet, der im Rahmen weiterer Untersuchungen quantifiziert wird (vgl. Abschnitt 6.3). Beim Vergleich der Abkühlzeit wird weiterhin eine nahezu identische Abkühlzeit von 0,6 – 0,7 ms für das Single-Laser LPBF und das LPBF mit zwei gekoppelten Laserstrahlen und parallelem Versatz ermittelt. Insofern scheint die größere Interaktionszone keinen Einfluss auf das Abkühlverhalten zu haben. Dementgegen wird für das LPBF mit zwei gekoppelten Laserstrahlen und senkrechtem Versatz eine nahezu doppelt so große Abkühlzeit von 1,35 ms gemessen. Für die Schmelzspurbreite werden in Übereinstimmung mit den fremdbeleuchteten High-Speed Aufnahmen (Bild 65, oben) ähnliche Werte von 149 µm und 168 µm für das Single-Laser LPBF und das LPBF mit zwei gekoppelten Laserstrahlen und parallelem Versatz detektiert. Analog wird für das LPBF mit zwei gekoppelten Laserstrahlen eine größere Schmelzspurbreite von 229 µm ermittelt. Entgegen der Auswertung der fremdbeleuchteten High-Speed Aufnahmen werden für das LPBF mit zwei gekoppelten Laserstrahlen unabhängig von der Orientierung der Laserstrahlen vergleichbare Schmelzspurlängen im Bereich von 1565 – 1611 µm festgestellt. Diese liegen deutlich oberhalb der gemessenen Schmelzbadlänge von 717 µm für das Single-Laser LPBF.

Zusammenfassend wird für das Single-Laser LPBF und das LPBF mit zwei gekoppelten Laserstrahlen ein ähnliches Verhalten in Bezug auf die Abkühlzeit und die Schmelzspurbreite ermittelt. Die Fläche und Fluktuation der Interaktionszone steigen demgegenüber leicht an. Allerdings wird die Schmelzspurlänge nahezu verdoppelt. Das LPBF mit zwei gekoppelten Laserstrahlen und senkrechtem Versatz ruft indes eine signifikante Vergrößerung der Schmelzspurdimensionen und Interaktionszone hervor, die den Auswurf von Spritzerpartikeln und die langsame Abkühlung des Materials begünstigen. Fraglich bleibt, warum das LPBF mit zwei gekoppelten Laserstrahlen und parallelem Versatz trotz der größeren Schmelzspurlänge nicht in einer Zunahme der Abkühlzeit resultiert. Dieses Verhalten könnte möglicherweise aus einer im Vergleich zum Single-Laser LPBF geringeren Schmelzbadtiefe resultieren. Für die Interpretation werden folglich weitere Messwerte zur Schmelzbadgeometrie benötigt, die in Kapitel 7.1 erfasst und diskutiert werden. Weiterführende Untersuchungen zur LPBF-Prozessführung sind außerdem erforderlich, um einen Vergleich der resultierenden Prozessfenster und -regime (6.2) sowie der Ausbildung von Prozessnebenprodukten (6.3) zu ermöglichen

6.2 Charakterisierung der Prozessfenster beim LPBF mit zwei gekoppelten Laserstrahlen

Zur weiteren Einordnung des Potenzials zur Aufbauratensteigerung beim LPBF mit zwei gekoppelten Laserstrahlen werden experimentelle Untersuchungen zur Charakterisierung der Prozessfenster durchgeführt. Als Prozessfenster wird dabei der Verfahrensparameterbereich definiert, in dem Volumenkörper mit einer relativen Dichte von $\rho_{rel} \geq 99,9\%$ hergestellt werden können. Als Ausgangspunkt für die Untersuchungen dienen die in Abschnitt 6.1 ermittelten Konfigurationen aus Laserstrahlversatz und Laserleistungsverhältnis der beiden Strahlen. Der Aufbau von Volumenkörpern (Würfel mit einer Kantenlänge von 10 mm) erfolgt anschließend unter Variation der Laserleistung $P_{L,ges}$, der Scangeschwindigkeit v_s und des Hatchabstandes Δy_s. Die Schichtdicke wird mit D_s = 50 µm konstant gehalten, um eine Vergleichbarkeit der Ergebnisse mit dem Single-Laser LPBF Referenzparameter zu ermöglichen. Analog zu den High-Speed Aufnahmen (vgl. 6.1) werden das LPBF mit zwei gekoppelten Laserstrahlen und parallelem Versatz sowie senkrechtem Versatz gesondert betrachtet. Das Vorgehen zur Charakterisierung der Prozessfenster beim LPBF mit zwei gekoppelten Laserstrahlen ist in Bild 67 grafisch zusammengefasst.

Bild 67 Schematische Darstellung des Vorgehens zur Charakterisierung der Prozessfenster beim LPBF mit zwei gekoppelten Laserstrahlen mit parallelem und senkrechtem Versatz.

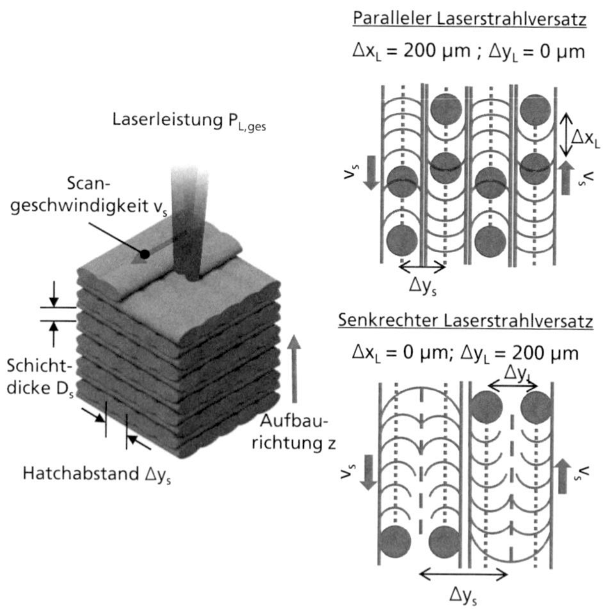

Das LPBF mit zwei gekoppelten Laserstrahlen erfolgt analog zum Single-Laser LPBF Referenzparameter mit einer bidirektionalen Scanstrategie und eine schichtweisen Vektorrotation um 90° mit Ausrichtung der Vektoren von ±45° zur Richtung der Schutzgasströmung (vgl. Bild 29). Allerdings wird auf eine zusätzliche Kontur-Belichtung nach der Hatch-Belichtung verzichtet. Der relevante Parameterbereich für das LPBF mit zwei gekoppelten Laserstrahlen wurde anhand der High-Speed Aufnahmen und Vorversuche (78) bereits eingegrenzt. Der untersuchte Verfahrensparameterbereich für das LPBF mit zwei gekoppelten Laserstrahlen und parallelem sowie senkrechtem Versatz ist in Tabelle 8 dargestellt.

Tabelle 8 Untersuchter Verfahrensparameterbereich für das LPBF mit zwei gekoppelten Laserstrahlen.

LPBF mit zwei gekoppelten Laserstrahlen und parallelem Versatz Δx_L					
Laserleistung $P_{L,ges}$	Hatchabstand Δy_s	Scangeschwindigkeit v_s	Schichtdicke D_s	Laserstrahlversatz Δx_L	Laserleistungs-anteil $P_{L1}/P_{L,ges}$
500 - 800 W	100 µm	1200 - 3000 mm/s	50 µm	200 µm	0,5

LPBF mit zwei gekoppelten Laserstrahlen und senkrechtem Versatz Δy_L					
Laserleistung $P_{L,ges}$	Hatchabstand Δy_s	Scangeschwindigkeit v_s	Schichtdicke D_s	Laserstrahlversatz Δy_L	Laserleistungs-anteil $P_{L1}/P_{L,ges}$
450 - 650 W	200 - 220 µm	600 - 1400 mm/s	50 µm	200 µm	0,5

Für das LPBF mit zwei gekoppelten Laserstrahlen und parallelem Versatz wird vornehmlich die Erhöhung der Aufbaurate durch Erhöhung der Scangeschwindigkeit v_s betrachtet. Hierfür wird die Scangeschwindigkeit im Bereich von v_s = 1200 – 3000 mm/s in zehn Stufen von 200 mm/s variiert. Um einen ausreichenden Energieeintrag im Bereich großer Scangeschwindigkeiten zu gewährleisten, wird neben der Scangeschwindigkeit die Laserleistung im Bereich von $P_{L,ges}$ = 500 – 800 W in sieben Stufen von 50 W variiert. Für das LPBF mit zwei gekoppelten Laserstrahlen und senkrechtem Versatz wird insbesondere die Erhöhung der Aufbaurate durch Vergrößerung des Hatchabstandes Δy_s betrachtet. Da für große Laserleistungen eine unkontrollierbare Spritzerbildung festgestellt wird, wird der Laserleistungs-bereich auf $P_{L,ges}$ = 450 – 650 W limitiert und die Laserleistung in drei Stufen von 100 W variiert. Die Scangeschwindigkeit wird im Bereich von v_s = 600 – 1400 mm/s betrachtet und in fünf Stufen von 200 mm/s angepasst. Zusätzlich wird neben Δy_s = 200 µm eine weitere Vergrößerung des Hatchabstandes auf Δy_s = 220 µm untersucht. Zur statistischen Absicherung der Ergebnisse werden jeweils drei Volumenkörper je Verfahrens-parameterkombination gefertigt. Die Fertigung erfolgt mit jeweils dreißig Volumenkörpern auf einer Bauplattform und randomisierter Verteilung der

Verfahrensparameter auf die Volumenkörper. Die resultierenden relativen Bauteildichten ρ_{rel} für das LPBF mit zwei gekoppelten Laserstrahlen sind in Bild 68 in Abhängigkeit der Volumenenergie E_v gemäß Formel 2.5 dargestellt. Die Volumenenergie für den Single-Laser LPBF Referenzparameter ist als Vergleichswert aufgetragen.

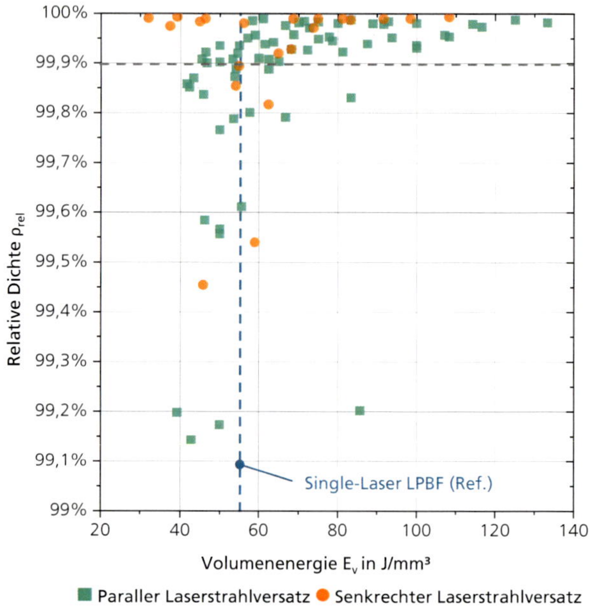

Bild 68 Relative Bauteildichte für das LPBF mit zwei gekoppelten Laserstrahlen und parallelem sowie senkrechtem Versatz in Abhängigkeit der Volumenenergie E_v.

Für beide betrachteten Konfigurationen werden über einen breiten Volumenenergiebereich relative Bauteildichten von $\rho_{rel} \geq 99{,}9\%$ erzielt. Dabei wird jeweils unterhalb einer Volumenenergie von $E_v \approx 60$ J/mm³ eine größere Streuung der relativen Bauteildichte beobachtet. Folglich wird für das LPBF mit zwei gekoppelten Laserstrahlen mit ähnlichen Volumenenergien wie für den Single-Laser LPBF Referenzparameter ebenfalls die Fertigung von Bauteilen mit reproduzierbaren relativen Dichten von $\rho_{rel} \geq 99{,}9\%$ ermöglicht. Allerdings wird für einige Verfahrensparameterkombinationen für das LPBF mit zwei gekoppelten Laserstrahlen und parallelem sowie senkrechtem Versatz auch bei wesentlich geringeren Volumenenergie von $E_v = 45$ J/mm³ bzw. $E_v = 30$ J/mm³ bereits eine ausreichende relative Bauteildichte erzielt. Folglich wird für das LPBF mit zwei gekoppelten Laserstrahlen in diesem Verfahrensparameterbereich weniger Energie benötigt, um Bauteile mit einer großen relativen Dichte herzustellen und folglich wird die Energieeffizienz gegenüber dem Single-Laser LPBF Referenzparameter erhöht. Da die Variation der Verfahrensparameter beim Single-Laser LPBF im Rahmen dieser Arbeit nicht berücksichtigt wurde, können keine verlässlichen Aussagen hinsichtlich der Energieeffizienz gegenüber dem LPBF mit zwei gekoppelten Laserstrahlen getroffen werden. Die Darstellung der relativen Dichte einzelner Probekörper sowie die alleinige Betrachtung der Volumenenergie erlauben außerdem keine Rückschlüsse über die Reproduzierbarkeit der relativen Bauteildichte und die Aufbaurate der Verfahrensparameterkombinationen. Deshalb wird im Folgenden gesondert auf die Prozessfenster für das LPBF mit zwei gekoppelten Laserstrahlen und parallelem sowie senkrechtem Versatz eingegangen. Solche Verfahrensparameterkombinationen, die eine Erhöhung der Aufbaurate ermöglichen, werden ausgewählt und hinsichtlich der Reproduzierbarkeit der relativen Bauteildichte miteinander verglichen. Abschließend werden jeweils eine Verfahrensparameterkombination für das LPBF mit zwei gekoppelten Laserstrahlen und parallelem bzw. senkrechtem Versatz für die Demonstration und das Benchmarking in Kapitel 0 ausgewählt.

LPBF mit zwei gekoppelten Laserstrahlen und parallelem Versatz Δx_L

Das LPBF mit zwei gekoppelten Laserstrahlen und parallelem Versatz wird durch die Anordnung der Laserstrahlen in Vor- bzw. Nachlauf-Konfiguration entlang einer Spur definiert. Folglich wird die eingestrahlte Laserleistung in Scanrichtung auf zwei Laserstrahlen verteilt. Somit soll eine Erhöhung der Scangeschwindigkeit v_s ermöglicht werden, ohne dass Schmelzspurinstabilitäten durch Effekte wie Balling hervorgerufen werden. Die High-Speed Aufnahmen des LPBF-Prozesses (vgl. Abschnitt 6.1.1) belegen das Potenzial zur Erhöhung der Scangeschwindigkeit. Jedoch erlaubt die Analyse der High-Speed Aufnahmen keine Rückschlüsse auf die resultierende relative Bauteildichte. Um das Prozessfenster beim LPBF mit zwei gekoppelten Laserstrahlen und parallelem Versatz zu ermitteln, werden folglich weiterführende Untersuchungen zur Fertigung von Volumenkörpern benötigt. Dabei wird sowohl der Einfluss der Scangeschwindigkeit v_s als auch der Laserleistung $P_{L,ges}$ (vgl. Tabelle 8) auf das resultierende Prozessfenster betrachtet. Da im Rahmen der Auswertung der High-Speed Aufnahmen eine nahezu unveränderte Spurbreite im Vergleich zum Single-Laser LPBF ermittelt wurde (vgl. Bild 66), wird die Erhöhung der Aufbaurate durch Vergrößerung des Hatchabstandes im Rahmen der Untersuchungen nicht betrachtet. Als Bewertungskriterium für die Verfahrensparameterkombinationen wird die mittlere relative Dichte der gefertigten Volumenkörper mit einem Zielwert von $\rho_{rel} \geq 99{,}9\%$ berücksichtigt. Zur Auswertung des Prozessfensters ist die relative Dichte ρ_{rel} in Abhängigkeit der Scangeschwindigkeit für drei ausgewählte Laserleistungen in Bild 69 dargestellt.

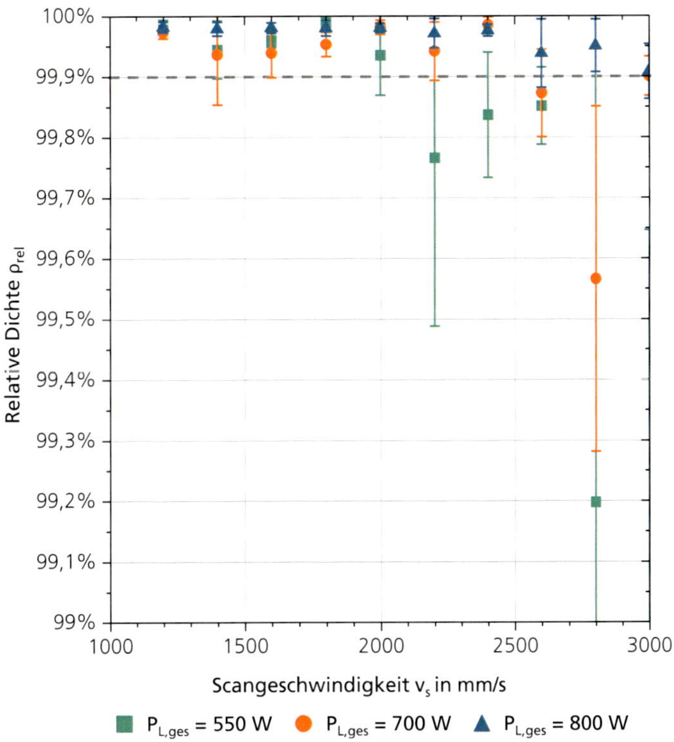

Bild 69 Relative Dichte ρ_{rel} in Abhängigkeit der Scangeschwindigkeit v_s beim LPBF mit zwei gekoppelten Laserstrahlen und parallelem Versatz.

Die kleinste betrachtete Laserleistung mit $P_{L,ges} = 550$ W entspricht der Laserleistung des Single-Laser LPBF Referenzparameters mit $P_L = 275$ W für beide Laserstrahlen. Für Scangeschwindigkeiten bis v_s = 2000 mm/s werden damit relative Bauteildichte von $\rho_{rel} \geq 99{,}9\%$ erreicht. Für Scangeschwindigkeiten von v_s = 2200 – 2600 mm/s wird ein Abfall der relative Dichte auf Werte von $\rho_{rel} \approx 99{,}8\%$ sowie eine Zunahme der Streuung der Dichtewerte festgestellt. Für Scangeschwindigkeiten von v_s > 2600 mm/s können mit der Laserleistung keine dichten Bauteile mehr hergestellt werden. Durch die Erhöhung der Laserleistung je Laserstrahl auf $P_L = 350$ W bzw. der Gesamtleistung auf $P_{L,ges} = 700$ W kann der Bereich für die Fertigung von Volumenkörpern mit einer relativen Dichte von $\rho_{rel} \geq 99{,}9\%$ auf Scangeschwindigkeiten von bis zu v_s = 2400 mm/s erweitert werden. Eine weitere Erhöhung auf die Maximalleistung der Laserstrahlquellen mit $P_L = 400$ W bzw. $P_{L,ges} = 800$ W ermöglicht sogar die Fertigung dichter

Bauteile bis zu einer Scangeschwindigkeit von v_s = 3000 mm/s. Neben der Scangeschwindigkeit wird ebenfalls der Einfluss der Laserleistung $P_{L,ges}$ auf die Ausprägung des Prozessfensters beim LPBF mit zwei gekoppelten Laserstrahlen und parallelem Versatz untersucht. Der Verlauf der relativen Dichte der Volumenkörper in Abhängigkeit der Laserleistung $P_{L,ges}$ ist in Bild 70 für drei ausgewählte Scangeschwindigkeiten dargestellt.

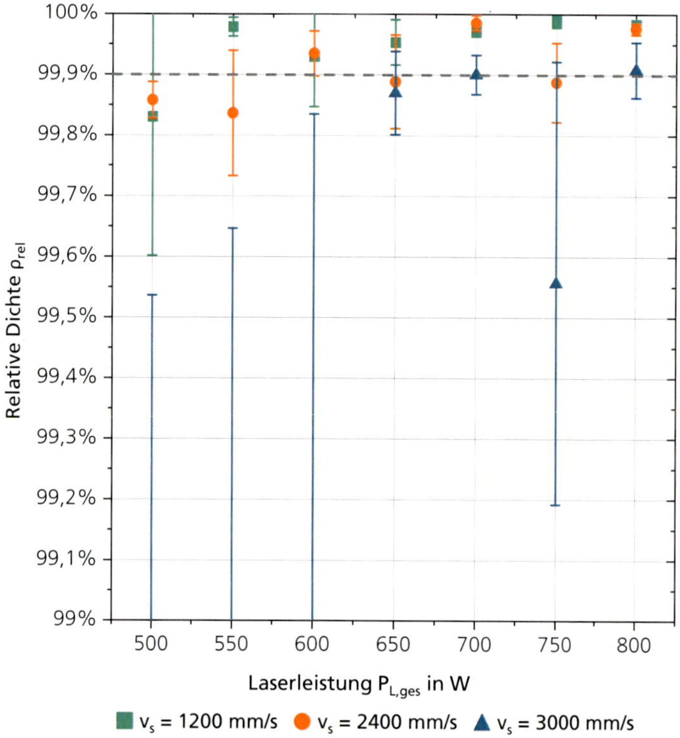

Bild 70 Relative Bauteildichte ρ_{rel} in Abhängigkeit der Laserleistung $P_{L,ges}$ beim LPBF mit zwei gekoppelten Laserstrahlen und parallelem Versatz.

Bei Verwendung kleiner Scangeschwindigkeiten im Bereich von v_s = 1200 mm/s können mit Ausnahme von $P_{L,ges}$ = 500 W über den gesamten Laserleistungsbereich Volumenkörper mit einer relativen Dichte von $\rho_{rel} \geq 99{,}9\%$ hergestellt werden. Bei Verdopplung der Scangeschwindigkeit auf v_s = 2400 mm/s verschiebt sich das Prozessfenster für das LPBF mit zwei gekoppelten Laserstrahlen und parallelem Versatz in den Laserleistungsbereich von $P_{L,ges} \geq 600$ W. Eine weitere Erhöhung der Aufbaurate durch Verwendung einer

Scangeschwindigkeit von v_s = 3000 mm/s ist nur in Kombination mit großen Laserleistungen im Bereich von $P_{L,ges}$ = 700 – 800 W möglich. Allerdings wird in diesem Scangeschwindigkeitsbereich eine deutliche Zunahme der Streuung der relativen Dichtewerte (z.B. $P_{L,ges}$ = 750 W) festgestellt.

Die relative Dichte der gefertigten Volumenkörper für den gesamten betrachteten Verfahrensparameterbereich aus Tabelle 8 ist in Bild 71 in Form einer 2D-Darstellung dokumentiert. Die Verfahrensparameterkombinationen P1-3 für die weiterführende Untersuchung der Reproduzierbarkeit der relativen Bauteildichte in Kapitel 0 sind in der Darstellung hervorgehoben.

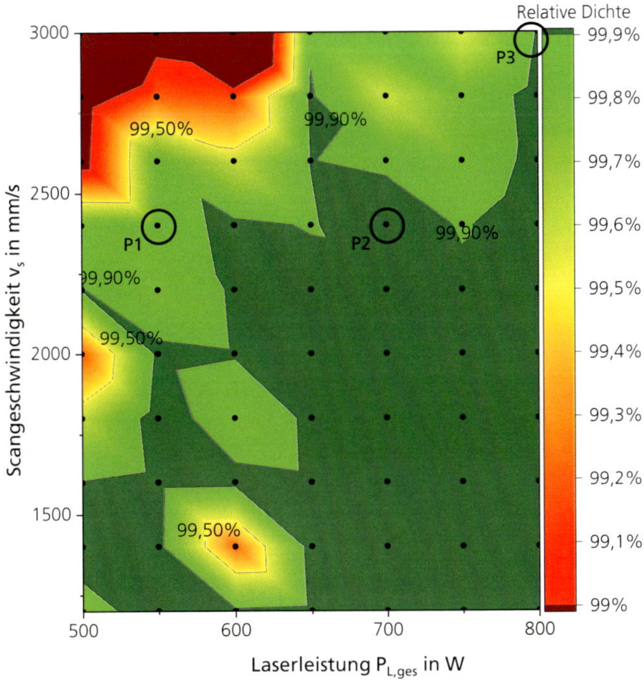

Bild 71 Relative Bauteildichte beim LPBF mit zwei gekoppelten Laserstrahlen und parallelem Versatz in Abhängigkeit von Laserleistung $P_{L,ges}$ und Scangeschwindigkeit v_s.

Zusammenfassend wird durch das LPBF mit zwei gekoppelten Laserstrahlen und parallelem Versatz eine Erhöhung der Aufbaurate durch Anpassung der Scangeschwindigkeit ermöglicht. Bei gleicher Laserleistung pro Laserstrahl von P_L = 275 W wie für den Single-Laser LPBF Referenzparameter wird eine maximale

Scangeschwindigkeit von $v_s = 2200 - 2400$ mm/s erreicht. Eine Vergrößerung der Laserleistung pro Laserstrahl auf bis zu $P_{L,max} = 400$ W erlaubt indes die weitere Erhöhung der Scangeschwindigkeit auf Werte von bis zu $v_s = 3000$ mm/s. Folglich wird mit 15 mm³/s eine Verdreifachung der theoretischen Aufbaurate gegenüber dem Single-Laser Referenzparameter ermöglicht. Für die folgende Untersuchung der Reproduzierbarkeit der relativen Bauteildichte werden beim LPBF mit zwei gekoppelten Laserstrahlen und parallelem Versatz drei Verfahrensparameterkombinationen P1-3 ausgewählt. P1 entspricht mit einer Laserleistung von $P_{L,ges} = 550$ W und einer Scangeschwindigkeit von $v_s = 2400$ mm/s der Prozessfenstergrenze für die Laserleistung von $P_L = 275$ W des Single-Laser Referenzparameters und ist damit sensitiver gegenüber externen Störgrößen. Für P2 wird die Laserleistung bei einer gleichbleibenden Scangeschwindigkeit von $v_s = 2400$ mm/s auf $P_{L,ges} = 700$ W bzw. $P_L = 350$ W pro Laserstrahl vergrößert. Dadurch wird einerseits eine mit $E_v = 58$ J/mm³ vergleichbare Volumenenergie zum Single-Laser LPBF gewährleistet und andererseits eine größere Robustheit gegenüber externen Störgrößen erreicht. P3 entspricht der Verfahrensparameterkombination mit der größten theoretischen Aufbaurate mit einer Scangeschwindigkeit von $v_s = 3000$ mm/s und der maximalen Laserleistung von $P_{L,ges} = 800$ W. Die Verfahrensparameterkombinationen P1-3 sind in der Tabelle 9 zusammengefasst.

Tabelle 9 Verfahrensparameterkombinationen zur Untersuchung der Reproduzierbarkeit der relativen Bauteildichte beim LPBF mit zwei gekoppelten Laserstrahlen und parallelem Versatz

Reproduzierbarkeit beim LPBF mit zwei gekoppelten Laserstrahlen und parallelem Versatz Δx_L					
Bezeichnung	Laserleistung $P_{L,ges}$	Scangeschwindigkeit v_s	Volumenenergie E_V	Theoretische Aufbaurate	Weitere Parameter
P1	550 W	2400 mm/s	45,83 J/mm³	12 mm³/s	Siehe Tabelle 8
P2	700 W	2400 mm/s	58,33 J/mm³	12 mm³/s	
P3	800 W	3000 mm/s	53,33 J/mm³	15 mm²/s	

LPBF mit zwei gekoppelten Laserstrahlen und senkrechtem Versatz Δy_L

Das LPBF mit zwei gekoppelten Laserstrahlen und senkrechtem Versatz zeichnet sich dadurch aus, dass beide Laserstrahlen in Scanrichtung nebeneinanderliegende Spuren belichten. Folglich wird die Erhöhung der Aufbaurate vorwiegend durch eine Vergrößerung des Hatchabstandes gegenüber dem Single-Laser LPBF Referenzparameter erwartet. Die Analyse der High-Speed Aufnahmen des LPBF-Prozesses (vgl. Abschnitt 6.1.2) bestätigen das Potenzial zur Vergrößerung des Hatchabstandes, erlauben allerdings keine Rückschlüsse auf die resultierende relative Bauteildichte. Um das Prozessfenster beim LPBF mit zwei gekoppelten Laserstrahlen und senkrechtem Versatz zu bestimmen, werden folglich weiterführende Untersuchungen zur Fertigung von Volumenkörpern benötigt. Dabei wird analog zum LPBF mit zwei gekoppelten Laserstrahlen und parallelem Versatz sowohl der Einfluss der Scangeschwindigkeit v_s als auch der Laserleistung $P_{L,ges}$ (vgl. Tabelle 8) auf die resultierenden Prozessfenster betrachtet. Zudem wird mit Hatchabständen von Δy_s = 200 und 220 µm eine Aufbauratensteigerung gegenüber dem Single-Laser LPBF Referenzparameter angestrebt. Da im Rahmen der Auswertung der High-Speed Aufnahmen gegenüber dem Single-Laser LPBF ein ausgeprägter Spritzerauswurf aus der Interaktionszone festgestellt wurde (vgl. Bild 65 und Bild 66), wird der betrachtete Laserleistungsbereich auf $P_{L,ges}$ = 450 – 650 W begrenzt. Als Bewertungskriterium für die Verfahrensparameterkombinationen wird die mittlere relative Dichte der gefertigten Volumenkörper mit einem Zielwert von $\rho_{rel} \geq 99{,}9\%$ festgelegt. Zur Auswertung des Prozessfensters ist die relative Dichte ρ_{rel} in Abhängigkeit der Scangeschwindigkeit für drei ausgewählte Laserleistungen und einen konstanten Hatchabstand von Δy_s = 200 µm in Bild 72 dargestellt.

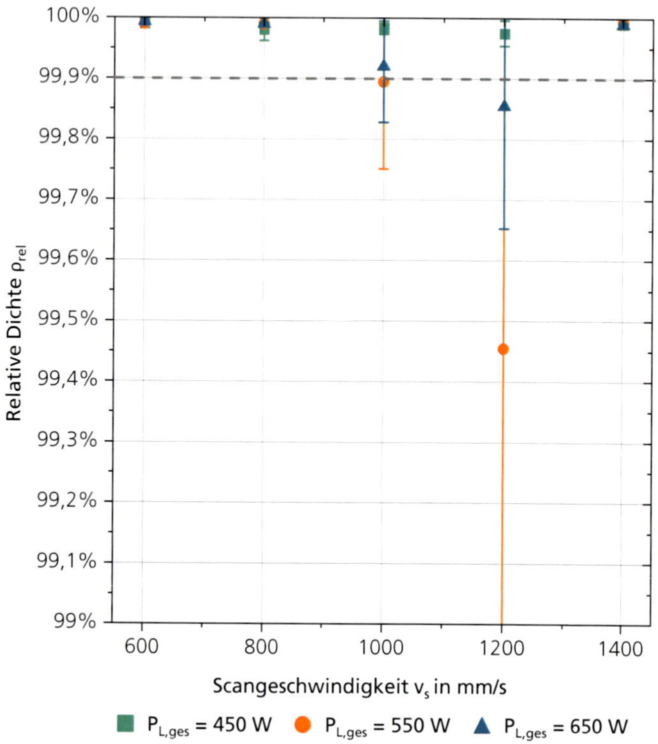

Bild 72 Relative Dichte ρ_{rel} in Abhängigkeit der Scangeschwindigkeit v_s beim LPBF mit zwei gekoppelten Laserstrahlen und senkrechtem Versatz.

Für Scangeschwindigkeiten im Bereich von v_s = 600 – 800 mm/s können für alle betrachteten Laserleistungen Volumenkörper mit einer relativen Dichte von $\rho_{rel} \geq$ 99,9% gefertigt werden. Ab einer Scangeschwindigkeit von v_s = 1000 mm/s wird für größere Laserleistungen von $P_{L,ges}$ = 550 – 600 W eine zunehmende Streuung der Dichtewerte festgestellt. Für $v_s \geq$ 1200 mm/s wird ein Abfall der mittleren relativen Dichte der gefertigten Volumenkörper auf Werte von bis zu $\rho_{rel} \approx$ 99,45% ermittelt. Weiterhin begünstigen größere Laserleistungen die Abnahme der mittleren relativen Bauteildichte. Eine potenzielle Ursache hierfür ist der Auswurf großer Spritzerpartikel bei Verwendung großer Laserleistungen, die bei Ablagerung auf der Bauteiloberfläche in folgenden Schichten nicht vollständig aufgeschmolzen werden können und folglich Defekte (z.B. Bindefehler) im Bauteilinneren hervorrufen. Neben der Scangeschwindigkeit wird der Einfluss der Laserleistung $P_{L,ges}$ auf die Ausprägung des Prozessfensters beim LPBF mit zwei gekoppelten Laserstrahlen und senkrechtem Versatz betrachtet. Der Verlauf der relativen Dichte der Volumenkörper in Abhängigkeit der Laserleistung $P_{L,ges}$ ist in Bild 73 für drei ausgewählte Scangeschwindigkeiten dargestellt.

Bild 73 Relative Bauteildichte ρ_{rel} in Abhängigkeit der Laserleistung $P_{L,ges}$ beim LPBF mit zwei gekoppelten Laserstrahlen und senkrechtem Versatz.

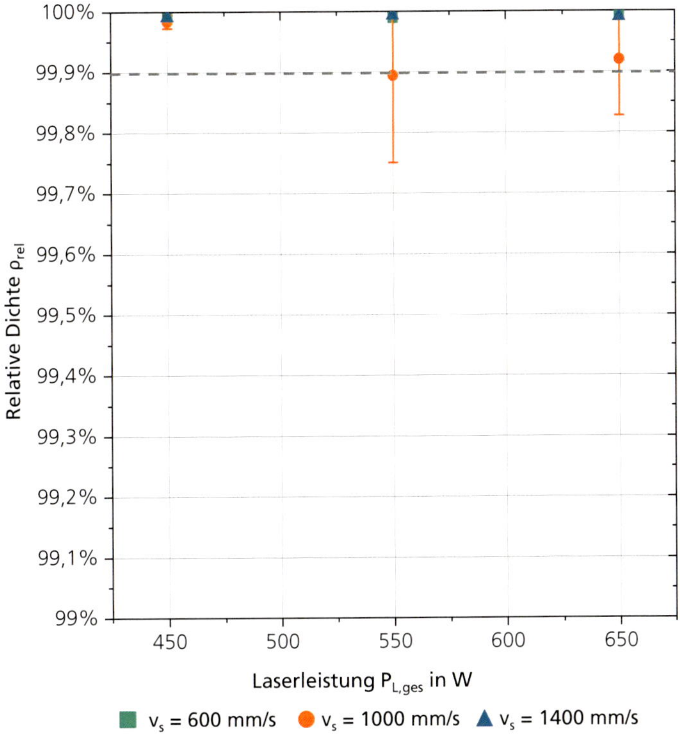

Hinsichtlich des Einflusses der Laserleistung $P_{L,ges}$ auf die relative Bauteildichte kann kein eindeutiger Trend festgestellt werden. Lediglich für die Scangeschwindigkeit von v_s = 1000 mm/s werden eine größere Streuung und ein Abfall der mittleren Bauteildichte auf $\rho_{rel} \approx$ 99,90% detektiert. Die Ergebnisse zeigen folglich eine hohe Übereinstimmung mit der Auswertung des Einflusses der Scangeschwindigkeit v_s auf die relative Bauteildichte, die einen negativen

Einfluss von Kombinationen aus größeren Laserleistungen von $P_{L,ges}$ = 550 – 650 W und Scangeschwindigkeiten von v_s = 1000 – 1200 mm/s belegen. Das resultierende Prozessfenster erscheint folglich aufgrund der verstärkten Spritzerbildung im Hinblick auf die verwendbare Laserleistung und Scangeschwindigkeit begrenzt zu sein. Die relative Dichte der gefertigten Volumenkörper für alle Kombinationen der Laserleistung $P_{L,ges}$ und der Scangeschwindigkeit v_s bei einem gleichbleibenden Hatchabstand von Δy_s = 200 µm (vgl. Tabelle 8) ist in Bild 74 in Form einer 2D-Darstellung zusammengefasst. Die Verfahrensparameterkombinationen S1 und S2 für die nachfolgende Untersuchung der Reproduzierbarkeit der relativen Bauteildichte sind im Diagramm markiert.

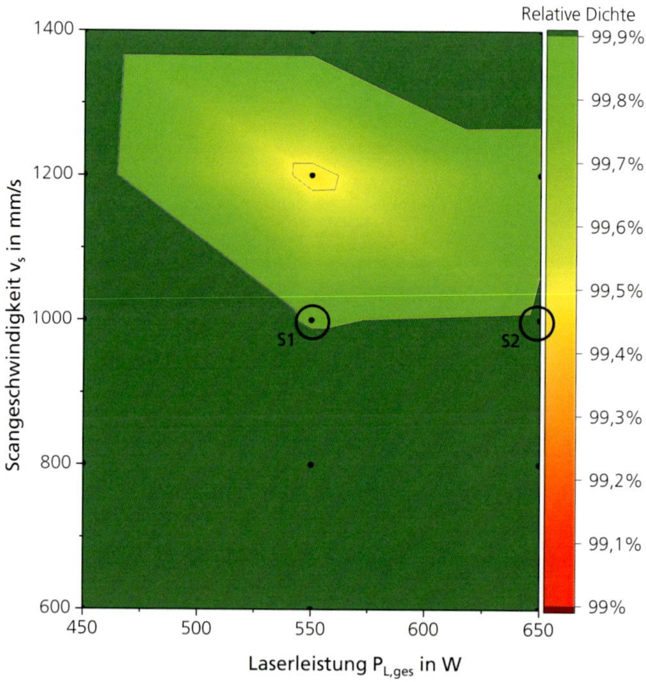

Bild 74 Relative Bauteildichte beim LPBF mit zwei gekoppelten Laserstrahlen und senkrechten Versatz in Abhängigkeit von Laserleistung $P_{L,ges}$ und Scangeschwindigkeit v_s für einen konstanten Hatchabstand von Δy_s = 200 µm.

Insgesamt ermöglicht das LPBF mit zwei gekoppelten Laserstrahlen und senkrechtem Versatz über den nahezu gesamten untersuchten Parameterbereich die Fertigung von Volumenkörpern mit einer relativen Dichte von $\rho_{rel} \geq 99{,}9\%$. Dabei können große Scangeschwindigkeiten von bis zu v_s = 1400 mm/s verwendet werden. Insbesondere für große Laserleistungen im Bereich von

$P_{L,ges}$ = 550 – 650 W und Scangeschwindigkeiten von v_s > 1000 mm/s wird ein Abfall der relativen Dichte der gefertigten Volumenkörper auf Werte von ρ_{rel} < 99,9% ermittelt. Eine Stabilisierung des Prozessfensters durch Erhöhung der Laserleistung $P_{L,ges}$ kann indes nicht eindeutig nachgewiesen werden. Die größte theoretische Aufbaurate wird mit 14 mm³/s bei einer Scangeschwindigkeit von 1400 mm/s und einer Laserleistung von $P_{L,ges}$ = 650 W erreicht. Um das Potenzial zur Vergrößerung des Prozessfensters durch Erhöhung des Hatchabstandes zu untersuchen, werden die betrachteten Scangeschwindigkeiten v_s und Laserleistungen $P_{L,ges}$ für einen Hatchabstand von Δy_s = 220 µm wiederholt (vgl. Tabelle 8). Die relative Dichte der gefertigten Volumenkörper für alle Kombinationen der Laserleistung $P_{L,ges}$ und der Scangeschwindigkeit v_s bei einem gleichbleibenden Hatchabstand von Δy_s = 220 µm ist in Bild 75 dargestellt.

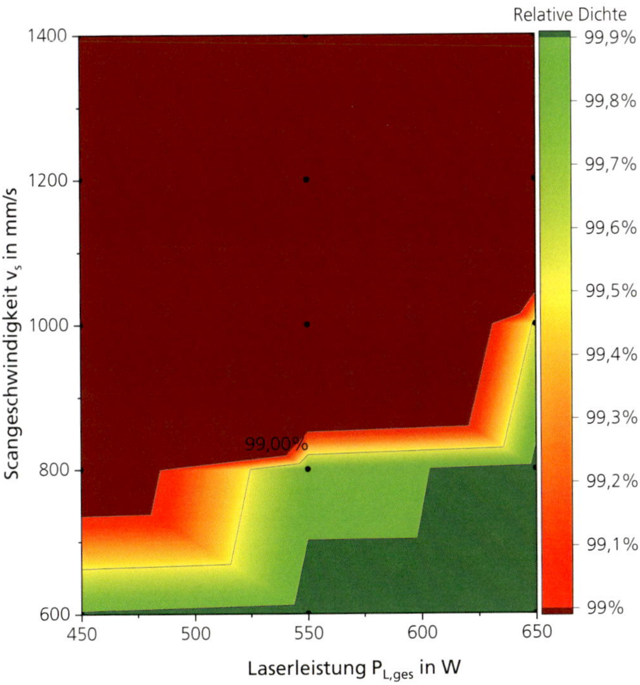

Bild 75 Relative Bauteildichte beim LPBF mit zwei gekoppelten Laserstrahlen und senkrechten Versatz in Abhängigkeit von Laserleistung $P_{L,ges}$ und Scangeschwindigkeit v_s. für einen konstanten Hatchabstand von Δy_s = 220 µm.

Gegenüber dem Hatchabstand von Δy_s = 200 µm wird für Δy_s = 220 µm eine Verschiebung des Prozessfensters zu großen Laserleistungen von $P_{L,ges}$ = 550 – 650 W und kleinen Scangeschwindigkeiten im Bereich von

v_s = 600 – 800 mm/s festgestellt. Für den weiteren Verfahrensparameterbereich wird ein deutlicher Abfall der relativen Bauteildichte auf Werte von ρ_{rel} < 99,00% beobachtet. Die größte theoretische Aufbaurate wird mit 8,8 mm³/s für die Scangeschwindigkeit v_s = 800 mm/s und die Laserleistung $P_{L,ges}$ = 650 W ermittelt. Aufgrund des wesentlich kleineren Prozessfensters sowie der geringeren Aufbaurate (vgl. Bild 74) wird der Hatchabstand von Δy_s = 220 µm für das LPBF mit zwei gekoppelten Laserstrahlen und senkrechtem Versatz nicht weiter berücksichtigt.

Zusammenfassend wird durch das LPBF mit zwei gekoppelten Laserstrahlen und senkrechtem Versatz eine Erhöhung der Aufbaurate durch Vergrößerung des Hatchabstandes ermöglicht. Bei gleichbleibender Laserleistung pro Laserstrahl und Scangeschwindigkeit im Vergleich zum Single-Laser LPBF wird ein maximaler Hatchabstand von Δy_s = 200 µm erreicht. Eine gleichzeitige Vergrößerung der Laserleistung pro Laserstrahl auf bis zu $P_{L,max}$ = 325 W erlaubt neben der Anpassung des Hatchabstandes die Erhöhung der Scangeschwindigkeit auf Werte von bis zu v_s = 1400 mm/s. Folglich wird mit 14 mm³/s nahezu eine Verdreifachung der theoretischen Aufbaurate gegenüber dem Single-Laser LPBF Referenzparameter ermöglicht. Für die folgende Untersuchung der Reproduzierbarkeit der relativen Bauteildichte werden beim LPBF mit zwei gekoppelten Laserstrahlen und senkrechtem Versatz die beiden Verfahrensparameterkombinationen S1 und S2 ausgewählt. S1 entspricht mit einer Laserleistung von $P_{L,ges}$ = 550 W, einer Scangeschwindigkeit von 1000 mm/s und einem Hatchabstand von Δy_s = 200 µm einer Skalierung des Single-Laser LPBF Referenzparameters auf zwei Laserstrahlen (E_v = 55 J/mm³). Weiterhin liegt die Verfahrensparameterkombination an der Prozessfenstergrenze und ist folglich sensitiver gegenüber externen Störgrößen. Für S2 wird die Laserleistung bei einer gleichbleibenden Werten für die Scangeschwindigkeit und den Hatchabstand auf $P_{L,ges}$ = 650 W bzw. P_L = 325 W pro Laserstrahl erhöht. Dadurch resultiert einerseits eine mit E_v = 65 J/mm³ größere Volumenenergie als beim Single-Laser LPBF und andererseits wird eine größere Robustheit gegenüber externen Störgrößen erreicht. Die Verfahrensparameterkombinationen S1 und S2 sind in Tabelle 10 zusammengefasst.

Tabelle 10 Verfahrensparameterkombinationen zur Untersuchung der Reproduzierbarkeit der relativen Bauteildichte beim LPBF mit zwei gekoppelten Laserstrahlen und senkrechtem Versatz

Reproduzierbarkeit beim LPBF mit zwei gekoppelten Laserstrahlen und senkrechtem Versatz Δy_L					
Bezeichnung	Laserleistung $P_{L,ges}$	Scangeschwindigkeit v_s	Volumenenergie E_V	Theoretische Aufbaurate	Weitere Parameter
S1	550 W	1000 mm/s	55,00 J/mm³	10 mm³/s	Siehe Tabelle 8
S2	650 W	1000 mm/s	65,00 J/mm³	10 mm³/s	

Reproduzierbarkeit der relativen Dichte

Um die Reproduzierbarkeit der relativen Dichte beim LPBF mit zwei gekoppelten Laserstrahlen zu analysieren, werden weiterführende experimentelle Untersuchungen durchgeführt. Hierbei steht die Abhängigkeit der relativen Dichte von der Position der Probenkörper auf der Bauplattform im Fokus der Untersuchung, um positionsabhängige Einflüsse wie den Einfallswinkel der Laserstrahlen und die Inhomogenität der Schutzgasströmung sowie den Pulverauftrag zu ermitteln. Dafür werden alle Probekörper stets mit konstanten Verfahrensparametern gefertigt. Für das LPBF mit zwei gekoppelten Laserstrahlen und parallelem Versatz werden die Verfahrensparameterkombinationen P1-3 betrachtet (vgl. Tabelle 9). Zudem werden die Verfahrensparameterkombinationen S1 und S2 für das LPBF mit zwei gekoppelten Laserstrahlen und senkrechtem Versatz berücksichtigt (vgl. Tabelle 10). Als weiterer Vergleichswert wird das Single-Laser LPBF mit dem Referenzparameter R hinzugezogen. Im Rahmen der Experimente werden 17 Probekörper je Verfahrensparameterkombination gefertigt. Die Probenanordnung zur Untersuchung der Reproduzierbarkeit der relativen Bauteildichte beim LPBF ist in Bild 76 dargestellt.

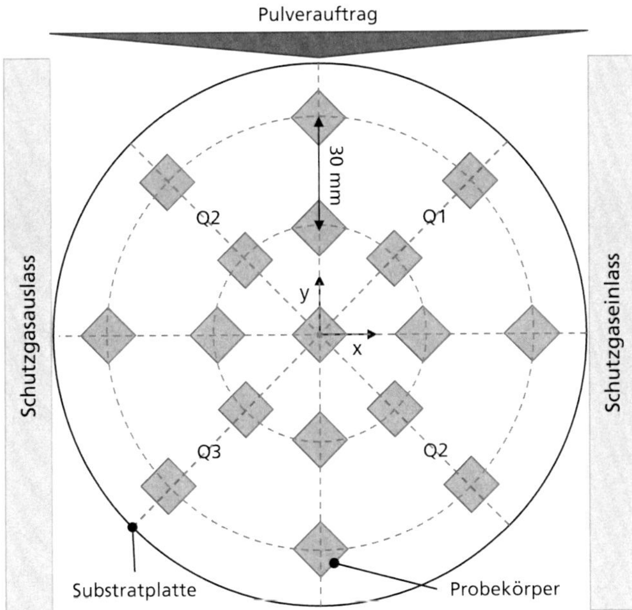

Bild 76 Probenanordnung zur Untersuchung der Reproduzierbarkeit der relativen Bauteildichte beim LPBF mit zwei gekoppelten Laserstrahlen.

Die Probenanordnung besteht aus 17 Probekörpern, die in zwei konzentrischen Kreisen mit Radien von 30 mm und 60 mm um den Ursprung der Substratplatte angeordnet sind. Innerhalb der Kreise werden jeweils acht Probekörper mit einem Relativwinkel von 45° um den Ursprung rotiert. Zusätzlich wird ein Probekörper im Ursprung der Substratplatte aufgebaut. Durch diese Anordnung können sowohl die Robustheit gegenüber dem Einfallswinkel der Laserstrahlen bei der Bearbeitung als auch der relativen Positionierung der Probekörper zum Pulverauftrag und zur Schutzgasströmung bestimmt werden. Nach der Fertigung werden die Probekörper metallografisch präpariert und hinsichtlich ihrer relativen Bauteildichte ausgewertet. Eine Zusammenfassung der positionsabhängigen relativen Bauteildichte für die Parameterkombinationen P1-3, S1-2 und R ist in Bild 77 in Form von 2D-Darstellungen abgebildet.

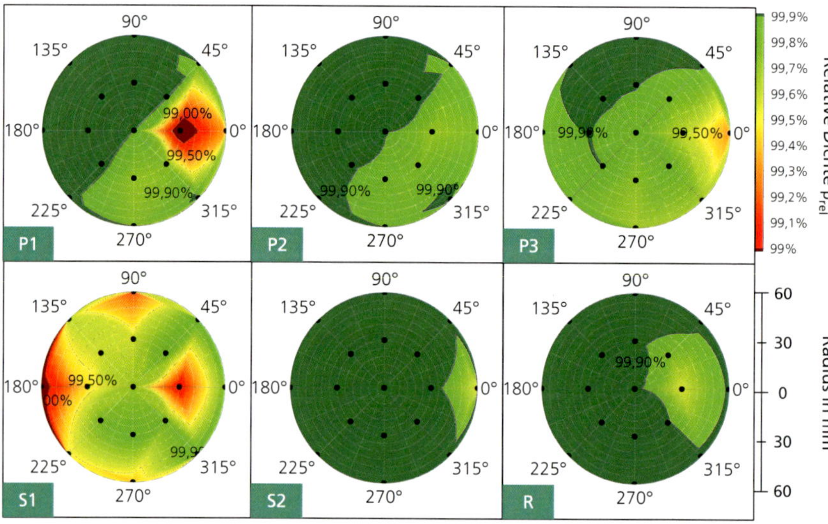

Bild 77 Abhängigkeit der relativen Bauteildichte von der Position der Probekörper im Bauraum beim LPBF für die Verfahrensparameterkombinationen P1-3, S1-2 und R.

Beim LPBF mit zwei gekoppelten Laserstrahlen und parallelem Versatz wird für die Verfahrensparameterkombination P1 ein signifikanter Abfall der Dichtewerte auf bis zu 99,0% für Proben mit positiver X-Koordinate festgestellt. Die zugehörigen Probekörper befinden sich folglich im Bereich des Schutzgaseinlasses. Weiterhin werden insbesondere im ersten und zweiten Quadranten der Substratplatte relative Dichtewerte mit ρ_{rel} < 99,9% gemessen. Insgesamt wird eine mittlere relative Dichte von ρ_{rel} = 99,80 ± 0,29% für P1 gemessen. Ein vergleichbares Verhalten wird ebenfalls für den Parameter P2 ermittelt. Zwar kann der Abfall der relativen Bauteildichte im Bereich des Schutzgaseinlasses durch die Verwendung einer größeren Laserleistung von $P_{L,ges}$ = 650 W vermieden werden, allerdings weicht die gemessene relative Dichte der Probekörper im ersten und zweiten Quadranten trotzdem von den Messwerten der restlichen Substratplattenpositionen ab. Bei Betrachtung aller Probekörper wird eine mittlere relative Dichte von ρ_{rel} = 99,90 ± 0,08% für P2 festgestellt. Analog zu P1 werden für die Verfahrensparameterkombination P3 die kleinsten relativen Dichten mit ρ_{rel} < 99,5% im Bereich des Schutzgaseinlasses gemessen. Abweichend von den Ergebnissen für P1 und P2 können im überwiegenden Teil des ersten, zweiten und dritten Quadranten keine Probeköper mit einer relativen Dichte von ρ_{rel} ≥ 99,9% hergestellt werden. Infolgedessen wird für P3 die kleinste mittlere relative Dichte der Probekörper mit ρ_{rel} = 99,79 ± 0,16% ermittelt.

Beim LPBF mit zwei gekoppelten Laserstrahlen und senkrechtem Versatz wird für die Verfahrensparameterkombination S1 an keiner Position auf der Substratplatte eine relative Dichte von ρ_{rel} ≥ 99,9%erreicht. Vielmehr wird eine große Streuung der relative Bauteildichte mit Minimalwerten im Bereich von ρ_{rel} < 99,0% festgestellt. Insbesondere im Bereich des Schutzgaseinlasses (X > 0 mm) sowie an den Rändern der Substratplatte werden kleinere relative Bauteildichten gemessen. Die größten Dichtewerte werden im Bereich der Plattformmitte mit ρ_{rel} ≈ 99,8% festgestellt. Trotz der im Vergleich zum Single-Laser LPBF konstanten Volumenenergie von E_V = 55 J/mm³ beträgt die mittlere relative Dichte der Probekörper für die Verfahrensparameterkombination S1 lediglich ρ_{rel} = 99,57 ± 0,31% und liegt somit deutlich unterhalb des Zielwertes von ρ_{rel} ≥ 99,9%. Die Schwankung der relativen Bauteildichte für S1 wird indes auf die verstärkte Spritzerbildung beim LPBF mit zwei gekoppelten Laserstrahlen und senkrechtem Versatz zurückgeführt, die in Kapitel 6.3 näher untersucht wird. Die Verfahrensparameterkombination S2 zeichnet sich durch eine gegenüber dem Single-Laser LPBF um ca. 20% erhöhte Volumenenergie von E_V = 65 J/mm³ aus. Durch die Anpassung der genutzten Laserleistung auf $P_{L,ges}$ = 650 W wird eine signifikante Vergrößerung der relativen Dichte der gefertigten Volumenkörper gegenüber S1 erreicht. Mit Ausnahme der Probekörper im Bereich des Schutzgaseinlasses wird an allen Positionen auf der Substratplatte eine relative Bauteildichte von ρ_{rel} ≥ 99,9% erreicht. Die mittlere relative Dichte der Probekörper für die Verfahrensparameterkombination S2 beträgt ρ_{rel} = 99,96±0,10% und liegt somit oberhalb des Zielwertes. Folglich wird die Robustheit des LPBF mit zwei gekoppelten Laserstrahlen und senkrechtem Versatz gegenüber externen Störgrößen durch die Verwendung größerer Laserleistungen erhöht.

Auch für das Single-Laser LPBF mit der Verfahrensparameterkombination R können nicht an allen Positionen auf der Substratplatte Probekörper mit einer mittleren Relativen Dichte von $\rho_{rel} \geq 99{,}9\%$ gefertigt werden. Analog zum LPBF mit zwei gekoppelten Laserstrahlen wird ein Abfall der relativen Bauteildichte auf Werte von $\rho_{rel} < 99{,}9\%$ im Bereich des Schutzgaseinlasses ermittelt. Die mittlere relative Bauteildichte beim Single-Laser LPBF beträgt $\rho_{rel} = 99{,}93 \pm 0{,}11\%$ und liegt somit oberhalb des Zielwertes für die relative Bauteildichte.

Zusammenfassend wird für alle betrachteten Verfahrensparameter-kombinationen beim LPBF mit zwei gekoppelten Laserstrahlen und beim Single-Laser LPBF eine reduzierte relative Bauteildichte mit $\rho_{rel} < 99{,}9\%$ im Bereich des Schutzgaseinlasses festgestellt. Diese resultiert maßgeblich aus einer inhomogenen Schutzgasströmung, die im Bereich des Schutzgaseinlasses vermutlich zur Ausbildung eines stehenden Wirbels führt. Die gebildeten Prozessnebenprodukte (insb. Metallkondensat) können infolgedessen nicht aus der Wechselwirkungszone entfernt werden und resultieren durch Absorption und Streuung der Laserstrahlung in einem verringerten lokalen Energieeintrag (vgl. Kapitel 2.3). Der Effekt wird durch das LPBF mit zwei gekoppelten Laserstrahlen verstärkt, da infolge der erhöhten Aufbaurate eine größere Menge Metallkondensat pro Zeiteinheit erzeugt wird. Weiterhin kann eine negative Beeinflussung der Spritzerbildung beim LPBF nicht ausgeschlossen werden, sodass weitere Untersuchungen zur Analyse der Spritzerbildung beim LPBF mit zwei gekoppelten Laserstrahlen erforderlich sind (Kapitel 6.3). Für die weiterführende Analyse der qualitätsrelevanten Bauteileigenschaften beim LPBF mit zwei gekoppelten Laserstrahlen in Kapitel 0 wird die Probenfertigung auf den dritten und vierten Quadranten der Substratplatte begrenzt, um eine Verfälschung der Messergebnisse durch die inhomogenen Schutzgasströmung zu vermeiden. Die theoretische Aufbaurate und mittlere relative Bauteildichte auf der gesamten Substratplatte sowie die mittlere relative Bauteildichte für den Bereich des dritten und vierten Quadranten sind in Bild 78 für alle betrachteten Verfahrensparameterkombinationen zusammengefasst

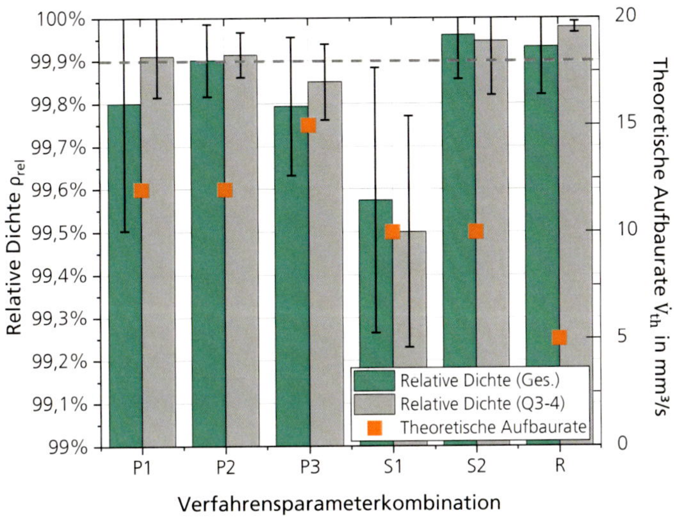

Bild 78 Vergleich der theoretischen Aufbaurate sowie der mittleren relativen Dichte auf der gesamten Substratplatte sowie im dritten und vierten Quadranten für alle betrachteten Verfahrensparameter -kombinationen

Für die Verfahrensparameterkombinationen P2 und S2 werden im Rahmen der Untersuchung mittlere relative Dichten oberhalb von 99,9% nachgewiesen. Folglich wird eine vergleichbare Robustheit gegenüber externen Störgrößen wie für das Single-Laser LPBF (R) erreicht. Die größte Aufbaurate bei einer mittleren Dichte von $\rho_{rel} \geq 99,9\%$ wird für P2 mit 12 mm³/s erreicht .Für die Verfahrensparameterkombination P1 werden in Abhängigkeit der Position der Probekörper relativ zur Schutzgasströmung ebenfalls ausreichend hohe relative Bauteildichten erzielt. Die wesentliche Ursache für die geringeren relativen Bauteildichten in den Quadranten Q1 und Q2 wird in einer inhomogenen Schutzgasströmung in diesem Bereich vermutet. Aus diesem Grund werden weiterführende Untersuchungen zur Entstehung von Prozessnebenprodukten (vgl. Kapitel 6.3) durchgeführt. Eine Beeinflussung der relativen Bauteildichte in Abhängigkeit der Position zur Pulverauftragsrichtung oder des Einfallswinkels der Laserstrahlen kann anhand der vorliegenden Ergebnisse nicht festgestellt werden.

6.3 Untersuchung zur Entstehung von Prozessnebenprodukten

Die Betrachtung und quantitative Untersuchung der Entstehung von Prozessnebenprodukten stellt ein weiteres wichtiges Vergleichskriterium für das LPBF mit zwei gekoppelten Laserstrahlen dar. Die eingesetzte Untersuchungsmethodik ist in Abschnitt 4.4.2 umfassend beschrieben und basiert auf der schichtweisen Auswertung von Differenzbildern des Pulverbetts zur Detektion großer Spritzerpartikel mit einer Fläche von $A_p > 0{,}25\ mm^2$. Die Parameterauswahl für die Untersuchungen der Ausbildung von Prozessnebenprodukte basiert auf den ermittelten Verfahrensparametern für das Single Laser LPBF sowie das LPBF mit zwei gekoppelten Laserstrahlen und parallelem sowie senkrechtem Versatz (vgl. Abschnitte 6.1 und 6.2). Zur Sicherung der Vergleichbarkeit der Ergebnisse werden zunächst Single Laser LPBF Experimente durchgeführt, um die Positionsabhängigkeit der Spritzerbildung zu analysieren. Anschließend werden Experimente zum LPBF mit zwei gekoppelten Laserstrahlen durchgeführt, um den Einfluss ausgewählter Parameter auf die Spritzerbildung zu quantifizieren. Abschließend werden das Single Laser LPBF sowie das LPBF mit zwei gekoppelten Laserstrahlen mit senkrechtem und parallelem Versatz hinsichtlich der Spritzerbildung miteinander verglichen.

Untersuchung des Einflusses der Probenposition im Bauraum

Zur verlässlichen Beurteilung der Spritzerbildung muss die in Abschnitt 4.4.2 beschriebene Methodik zur Analyse der Prozessnebenprodukte beim LPBF zunächst hinsichtlich systematischer Abweichungen in Abhängigkeit der Probenposition auf der Bauplattform (vgl. Bild 77) quantifiziert werden. Hierfür wird ein 3 x 5 – Raster von quarderförmigen Probekörpern mit einem Volumen von 10 x 10 x 12 mm³ und einem Abstand von $\Delta X = 50$ mm und $\Delta Y = 25$ mm auf der Bauplattform der LPBF-Maschine verteilt. Alle neun Probenkörper werden mit dem Single Laser Referenzparameter aus Bild 29 gefertigt. Eine schematische Übersicht der verwendeten Probenanordnung ist in Bild 79 dargestellt.

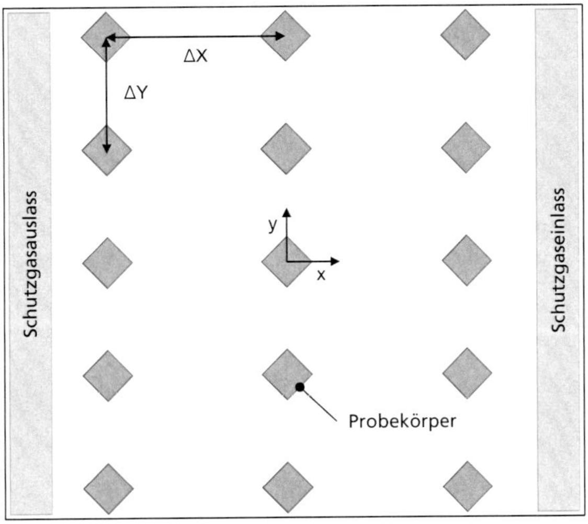

Bild 79 Probenanordnung zur Untersuchung der Spritzerbildung beim LPBF mit zwei gekoppelten Laserstrahlen.

Um eine eindeutige Zuordnung der Spritzerpartikel zu den jeweiligen Probekörpern gewährleisten zu können, wird nach der Belichtung jedes einzelnen Probekörpers eine Aufnahme des Pulverbetts erstellt. Die Differenzbildung erfolgt mit Hilfe einer Aufnahme des Pulverbetts unmittelbar nach dem Pulverauftrag. Auf Grundlage der Partikelanalyse mittels imageJ werden die Partikel zu jedem Probekörper hinsichtlich der Anzahl n_p und der Partikelfläche A_p analysiert. Das entsprechende Vorgehen sowie ein exemplarisches Messbild sind in Bild 80 zusammengefasst.

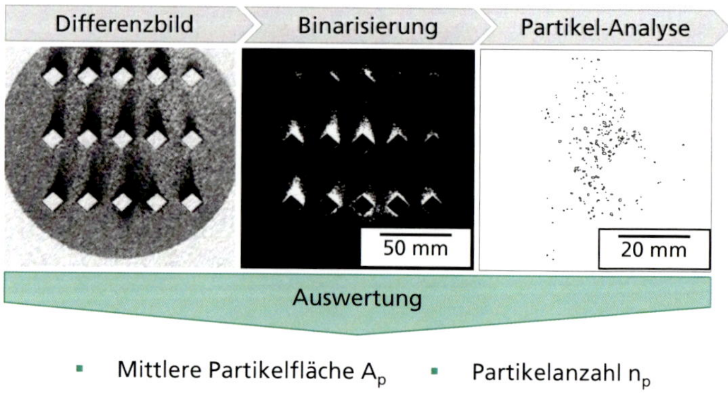

Bild 80 Schematische Darstellung der Vorgehensweise zur Analyse der Spritzercharakteristika.

Durch die Analyse der Spritzerbildung für jede Position des 3 x 5-Probenrasters können folglich Rückschlüsse zur Positionsabhängigkeit der Spritzerbildung in der verwendeten Kombination aus LPBF-Maschine und Pulverwerkstoff gezogen werden. Als Vergleichsgrößen zur Bewertung positionsabhängiger Unterschiede werden insbesondere die mittlere Partikelfläche A_p sowie die Gesamtzahl der detektierten Partikel n_p verwendet. Die mittlere Partikelfläche A_p dient dabei als Maß für die Partikelgröße und wird anhand der projizierten Querschnittsfläche der, bei der Partikel-Analyse detektierten, Spritzerpartikel bestimmt. Die Ergebnisse der Analyse der mittleren Partikelfläche und Partikelanzahl je Position sind in Form von 2D-Darstellungen in Bild 81 zusammengefasst.

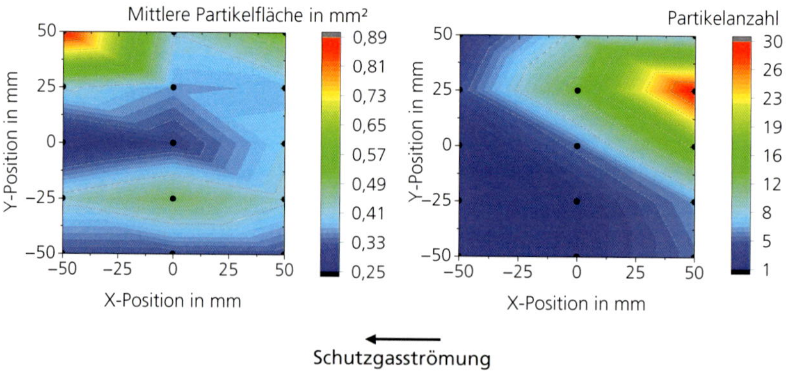

Bild 81 Positionsabhängige mittlere Partikelfläche A_p (links) und Partikelanzahl n_p (rechts) für das LPBF von IN625 mit dem Single-Laser Referenzparameter.

Im Hinblick auf die mittlere Partikelfläche A_p der Spritzerpartikel kann im Rahmen der Messgenauigkeit kein eindeutiger Trend in Abhängigkeit der Probenposition auf der Bauplattform festgestellt werden. Zwar deuten die Daten auf eine größere mittlere Partikelfläche A_p für X-Positionen > 0 mm hin. Jedoch können aufgrund der mit $n_p = 2$ äußerst geringen Partikelanzahl zum Teil keine statistisch fundierten Aussagen hinsichtlich der Partikelgröße und deren Streuung getroffen werden. Bezüglich der Anzahl der Spritzerpartikel wird eine deutliche Abhängigkeit von der Probenposition festgestellt. Insbesondere im Bereich des Schutzgaseinlasses mit X = 50 mm wird eine deutliche größere Anzahl an Spritzerpartikel nachgewiesen. Zudem wird bei X = 50 mm trotz eines konstanten Abstands zum Schutzgaseinlass eine deutliche Schwankung der Spritzeranzahl in Abhängigkeit der Y-Position ermittelt. Insbesondere für Positionen mit Y > 0 mm werden mehr Spritzerpartikel detektiert. Dieses Verhalten wird auf Inhomogenitäten in der Schutzgasströmung zurückgeführt und zeigt eine große Übereinstimmung mit den Ergebnissen der positionsabhängigen relativen Bauteildichte für den Single-Laser LPBF Referenzparameter (vgl. Bild 77). Um systematische Verfälschungen der Messergebnisse zu vermeiden, werden im Rahmen der folgenden Untersuchungen stets alle Probekörper mit den gleichen Verfahrensparametern bearbeitet und die Spritzerbildung über die gesamte Bauplattform ausgewertet.

Untersuchung der Spritzerbildung beim LPBF mit zwei gekoppelten Laserstrahlen und parallelem Versatz Δx_L

Die in den Abschnitten 6.1 und 6.2 durchgeführten Untersuchungen zum LPBF mit zwei gekoppelten Laserstrahlen belegen insbesondere für Konfigurationen mit einem Versatz der Laserstrahlen parallel zur Vorschubrichtung ($\Delta x_L > 0$ µm und $\Delta y_L = 0$ µm) ein breites Prozessfenster für die Fertigung von Bauteilen mit einer relativen Bauteildichte von $\rho_{rel} \geq 99{,}9\%$. Da Spritzerpartikel neben der relativen Dichte auch andere anwendungsrelevante Bauteileigenschaften, wie die Oberflächenqualität und die mechanischen Kennwerte, negativ beeinflussen können stellt die Untersuchung der Spritzerbildung ein wichtiges Kriterium für den Vergleich des LPBF mit zwei gekoppelten Laserstrahlen mit dem Single-Laser LPBF dar. Den Ausgangspunkt für die experimentelle Untersuchung der Spritzerbildung stellt die in 6.2 beschriebene Verfahrensparameterkombination P1 für das LPBF mit gekoppelten Laserstrahlen und parallelem Laserstrahlabstand (vgl. Tabelle 9) dar. Auf Basis von P1 werden die Einflüsse des parallelen Laserstrahlversatzes Δx_L, der Scangeschwindigkeit v_s sowie der Schichtdicke D_s auf die Spritzerbildung beim LPBF quantifiziert. Die Ergebnisse für P1 werden weiterhin zum Vergleich der verschiedenen Ansätze mit dem Single Laser LPBF herangezogen.

Die High-Speed Videoaufnahmen in 6.2 deuten für alle parallelen Laserstrahlversätze mit $\Delta x_L = 100 - 500$ µm auf eine stabile Schmelzbadausbildung hin. Um weitere Rückschlüsse zum Einfluss des parallelen Laserstrahlversatzes Δx_L auf die Prozessstabilität ziehen zu können, wird die Spritzerausbildung in Abhängigkeit der parallelen Laserstrahlversatzes analysiert. Hierfür wird bei ansonsten unverändertem Verfahrensparameter P1 der parallele Laserstrahlversatz Δx_L zwischen 100 und 500 µm mit einer Schrittweite von 100 µm variiert. Die in Bild 79 dargestellte Probenanordnung wird dabei jeweils mit konstanten Verfahrensparametern belichtet und die Spritzerpartikel im gesamten Messebereich hinsichtlich der Partikelfläche A_p und der Partikelanzahl n_p ausgewertet. Die detektierten Spritzerpartikel werden anschließend in verschiedenen Größenklassen zwischen 0,25 mm² und 0,5 mm² mit einer Breite von 0,05 mm² zusammengefasst. Die Messergebnisse für die Spritzerbildung beim LPBF mit zwei gekoppelten Laserstrahlen sind in Abhängigkeit des parallelen Laserstrahlversatzes Δx_L in Bild 82 dargestellt.

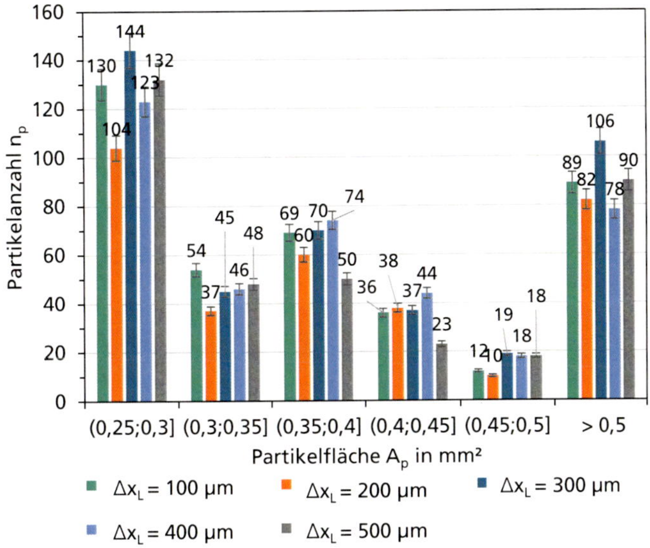

Bild 82 Partikelfläche A_p und Partikelanzahl n_p beim LPBF mit zwei gekoppelten Laserstrahlen in Abhängigkeit des parallelen Laserstrahlversatzes Δx_L.

Unabhängig vom parallelen Laserstrahlversatz Δx_L werden insbesondere im Bereich kleiner (A_p = 0,25 - 0,3 mm²) und sehr großer Partikelflächen (A_p > 0,5 mm²) eine Vielzahl der Spritzerpartikel detektiert. Die große Anzahl sehr großer Spritzerpartikel kann möglicherweise auf die Messmethodik zurückgeführt werden, da ungleichmäßige Kondensatablagerungen im Pulverbett je nach Graustufe fälschlicherweise als Spritzerpartikel erkannt werden können. Diese Tendenz wird außerdem durch die signifikant größere Streuung der Messwerte im Bereich von A_p > 0,5 mm² unterstrichen. Im weiteren Verlauf wird deshalb ausschließlich der Bereich von A_p = 0,25 – 0,5 mm² berücksichtigt. Insgesamt wird für von Δx_L = 200 µm im gesamten Auswertungsbereich mit Ausnahme von A_p = 0,4 – 0,45 mm² die geringste Spritzerbildung festgestellt. Ein eindeutiger Trend zur Spritzerbildung in Abhängigkeit des Laserstrahlversatzes Δx_L ist weiterhin nicht erkennbar. Ein möglicher Erklärungsansatz für die geringere Spritzerbildung bei Δx_L = 200 µm kann durch Vergleich der Ergebnisse mit den Ergebnissen der Analyse der High-Speed Videoaufnahmen in Abschnitt 6.1 ermittelt werden. Beim LPBF wird der Auswurf größerer Schmelzspritzer durch große Schmelzbadvolumina in Kombination mit dem schnell abströmenden Metalldampf (vgl. Bild 6) begünstigt. Für den Laserstrahlversatz von Δx_L = 200 µm werden bei der Auswertung der High-Speed Aufnahmen sowohl die insgesamt kleinsten Schmelzbaddimensionen als auch die geringste

Streuung der Fläche der Interaktionszone festgestellt (vgl. Bild 57). Insbesondere die Streuung der Fläche der Interaktionszone korreliert unmittelbar mit dem Spritzerauswurf (vgl. Bild 114, Anhang 12.4). Dementsprechend wird die geringere Spritzerbildung beim LPBF mit zwei gekoppelten Laserstrahlen und einem parallelen Versatz von Δx_L = 200 µm durch die Auswertung der High-Speed Aufnahmen bestätigt. Eine deutliche Veränderung der mittleren Partikelfläche der Spritzerpartikel in Abhängigkeit des parallelen Laserstrahlversatzes Δx_L kann bei der Auswertung der Messdaten nicht festgestellt werden.

Analog zur oben beschriebenen Vorgehensweise werden weitere Untersuchungen zur Ermittlung des Einflusses der Scangeschwindigkeit auf die Spritzerbildung beim LPBF mit zwei gekoppelten Laserstrahlen durchgeführt. Hierfür wird basierend auf P1 mit Δx_L = 200 µm die Scangeschwindigkeit v_s in drei Stufen mit 1600, 2400 und 2800 mm/s variiert. Die restlichen Verfahrensparameter werden konstant gehalten. Die Ergebnisse der Partikelanalyse sind in Bild 83 dargestellt.

Bild 83 Partikelfläche A_p und Partikelanzahl n_p beim LPBF mit zwei gekoppelten Laserstrahlen und parallelem Versatz in Abhängigkeit der Scangeschwindigkeit v_s.

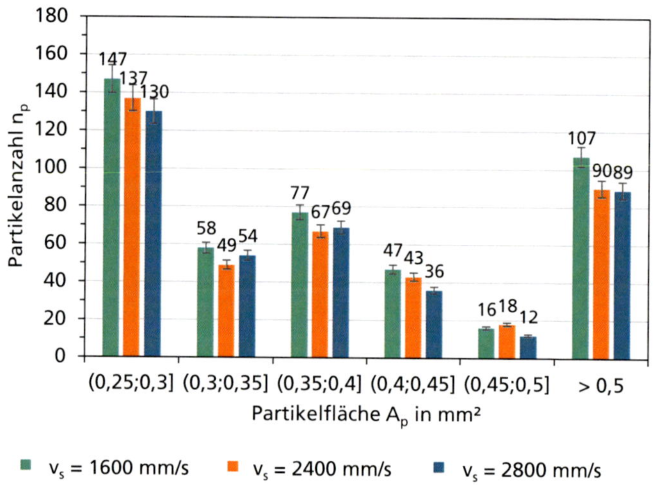

Analog zu Bild 82 wird die Auswertung auf den Partikelflächenbereich von A_p = 0,25 -0,50 mm² beschränkt. Grundsätzlich wird auch hier unabhängig von den Verfahrensparametern eine Abnahme der Partikelanzahl mit Zunahme der Partikelfläche festgestellt. Die Vergrößerung der Scangeschwindigkeit resultiert unabhängig von der Größenklasse tendenziell in einer Abnahme der Anzahl der Spritzerpartikel. Eine Veränderung der Partikelfläche wird nicht festgestellt. Das beobachtete Verhalten wird auf die Abnahme der Volumenenergie E_v bei Vergrößerung der Scangeschwindigkeit v_s zurückgeführt und wird auch für das Single Laser LPBF beschrieben (99). Folglich ermöglicht die Anpassung der Scangeschwindigkeit innerhalb der Prozessfenstergrenzen eine gezielte Verminderung der Spritzeraktivität. Zur abschließenden Bewertung sollte allerdings neben der Spritzeranzahl und -fläche auch die Dynamik der Spritzerbildung untersucht werden, da eine geringere Volumenenergie auch die Sensitivität des LPBF gegenüber äußeren Einflüssen wie bspw. einer inhomogenen Schutzgasströmung vergrößert.

Neben der Vergrößerung der Scangeschwindigkeit v_s bietet die Skalierung der Schichtdicke D_s ein besonderes Potenzial zur Steigerung der Aufbaurate beim LPBF. Dies wird insbesondere dadurch begründet, dass nicht nur die theoretische Aufbaurate, sondern auch die Nebenzeiten für den Pulverauftrag von einer Skalierung der Schichtdicke D_s profitieren. Aus diesem Grund werden experimentelle Untersuchungen zum Einfluss der Schichtdicke auf die Spritzerbildung beim LPBF mit zwei gekoppelten Laserstrahlen und parallelem Laserstrahlversatz Δx_L adressiert. Da das Prozessfenster für die Fertigung defektfreier Bauteile bei der Vergrößerung der Schichtdicke D_s deutlich kleiner wird, ist eine alleinige Anpassung der Schichtdicke auf Grundlage von P1 nicht zielführend. Deshalb werden die Untersuchungen zur Schichtdickenabhängigkeit der Spritzerbildung mit einer konstanten Volumenenergie E_v = 45,8 J/mm³ durch Anpassung der Scangeschwindigkeit v_s, entsprechend des Verfahrensparameters P1, durchgeführt. Die Ergebnisse der Partikelanalyse beim LPBF mit zwei gekoppelten Laserstrahlen in Abhängigkeit der Schichtdicke D_s sind in Bild 84 zusammengefasst.

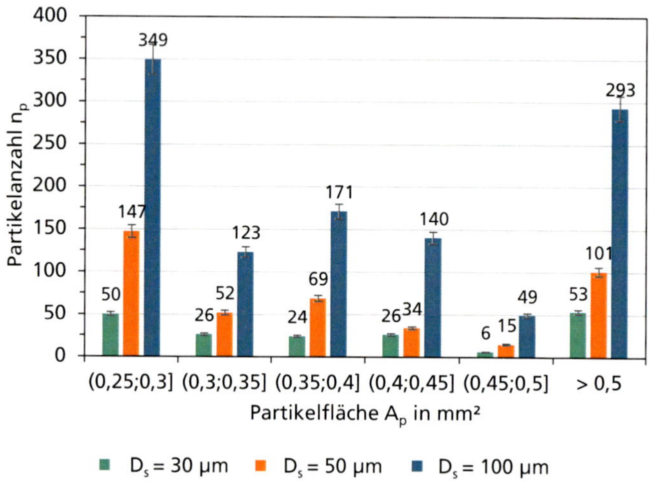

Bild 84 Partikelfläche A_p und Partikelanzahl n_p beim LPBF mit zwei gekoppelten Laserstrahlen und parallelem Versatz in Abhängigkeit der Schichtdicke D_s.

Die Vergrößerung der Schichtdicke resultiert trotz des unveränderten Energieeintrags in einer deutlichen Zunahme der Spritzerbildung. Dieser Trend wird unabhängig von der Größenklasse für Partikelflächen von A_p = 0,25 – 0,50 mm² festgestellt. Die Spritzeranzahl nimmt dabei für D_s = 100 µm sogar überproportional zur Schichtdicke zu. Die Skalierung der Schichtdicke beim LPBF bedingt die Notwendigkeit größerer Schmelzbadtiefen, um eine defektfreie Anbindung an vorherige Schichten sicherzustellen. Folglich resultiert die Nutzung größere Schichtdicken in einem größeren Schmelzbad-volumen, wodurch die Bildung schmelzflüssiger Spritzer begünstigt wird. Dieser Effekt wurde bereits in vorangegangenen Publikationen für das Single Laser LPBF beschrieben (100) und kann somit auf das LPBF mit zwei gekoppelten Laserstrahlen übertragen werden. Dementsprechend kann durch Vergrößerung der Schichtdicke die Aufbaurate zwar gesteigert werden. Jedoch geht dies mit einem größeren Risiko für durch Spritzerpartikel induzierte Defekte einher. Da der Referenzparameter für das Single Laser LPBF auf einer Schichtdicke von D_s = 50 µm basiert und für P1 Bauteile mit einer relativen Bauteildichte von $\rho_{rel} \geq 99{,}9\%$ unabhängig von der Bauteilposition gefertigt werden können wird im weiteren Verlauf der Arbeit ein Verfahrensparameter mit einer Schichtdicke von D_s = 50 µm angestrebt.

Untersuchung der Spritzerbildung beim LPBF mit zwei gekoppelten Laserstrahlen und senkrechtem Versatz Δy_L

Die High-Speed Videografie sowie die Charakterisierung der Prozessfenster deuten für das LPBF mit zwei gekoppelten Laserstrahlen und senkrechtem Versatz auf ein deutlich unterschiedliches Prozessverhalten hin. Die ausgeprägte Interaktion der benachbarten Schmelzbäder resultiert in deutlich größeren Schmelzbaddimensionen sowie Instabilitäten bei der lateralen und vertikalen Benetzung. Somit liegen entsprechend ein wesentlich kleineres Prozessfenster sowie eine stärkere Streuung der relativen Dichtewerte gegenüber dem LPBF mit zwei gekoppelten Laserstrahlen und parallelem Versatz vor. Folglich wird der Versuchsumfang für die Analyse der Spritzerbildung angepasst. Den Ausgangspunkt für die Untersuchung stellt auch hier die Verfahrensparameterkombination S1 für das LPBF mit zwei gekoppelten Laserstrahlen und senkrechtem Versatz dar (vgl. Tabelle 10). Die Untersuchung der Spritzerbildung erfolgt unter Variation des Hatchabstandes Δy_S und des senkrechten Laserstrahlversatzes Δy_L ausgehend von S1. Da bei der Skalierung der Schichtdicke keine zufriedenstellenden Ergebnisse bezüglich der relativen Bauteildichte erreicht werden, wird von einer Untersuchung des Einflusses der Schichtdicke auf die Spritzerbildung abgesehen. Um den Versuchsumfang gegenüber den oben beschriebenen Untersuchungen zu reduzieren, wird die Spritzerbildung lediglich anhand von jeweils drei Probekörpern gemessen und gemittelt. Ein direkter Vergleich der Ergebnisse in Bezug auf die Spritzeranzahl ist folglich nicht möglich. Aus diesem Grund werden die Untersuchungen um eine abschließende Vergleichsanalyse mit identischen Rahmenbedingungen für das Single-Laser LPBF und das LPBF mit zwei gekoppelten Laserstrahlen erweitert.

Die Untersuchung des Einflusses des Hatchabstandes auf die Spritzerbildung beim LPBF mit zwei gekoppelten Laserstrahlen erfolgt bei einem konstanten senkrechten Laserstrahlversatz von $\Delta y_L = 190\ \mu m$. Der Hatchabstand wird in drei Stufen variiert und orientiert sich an den Ergebnissen in Abschnitt 6.2. Die Spritzerpartikelanzahl sowie die projizierte Partikelfläche für die betrachteten Hatchabstände sind in Form eines Histogramms in Bild 85 dargestellt.

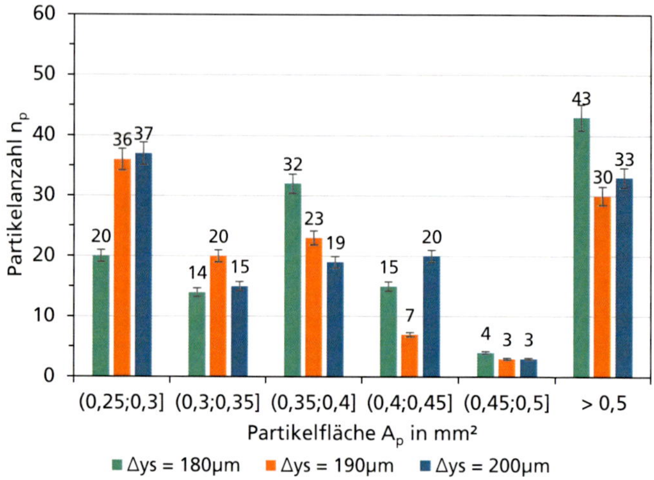

Bild 85 Partikelfläche A_p und Partikelanzahl n_p beim LPBF mit zwei gekoppelten Laserstrahlen und senkrechtem Versatz in Abhängigkeit des Hatchabstandes Δy_s.

Analog zu den Untersuchungen mit zwei gekoppelten Laserstrahlen und parallelem Versatz werden die Daten lediglich für projizierte Partikelflächen zwischen A_p = 0,25 und 0,50 mm² ausgewertet. Beim Vergleich der Daten kann kein eindeutiger Trend hinsichtlich der Partikelgröße oder Partikelanzahl in Abhängigkeit des Hatchabstandes Δy_s festgestellt werden. Während für kleine Partikelgrößen im Bereich von A_p = 0,25 – 0,35 mm² eine geringere Partikelanzahl für den Hatchabstand von Δy_s = 180 µm beobachtet werden, weisen die Hatchabstände von Δy_s = 190 µm und Δy_s = 200 µm für Partikelflächen von A_p = 0,40 – 0,45 mm² bzw. 0,35 – 0,40 mm² geringere Partikelanzahlen auf. Das uneinheitliche Spritzerverhalten in Abhängigkeit des Hatchabstandes kann möglicherweise durch den mit Δy_s = 180 – 200 µm kleinen Variationsbereich begründet werden, der aus dem schmalen Prozessfenster für das LPBF mit zwei gekoppelten Laserstrahlen und senkrechtem Versatz resultiert. Im Gegensatz zum LPBF mit zwei gekoppelten Laserstrahlen und parallelem Versatz wird weiterhin eine wesentlich homogenere Verteilung der Spritzerpartikel auf die verschiedenen Größenklassen identifiziert. Aufgrund der unterschiedlichen Probenanzahl ist ein direkter quantitativer Vergleich der Spritzerbildung allerdings nicht möglich.

Neben dem Hatchabstand ist der senkrechte Laserstrahlversatz Δy_L ein wesentlicher Einflussfaktor auf die Bauteilqualität beim LPBF mit zwei gekoppelten Laserstrahlen (vgl. 6.1.2). Neben der Bauteilqualität ist die Robustheit der ermittelten Prozessführung entscheidend für die Fertigung von

Funktionsbauteilen. Aus diesem Grund wird der Einfluss des senkrechten Laserstrahlversatzes auf die Spritzerbildung experimentell untersucht. Hierfür wird der senkrechte Laserstrahlabstand in drei Stufen mit Δy_L = 170, 180 und 190 µm variiert. Die restlichen Verfahrensparameter werden entsprechend S1 eingestellt. Die resultierende Partikelanzahl sowie die projizierte Partikelfläche sind in Abhängigkeit des senkrechten Laserstrahlversatzes Δy_L Bild 86 dargestellt.

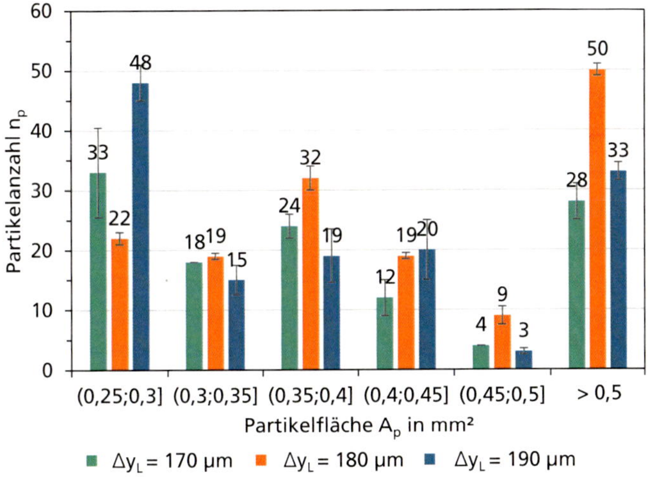

Bild 86 Partikelfläche A_p und Partikelanzahl n_p beim LPBF mit zwei gekoppelten Laserstrahlen in Abhängigkeit des senkrechten Laserstrahlversatzes Δy_L.

Ähnlich wie für die Variation des Hatchabstandes wird auch für die Variation des senkrechten Laserstrahlversatzes Δy_L kein eindeutiger Trend hinsichtlich der Partikelanzahl und projizierten Partikelfläche im Betrachteten Bereich von A_p = 0,25 – 0,5 mm² festgestellt. Während für Partikelflächen von A_p = 0,25 – 0,30 mm² die kleinste Spritzeranzahl für den senkrechten Laserstrahlversatz von Δy_L = 180 µm gemessen wird, liegt diese für größere Partikelflächen i.d.R. über denen für Δy_L = 170 und 190 µm. Wie für den Hatchabstand wird die Ursache für den unklaren Einfluss des senkrechten Laserstrahlabstandes im mit Δy_L = 170 – 190 µm kleinen Variationsbereich vermutet. Eine breitere Variation des senkrechten Laserstrahlabstandes ist beim LPBF mit zwei gekoppelten Laserstrahlen zwar grundsätzlich möglich, in Anbetracht der schwankenden Bauteilqualität allerdings nicht zielführend. Gegenüber der Variation des parallelen Laserstrahlversatzes (vgl. Bild 82) wird eine Verteilung der Spritzerpartikel auf die Größenklassen festgestellt. Für einen quantitativen Vergleich werden jedoch weitere vergleichende Untersuchungen mit gleicher Probenanzahl benötigt.

Vergleich der Spritzerbildung beim LPBF mit zwei gekoppelten Laserstrahlen und dem Single Laser LPBF

Abschließend wird das LPBF mit zwei gekoppelten Laserstrahlen hinsichtlich der Spritzerbildung mit dem Single-Laser LPBF verglichen. Hierfür wird die in Bild 79 dargestellte Probenanordnung mit dem Single-Laser LPBF Referenzparametern sowie den Verfahrensparameterkombinationen für das LPBF mit zwei gekoppelten Laserstrahlen und parallelem (P1) sowie senkrechtem Versatz (S1) bearbeitet. Die Ergebnisse der Partikelanalyse werden, wie vorher beschrieben, in den Größenklassen von $A_p = 0{,}25 - 0{,}5\ \text{mm}^2$ zusammengefasst. Die Zusammenfassung der Ergebnisse der Partikelanalyse für das Single-Laser LPBF sowie das LPBF mit zwei gekoppelten Laserstrahlen (DL-LPBF) sind in Bild 87 dargestellt.

Bild 87 Partikelfläche A_p und Partikelanzahl n_p beim Single-Laser LPBF sowie beim LPBF mit zwei gekoppelten Laserstrahlen und parallelem bzw. senkrechtem Versatz.

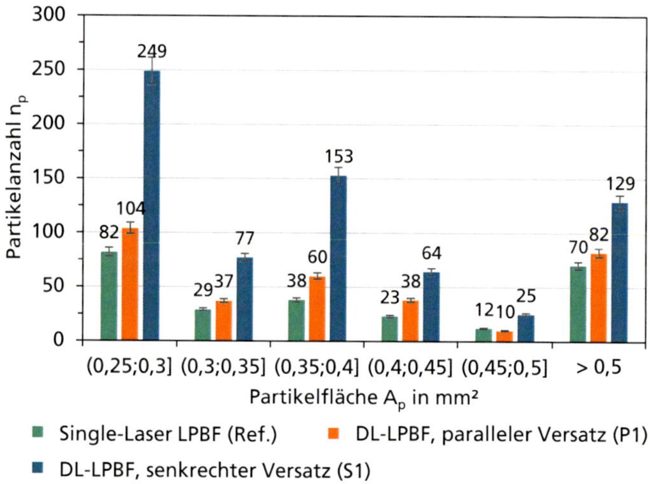

Der Vergleich zeigt eine ähnliche Spritzerbildung für das Single-Laser LPBF und das LPBF mit zwei gekoppelten Laserstrahlen und parallelem Versatz. Zwar wird für P1 über beinahe alle Größenklassen eine geringfügig größerer Spritzeranzahl festgestellt, allerdings befindet sich diese in einer vergleichbaren Größenordnung wie beim Single-Laser LPBF. Diese Erkenntnisse zeigen eine gute Übereinstimmung mit den Ergebnissen der High-Speed Videografie und der Analyse der relativen Bauteildichte (vgl. Kapitel 6.1 und 6.2) bei denen ein ähnliches Verhalten in Bezug auf die Schmelzbaddimensionen und -stabilität sowie die Streuung der relativen Bauteildichte festgestellt wurden. Dementgegen wird für das LPBF mit zwei gekoppelten Laserstrahlen und senkrechtem Versatz eine wesentlich ausgeprägtere Spritzerbildung festgestellt. Über alle Größenklassen mit A_p = 0,25 – 0,50 mm² wird für S1 die größte Anzahl von Spritzerpartikeln erfasst. Die Spritzerbildung beim LPBF mit zwei gekoppelten Laserstrahlen und senkrechtem Versatz wird durch das größere Schmelzbad (vgl. 6.1) begünstigt. Die ausgeworfenen Spritzerpartikel sind teilweise so groß, dass sie bei Ablagerung auf der Bauteiloberfläche in folgenden Schichten nicht vollständig aufgeschmolzen werden können. Damit bietet die beobachtete Spritzerbildung beim LPBF mit zwei gekoppelten Laserstrahlen und senkrechtem Versatz ebenfalls einen Erklärungsansatz für die deutlich größere Streuung der Dichtewerte für S1 in Kapitel 6.2. Folglich bietet das LPBF mit zwei gekoppelten Laserstrahlen und parallelem Versatz eine wesentlich robustere Möglichkeit zur Skalierung der Aufbaurate, da eine negative Beeinflussung der Bauteileigenschaften und größere Spritzerpartikel weitestgehend vermieden werden können.

7 Demonstration und Benchmarking

Auf Grundlage der in Kapitel 0 ermittelten Prozessführungsstrategien soll das LPBF mit zwei gekoppelten Laserstrahlen abschließend mit dem Single-Laser LPBF verglichen werden. Hierfür werden sowohl relevante Bauteil- und Materialeigenschaften als auch die resultierenden Aufbaurate bei der LPBF-Fertigung miteinander verglichen. Die Grundlage für den Vergleich stellen die Verfahrensparameterkombinationen für das LPBF mit zwei gekoppelten Laserstrahlen und parallelem (P2 mit $\Delta x_L = 200\ \mu m$) bzw. senkrechtem Versatz (S2 mit $\Delta y_L = 200\ \mu m$) und das Single-Laser LPBF (R, siehe Bild 29) dar. Dabei wird in Abschnitt 7.1 zunächst der Einfluss der betrachteten LPBF-Verfahrensparameterkombinationen auf die Schmelzbadgeometrie und die resultierende Mikrostruktur untersucht. Weiterhin werden die mechanischen Eigenschaften LPBF-gefertigter Prüfköper charakterisiert und miteinander verglichen (Abschnitt 7.2). Vor dem Hintergrund der Herstellung komplexer Funktionsbauteile wird in Abschnitt 7.3 zudem der Einfluss der LPBF-Verfahrensparameterkombinationen auf die Oberflächenqualität und Maßhaltigkeit analysiert. Abschließend wird das LPBF mit zwei gekoppelten Laserstrahlen anhand eines Demonstratorbauteils mit dem Single-Laser LPBF verglichen, um das Potenzial zur Erhöhung der Aufbaurate zu bewerten.

7.1 Schmelzbadgeometrie und Mikrostruktur

Die Verfahrensparameter haben einen unmittelbaren Einfluss auf die Schmelzbadausbildung sowie das Temperaturfeld beim LPBF und beeinflussen damit die Erstarrungsbedingungen sowie die resultierende Mikrostruktur und Materialeigenschaften. Folglich ist eine Betrachtung von Schmelzbadgeometrie und Mikrostruktur notwendig, um etwaige Unterschiede hinsichtlich der Material- und Bauteileigenschaften einordnen zu können. Der Einfluss der LPBF-Prozessführung auf die Mikrostruktur von IN625 wurde bereits umfänglich betrachtet (101) und ist deshalb nicht Teil dieser Arbeit. Vielmehr dienen die Untersuchungen der Hervorhebung von Unterschieden durch das LPBF mit zwei gekoppelten Laserstrahlen. Hierfür wird zunächst die erzeugte Spurgeometrie anhand von Querschliffen analysiert und in eine vereinfachte vorausgegangene Schmelzbadform überführt. Anschließend werden die resultierende Mikrostruktur und chemische Zusammensetzung mittels REM und EDX untersucht.

Schmelzbadgeometrie

Die Schmelzbadgeometrie beim LPBF wird durch die Laserstrahl-Werkstoff-Interaktion bestimmt und gibt somit Aufschluss über das vorherrschende Prozessregime (13, 47). Aufgrund des schichtweisen Aufbaus beim LPBF kann die Schmelzbadgeometrie in den gefertigten Bauteilen i.d.R. nur in der zuletzt bearbeiteten Schicht untersucht werden. Hierfür werden die Probekörper parallel zur Aufbaurichtung und senkrecht zu den Schmelzspuren der letzten Schicht getrennt und metallografisch präpariert (vgl. Bild 109). Die Schmelzbadgrenzen können dabei durch eine elektrochemische Ätzung mit Adler-Ätzmittel hervorgehoben werden. Die Auswertung der Schmelzbadgeometrie erfolgt anhand der Schmelzbadbreite b_{sb} sowie der Schmelzbadtiefe t_{sb}. Die Schmelzbad-querschnittsfläche A_{sb} wird als Halbellipse approximiert. Zur Abschätzung des Schmelzbadvolumens wird das Schmelzbad als Zylinder mit der Grundfläche A_{sb} und der Länge l_{sb} aus den High-Speed Aufnahmen in Kapitel 6.1 betrachtet. Das Vorgehen zur Analyse der Schmelzbadgeometrie ist in Bild 88 zusammengefasst.

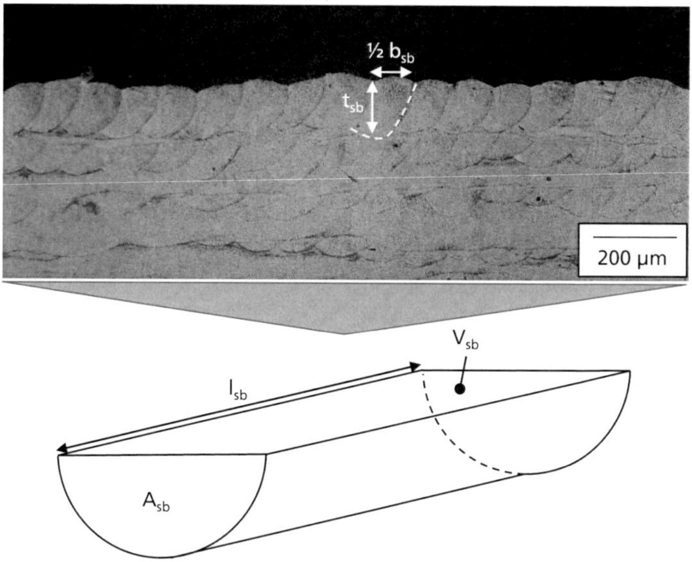

Bild 88 Verwendete Methodik zur Analyse der Schmelzbad-geometrie beim LPBF auf Basis von Querschliffen.

Die Analyse der Schmelzbadgeometrie erfolgt anhand von würfelförmigen Probekörpern, die mit dem LPBF-Verfahrensparameterkombinationen P2, S2 und R gefertigt wurden. Zu statistischen Absicherung der Ergebnisse werden für jede

Verfahrensparameterkombination insgesamt 15 Spurgeometrien an drei unterschiedlichen Probekörpern vermessen. Die daraus ermittelte Schmelzbadbreite b_{sb} und -tiefe t_{sb} sowie das Aspektverhältnis t_{sb} / b_{sb} sind in Bild 89 dargestellt.

Bild 89 Ermittelte Schmelzbadbreite und -tiefe sowie Aspektverhältnis des Schmelzbades für die Verfahrensparameter-kombinationen P2, S2 und R.

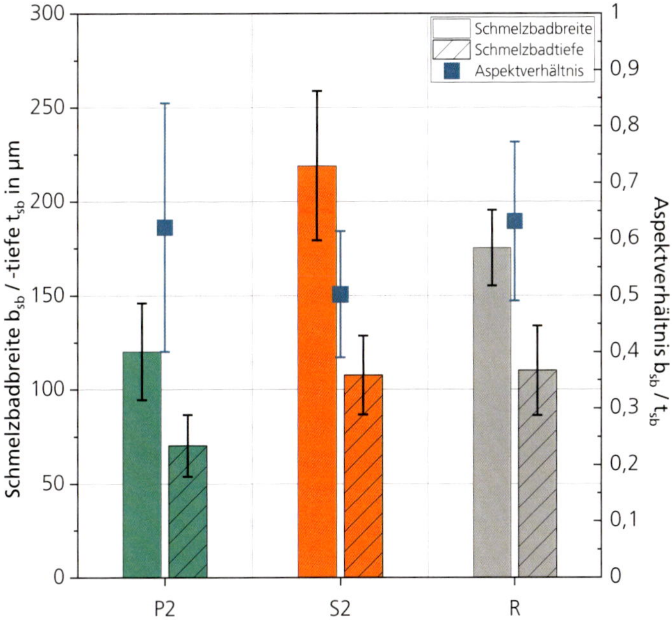

Für das LPBF mit zwei gekoppelten Laserstrahlen und parallelem Versatz (P2) werden mit b_{sb} = 120 µm und t_{sb} = 70 µm sowohl eine kleinere Schmelzbadbreite als auch eine geringere Schmelzbadtiefe als für das Single-Laser LPBF (R) ermittelt. Im Hinblick auf das Aspektverhältnis wird mit t_{sb}/b_{sb} = 0,60 ein nahezu gleicher Wert im Vergleich zum Single-Laser LPBF festgestellt. Das LPBF mit zwei gekoppelten Laserstrahlen und senkrechtem Versatz resultiert mit b_{sb} = 220 µm in einer wesentlich größeren Schmelzbadbreite gegenüber dem Single-Laser LPBF. Hinsichtlich der Schmelzbadtiefe wird mit t_{sb} = 112 µm ein ähnlicher Wert für S2 und R gemessen. Folglich nimmt das Aspektverhältnis mit t_{sb}/b_{s}= 0,51 gegenüber dem Single-Laser LPBF ab. Mit 0,5 < t_{sb}/b_{sb} < 1 wird für alle LPBF-Verfahrensparameterkombinationen ein Prozessregime im Übergangsbereich zwischen Wärmeleitungs- und Tiefschweißen identifiziert.

Die alleinige Betrachtung der Schmelzbaddimensionen b_{sb} und t_{sb} erlaubt keine Rückschlüsse über das Schmelzbadvolumen. Folglich werden die Schmelzbadquerschnittsfläche A_{sb} und das Schmelzbadvolumen V_{sb} gemäß der in Bild 88 dargestellten Methodik bestimmt und als Vergleichskriterium für die LPBF-Verfahrensparameterkombinationen P2, S2 und R verwendet. Die Ergebnisse der Berechnung der Schmelzbadquerschnittsfläche A_{sb} und des Schmelzbadvolumens V_{sb} sind in Bild 90 für die Verfahrensparameterkombinationen P2, S2 und R abgebildet.

Bild 90 Darstellung der Schmelzbadquerschnittsfläche und des berechneten Schmelzbadvolumens für die Verfahrensparameter-kombinationen P2, S2 und R.

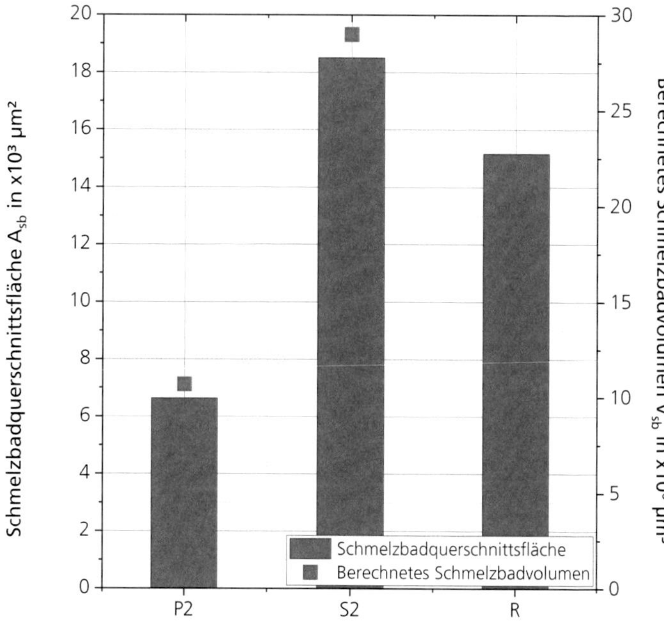

Für das LPBF mit zwei gekoppelten Laserstrahlen und parallelem Versatz (P2) wird aufgrund der kleineren Schmelzbadbreite und -tiefe zwar eine mit A_{sb} = 6,63 x 10³ µm² kleinere Schmelzbadquerschnittsfläche als für das Single-Laser LPBF (R) festgestellt, unter Berücksichtigung der mit l_{sb} = 1600 µm wesentlich größeren Schmelzbadlänge (vgl. Bild 66) ergibt sich jedoch eine nahezu identisches Schmelzbadvolumen mit V_{sb} =10,7 x 10⁶ µm³ für P2 und R. Im Gegensatz dazu resultiert die größere Schmelzbadquerschnittsfläche mit A_{sb} = 18,51 x 10³ µm² sowie die größere Schmelzbadlänge l_{sb} = 1600 µm für das

LPBF mit zwei gekoppelten Laserstrahlen und senkrechtem Versatz (S2) in einer deutlichen Vergrößerung des Schmelzbadvolumens gegenüber dem Single-Laser LPBF. Die kleinere Schmelzbadtiefe beim LPBF mit zwei gekoppelten Laserstrahlen und parallelem Versatz wird durch die große Scangeschwindigkeit von v_s = 2400 mm/s hervorgerufen. Beim LPBF wird die Schmelzbadtiefe durch die Ausbildung der Dampfkapillare definiert. Folglich hat die Form der Dampfkapillare einen entscheidenden Einfluss auf die Schmelzbadtiefe. Zur Ausformung der Dampfkapillare muss Staupunktströmung der umströmenden Schmelze überwunden, deren Druck p_{sp} gemäß

7.1 $$p_{sp} \sim \rho_m \cdot {v_s}^2$$

mit der Dichte der Schmelze ρ_m [g/cm³] und dem Quadrat der Scangeschwindigkeit v_s [mm/s] zunimmt. Folglich wird bei größeren Scangeschwindigkeiten ein größerer Rückstoßdruck auf der Kapillaroberfläche benötigt, um diese auszuformen. Entsprechend nimmt die Schmelzbadtiefe bei ansonsten gleicher Volumenenergie ab.

Die Unterschiede hinsichtlich des Schmelzbadvolumens V_{sb} liefern zudem weitere Erklärungsansätze für das in Kapitel 0 beschriebene Abkühlverhalten und die Spritzerbildung beim LPBF mit zwei gekoppelten Laserstrahlen. Für das LPBF mit zwei gekoppelten Laserstrahlen und parallelem Versatz (P2) und das Single-Laser LPBF (R) führt das annähernd gleiche Schmelzbadvolumen zu vergleichbaren Abkühlzeiten (vgl. Bild 66) und einer ähnlichen Spritzerbildung (vgl. Bild 87). Trotz des vergleichbaren Schmelzvolumens ermöglicht das LPBF mit zwei gekoppelten Laserstrahlen und parallele Versatz die Steigerung der theoretischen Aufbaurate von 5 mm³/s auf bis zu 12 mm³/s. Diese Aufbauratensteigerung wird insbesondere durch die Veränderung der Spurgeometrie gegenüber dem Single-Laser LPBF Referenzparameter R ermöglicht. Die geringere Schmelzbadtiefe t_{sb} und größere Schmelzbadlänge l_{sb} tragen zum Volumenaufbau bei und verringern den Anteil des wiederumgeschmolzenen Materialvolumens bei gleichzeitigem Erhalt der relativen Bauteildichte. Dieser Unterschied wird insbesondere durch den Vergleich der Querschnittsfläche des theoretisch aufgebauten Volumens pro Spur mit $A_{sp} = D_s \times \Delta y_s$ mit der Schmelzbadquerschnittsfläche A_{sb} verdeutlicht. Für das Single-Laser LPBF mit dem Referenzparameter R beträgt das Verhältnis A_{sp} / A_{sb} = 0,33, d.h. lediglich 33% der Schmelzbadquerschnittsfläche tragen zum tatsächlichen Volumenaufbau bei. Beim LPBF mit zwei gekoppelten Laserstrahlen und parallelem Versatz beträgt das Verhältnis A_{sp} / A_{sb} = 0,75. Dementsprechend tragen 75% der Schmelzbadquerschnittsfläche zum Volumenaufbau bei.

Das größere Schmelzbadvolumen beim LPBF mit zwei gekoppelten Laserstrahlen und senkrechtem Versatz (S2) bedingt eine deutlich größere Abkühlzeit bei der Erstarrung der Schmelze. Zudem begünstigt das große Schmelzbadvolumen den Auswurf von Spritzerpartikeln, welche bei Überschreitung der Oberflächenenergie aus dem Schmelzbad ausgeworfen werden können. Folglich liefert das größere berechnete Schmelzbadvolumen einen Interpretationsansatz für die größere Spritzeranzahl beim LPBF mit zwei gekoppelten Laserstrahlen und senkrechtem Versatz (vgl. Bild 87). Insgesamt wird beim LPBF mit zwei gekoppelten Laserstrahlen und senkrechtem Versatz ein mehr als doppelt so großes Schmelzvolumen bei vergleichbarer Volumenenergie wie beim Single-Laser LPBF mit dem Referenzparameter R gebildet. Dieses Verhalten wird auf die Veränderung des Oberflächen-Volumen-Verhältnisses des Schmelzbades und die damit einhergehenden Wärmeleitungsbedingungen zurückgeführt. Aufgrund des großen notwendigen Spurüberlapps trägt das zusätzliche Schmelzvolumen allerdings nur bedingt zum Volumenaufbau bei, sodass die Aufbaurate mit 10 mm³/s hinter der Aufbaurate des LPBF mit zwei gekoppelten Laserstrahlen und parallelem Versatz von 12 mm³/s zurückbleibt. Dieser Unterschied wird ebenfalls durch das Verhältnis der Querschnittsfläche des theoretisch pro Spur aufgeschmolzenen Volumens A_{sp} mit der Schmelzbadquerschnittsfläche A_{sb} unterstrichen. Zwar wird mit $A_{sp} / A_{sb} = 0{,}54$ der Anteil der für den Volumenaufbau genutzten Schmelzbadquerschnittsfläche gegenüber dem Single-Laser LPBF Referenzparameter auf 54% gesteigert. Dieser bleibt allerdings hinter dem LPBF mit zwei gekoppelten Laserstrahlen und parallelem Versatz (P2) mit $A_{sp} / A_{sb} = 0{,}75$ zurück.

Weiterhin existieren einige offene Fragstellungen zur Schmelzbadausbildung und Laserstrahl-Schmelzbad-Wechselwirkung beim LPBF mit zwei gekoppelten Laserstrahlen. Insbesondere für das LPBF mit zwei gekoppelten Laserstrahlen und parallelem Versatz werden weiterführende Untersuchungen benötigt, um Erkenntnisse zu den Mechanismen der Energieeinkopplung und des Massetransports im Schmelzbad zu erlangen.

Mikrostruktur

Die Mikrostruktur bestimmt die Materialeigenschaften additiv gefertigter Komponenten und ist somit entscheidend für deren Einsatz. Da das Schmelzbad und Temperaturfeld beim LPBF, die Erstarrungsbedingungen und die resultierende Mikrostruktur beeinflussen wird im Folgenden die Mikrostruktur, der aus IN625 gefertigten Probekörper analysiert. Für alle betrachteten LPBF-Verfahrensparameterkombinationen werden REM-Aufnahmen bei verschiedenen Vergrößerungen ausgewertet, um etwaige Unterschiede bezüglich des Kornwachstums und der Erstarrungsstruktur festzustellen. Ein Vergleich der REM-Aufnahmen der gefertigten Probekörper bei 400-facher Vergrößerung ist in Bild 91 für die Verfahrensparameterkombinationen P2, S2 und R abgebildet.

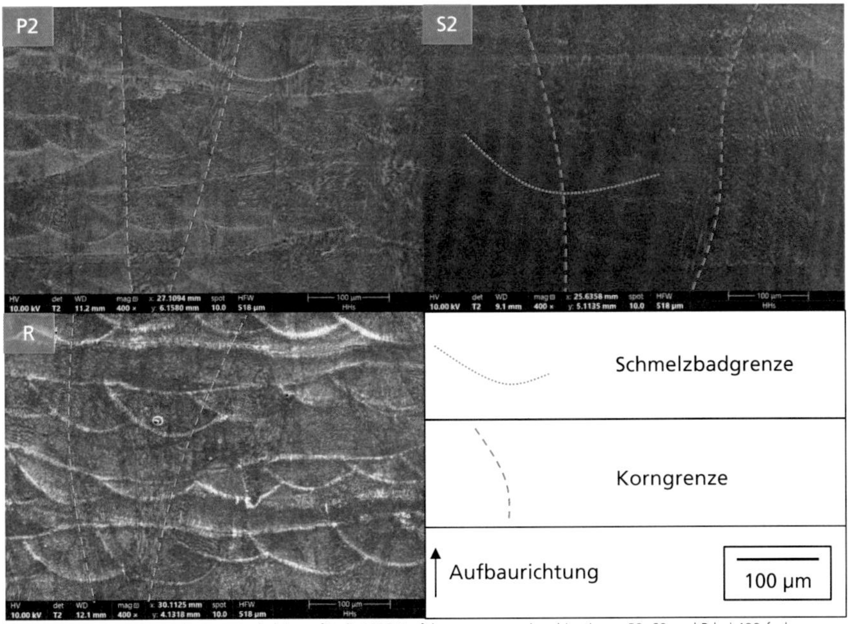

Bild 91 Mikrostruktur der gefertigten Probekörper für die LPBF-Verfahrensparameterkombinationen P2, S2 und R bei 400-facher Vergrößerung.

In allem dargestellten REM-Aufnahmen sind sie Schmelzbadgrenzen der einzelnen Spuren deutlich erkennbar und zeigen hinsichtlich Größe und Form eine gute Übereinstimmung mit den Ergebnissen der Schmelzbadanalyse. Weiterhin können Korngrenzen, die sich über mehrere Bauteilschichten erstrecken, sowohl für das LPBF mit zwei gekoppelten Laserstrahlen (P2 und S2) als auch für das Single-Laser LPBF (R) ermittelt werden. Dabei scheint die Breite der Körner mit der Schmelzbadbreite zu korrelieren. Insbesondere für das LPBF mit zwei gekoppelten Laserstrahlen und senkrechtem Versatz (S2) werden folglich breitere Körner festgestellt. Eine weitere Analyse der Korngröße sowie Kornorientierung ist anhand der REM-Aufnahmen nicht möglich und könnte im Rahmen weiterführender Analysen mittels Elektronenrückstreubeugung (engl.: electron backscatter diffraction, EBSD) ausgewertet werden. Das beobachtete epitaktische Kornwachstum über mehrere Schichten ist charakteristisch für die additive Fertigung und wurde bereits in vorangegangenen Untersuchungen für die Nickelbasislegierung IN625 berichtet (101). Insofern zeigen die Ergebnisse eine hohe Übereinstimmung mit dem Stand der Wissenschaft und Technik. Da die Mikrostruktur durch nachgelagerte Prozessschritte, wie eine Wärmenachbehandlung, beeinflusst werden kann, dienen die im Rahmen dieser Arbeit durchgeführten Untersuchungen lediglich zum qualitativen Vergleich der betrachteten LPBF-Verfahrensparameterkombinationen. Neben dem Kornwachstum werden die LPBF-Verfahrensparameterkombinationen im Hinblick auf die dendritische Erstarrungsstruktur der Probekörper verglichen. Hierfür sind in Bild 92 REM-Aufnahmen der gefertigten Probekörper bei 2000-facher Vergrößerung für die Verfahrensparameterkombinationen P2, S2 und R dargestellt.

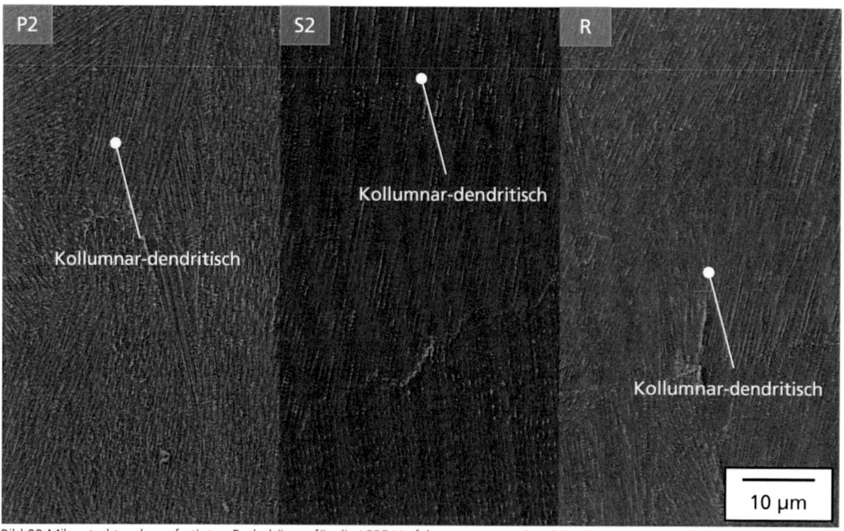

Bild 92 Mikrostruktur der gefertigten Probekörper für die LPBF-Verfahrensparameterkombinationen P2, S2 und R bei 2000-facher Vergrößerung.

Die Untersuchung der Erstarrungsstruktur weist für alle betrachteten Verfahrensparameterkombinationen auf eine dendritische Erstarrung, ausgehend von den Schmelzbadgrenzen und in Richtung des Schmelzbadzentrum verlaufend, hin. Aufgrund der großen Erstarrungsgeschwindigkeit (102) verlaufen die Dendriten in einer kollumnaren Struktur mit annähernd konstantem Dendritenabstand. Insbesondere für das LPBF mit zwei gekoppelten Laserstrahlen und parallelem Versatz und das Single-Laser LPBF weisen die kollumnaren Dendriten einen kleinen Abstand auf, was auf eine größere Erstarrungsgeschwindigkeit hindeutet. Diese wird auf die größere Abkühlgeschwindigkeit für die Verfahrensparameterkombinationen P2 und R zurückgeführt und zeigt folglich eine hohe Übereinstimmung mit der Analyse der High-Speed Aufnahmen (vgl. Kapitel 6.1) und Schmelzbadgeometrie. Für das LPBF mit zwei gekoppelten Laserstrahlen und senkrechtem Versatz (S2) wird ein größerer Dendritenabstand festgestellt, welcher auf eine niedrigere Erstarrungsgeschwindigkeit hindeuten.

Zusätzlich zur Auswertung der REM-Aufnahmen werden die gefertigten Probekörper mittels EDX-Analyse bezüglich ihrer chemischen Zusammensetzung analysiert und mit dem verwendeten Pulverwerkstoff verglichen. Dafür werden für jede Verfahrensparameterkombination dreißig EDX-Spektren an verschiedenen Positionen für die drei Hauptlegierungselemente Nickel, Chrom und Molybdän durchgeführt. Für den Pulverwerkstoff werden als Vergleichswert zehn EDX-Spektren erfasst. Die Ergebnisse der EDX-Analyse für die Verfahrensparameterkombinationen P2, S2 und R sowie den Pulverwerkstoff sind in Bild 93 dargestellt. Die Legierungsbestandteile sind in Gewichtsprozent angegeben. Für alle betrachteten Verfahrensparameterkombinationen sowie den Pulverwerkstoff werden Nickel- und Chromgehalte im Rahmen der spezifizierten Legierungszusammensetzung ermittelt (103). Für die gefertigten Probekörper werden große Molybdängehalte im Bereich von 11,85 – 12,40 Gew.-% gemessen. Diese liegen außerhalb des spezifizierten Toleranzbandes von 8 – 10 Gew-% (103) und weichen deutlich vom Pulverwerkstoff mit einem Molybdängehalt von 9,09 Gew.-% ab. Ein möglicher Erklärungsansatz für die betrachtete Abweichung ist der Abbrand leichterer Legierungselemente (z.B. Al, Ti, C) während der LPBF-Fertigung und eine damit verbundene Verschiebung der Legierungszusammensetzung. Weiterhin könnte die Abweichung in der Wahl der Messgeräte begründet sein, da aufgrund des Risikos von Pulverkontaminationen ein anderes REM für die EDX-Analysen des Pulverwerkstoffs verwendet wurde. Im Hinblick auf die betrachteten Verfahrensparameterkombinationen für das LPBF mit zwei gekoppelten Laserstrahlen und das Single-Laser LPBF können weiterhin keine signifikanten Unterschiede festgestellt werden. Eine weiterführende Analyse der chemischen Zusammensetzung ist nicht Bestandteil der vorliegenden Arbeit.

Bild 93 Anteil der Hauptlegierungs-elemente Ni, Cr und Mo für die mit den Verfahrensparameter -kombinationen P2, S2 und R gefertigten Probekörpern sowie für den verwendeten Pulverwerkstoff.

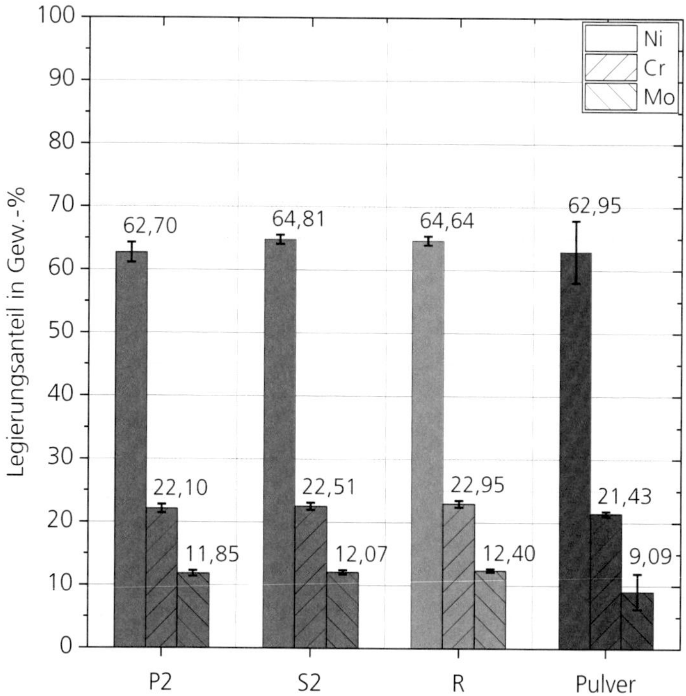

7.2 Mechanische Eigenschaften

Die mechanischen Eigenschaften additiv gefertigter Werkstoffe sind entscheidend für die funktionsgerechte Auslegung von Bauteilen. Die schnelle Erstarrung sowie der schichtweise Aufbau bedingen für die LPBF-Fertigung mechanische Eigenschaften, die sich von denen konventionell hergestellter Bauteile unterscheiden können. Um den Einfluss der verschiedenen Verfahrensparameterkombinationen für das LPBF mit zwei gekoppelten Laserstrahlen und das Single-Laser LPBF auf die mechanischen Eigenschaften zu quantifizieren, werden im Folgenden sowohl die Härte- als auch die Zugprüfung der LPBF-gefertigten Bauteile adressiert.

Härteprüfung

Die Härteprüfung der mittels LPBF gefertigten Bauteile erfolgt anhand der im Rahmen der Reproduzierbarkeitsuntersuchungen gefertigten würfelförmigen Probekörper (vgl. Kapitel 6.2). Um eine Beeinflussung der Messwerte durch die Abweichung der relativen Bauteildichte auszuschließen, werden jeweils drei Probekörper aus dem dritten und vierten Quadranten der Substratplatte verwendet. Die in Kapitel 4.4.3 beschriebene Methodik zur Härtemessung wird mit einem Raster von 25 Messpunkten und einem Messpunktabstand von ca. 2 mm durchgeführt. Die für die Härteprüfung verwendeten Probekörper 7, 8 und 17 sowie das Messraster für die Härteprüfung sind in Bild 94 zusammengefasst.

Bild 94 Darstellung der für die Härteprüfung verwendeten Probekörper (links) sowie des eingesetzten Messrasters (rechts).

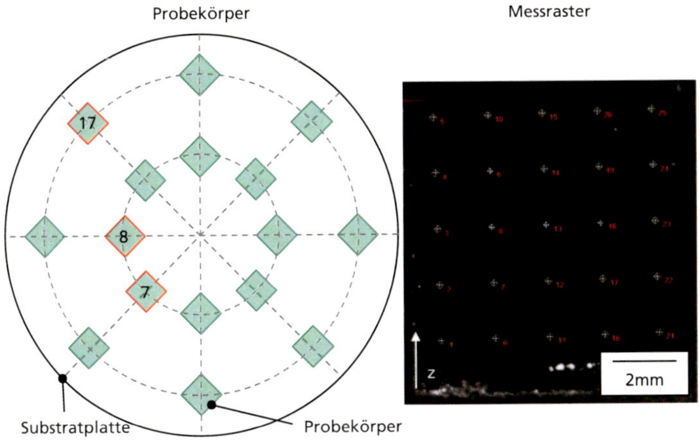

Für jede Verfahrensparameterkombination für das LPBF mit zwei gekoppelten Laserstrahlen (P2 und S2) und das Single-Laser LPBF (R) werden folglich 75 Härtemesswerte generiert. Die Härteprüfung nach Vickers erfolgt mit einer Prüflast von 98,07 N (HV10). Die Härteeindrücke werden automatisiert mittels eines in das Messgerät integrierten Mikroskops erfasst und vermessen. Die ermittelten Härtewerte für das LPBF mit zwei gekoppelten Laserstrahlen (P2 und S2) sowie für das Single-Laser LPBF (R) sind in Bild 95 in Form eines Boxplots dargestellt.

Bild 95 Härte des Gefüges der mit den Verfahrensparameter -kombinationen P2 (links), S2 (Mitte) und R (rechts) hergestellten Probekörper.

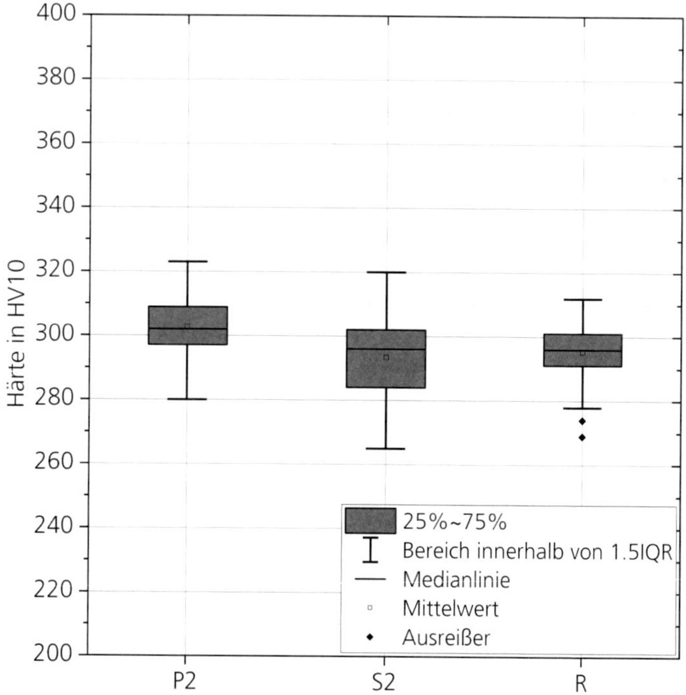

Für das LPBF mit zwei gekoppelten Laserstrahlen und parallelem Versatz (P2) wird eine mittlere Härte der gefertigten Probekörper von 301 HV10 mit einer Streubreite von 280 – 323 HV10 ermittelt. Für das LPBF mit zwei gekoppelten Laserstrahlen und senkrechtem Versatz (S2) wird eine kleinere mittlere Härte der gefertigten Probekörper von 291 HV10 und eine größere Streubreite von 265 – 320 HV10 festgestellt. Das Single-Laser LPBF mit dem Referenzparameter R zeichnet sich durch eine mittlere Härte von 294 HV10 und die kleinste Streubreite von 278 – 312 HV10 aus. Dementsprechend wird für das LPBF mit zwei gekoppelten Laserstrahlen und parallelem Versatz (P2) höhere mittlere Härtewerte als für das Single-Laser LPBF festgestellt. Aufgrund der großen Streuung der Messwerte ist diese Vergrößerung der Härtewerte allerdings nicht signifikant.

Aus der im Vergleich mit dem Single-Laser LPBF erhöhten Aufbaurate beim LPBF mit zwei gekoppelten Laserstrahlen und der daraus resultierenden kleineren Schicht-zu-Schicht Abkühlzeit können in-situ Wärmebehandlungseffekte resultieren. Das Temperaturniveau bei der LPBF-Fertigung in Kombination mit den aus dem schichtweise resultierenden Haltezeiten können die Härte in Abhängigkeit der Bauteilhöhe beeinflussen (104). Um etwaige Unterschiede festzustellen, werden die resultierenden Härtewerte beim LPBF mit zwei gekoppelten Laserstrahlen und beim Single-Laser LPBF in Abhängigkeit der Bauhöhe ausgewertet. Die mittlere Härte der mittels LPBF gefertigten Prüfkörper für die Verfahrensparameterkombinationen P2, S2 und R in Abhängigkeit der Bauhöhe ist in Bild 96 zusammengefasst.

Bild 96 Auswertung der Härte über der Bauhöhe für die Verfahrensparameter kombinationen P2, S2 und R.

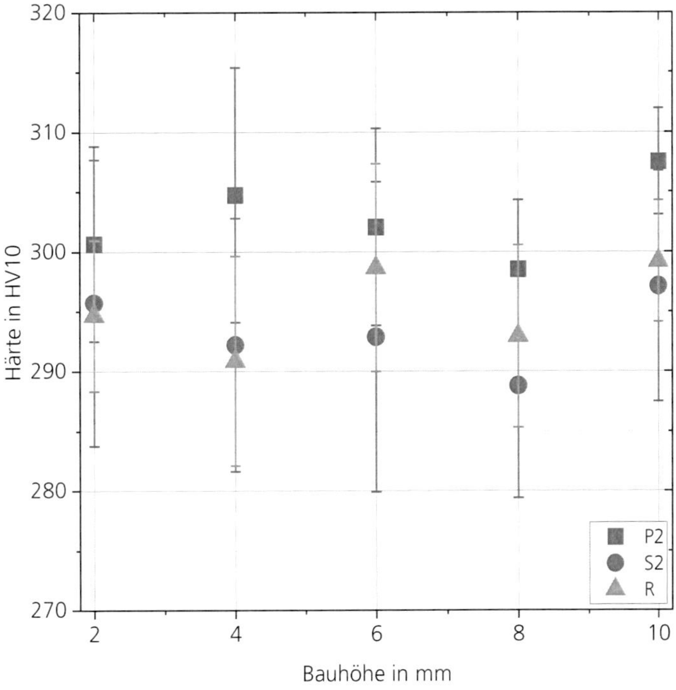

Für alle betrachteten LPBF-Verfahrensparameterkombinationen werden Härtewerte im Bereich von 289 – 308 HV10 ermittelt. Mit Ausnahme des Anstiegs der mittleren Härte im Bereich der letzten Bauteilschichten liegen die Schwankungen der mittleren Härte für alle betrachteten Verfahrensparameterkombinationen für das LPBF mit zwei gekoppelten Laserstrahlen und das Single-Laser LPBF im Bereich der Streuung der Messwerte und sind folglich nicht signifikant. Die Zunahme der Härte im Bereich der Bauteiloberfläche (10 mm) wird maßgeblich durch den Temperatur-Zeit-Verlauf beim LPBF hervorgerufen. Während die zuletzt gefertigten Schichten durch die schnelle Erstarrung eine feine Mikrostruktur und somit eine große Härte aufweisen wird der Rest des Bauteils in Folge der Wärmeleitung durch den schichtweisen Aufbau erwärmt. Über die Dauer der LPBF-Fertigung wird folglich eine in-situ Wärmebehandlung für die zuvor gefertigten Bauteilschichten induziert, die zu einer Veränderung der Mikrostruktur und der Härte im übrigen Bauteil führen kann (104). Durch eine nachgelagerte Wärmebehandlung können die Mikrostruktur und Härte im gesamten Bauteil homogenisiert werden.

Zugversuche

Um die mechanischen Eigenschaften für das LPBF mit zwei gekoppelten Laserstrahlen und das Single-Laser LPBF zu charakterisieren und zu vergleichen werden quasi-statische Zugversuche gemäß DIN EN ISO 6892-1 (105) an LPBF-gefertigten Prüfkörpern durchgeführt. Dafür werden zunächst unter Einsatz der Verfahrensparameterkombinationen P2, S2 und R zylindrische Probekörper mit einem Durchmesser von 8 mm und einer Höhe von 50 mm in Z-Richtung aufgebaut und anschließend spanend auf die Probenform B4 x 20 gemäß DIN 50125 (106) nachbearbeitet. Die Zugprüfung erfolgt mit jeweils fünf Probekörpern für jede betrachtete Verfahrensparameterkombination. Dabei werden sowohl die Streckgrenze und Zugfestigkeit als auch die Bruchdehnung gemessen. Die Ergebnisse der Zugversuche für die Verfahrensparameterkombinationen P2, S2 und R sind in Bild 97 zusammengefasst. Die Spannungs-Dehnungs-Kurven für alle geprüften Probekörper können Bild 118 im Anhang 12.5 entnommen werden.

Bild 97 Mechanische Kennwerte aus Zugversuchen für die LPBF-Verfahrensparameter kombinationen P2, S2 und R.

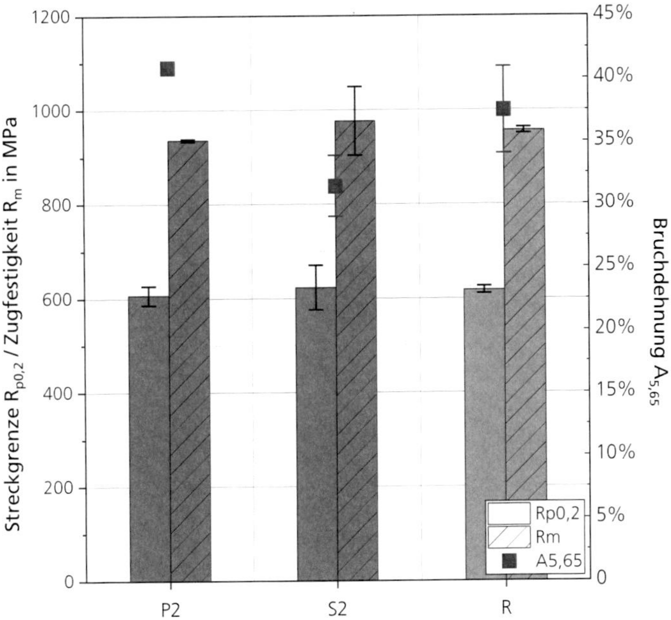

Im Hinblick auf die Streckgrenze weisen die betrachteten Verfahrensparameterkombinationen P2, S2 und R vergleichbare Werte im Bereich von $R_{p0,2}$ = 605 – 625 MPa auf. Signifikante Unterschiede in Abhängigkeit der Verfahrensparameterkombination können indes nicht ermittelt werden. Beim Vergleich der Zugfestigkeit werden ebenfalls vergleichbare Werte für die Verfahrensparameterkombinationen P2, S2 und R ähnliche Werte gemessen Die größte Zugfestigkeit von R_m = 976 MPa wird für das LPBF mit zwei gekoppelten Laserstrahlen und senkrechtem Versatz (S2) ermittelt. Für das LPBF mit zwei gekoppelten Laserstrahlen und parallelem Versatz wird eine Zugfestigkeit von R_m = 936 MPa gemessen. Die Zugfestigkeit der Probekörper für das Single-Laser LPBF (R) liegt mit R_m = 956 MPa in einem ähnlichen Bereich. Insbesondere für das LPBF mit zwei gekoppelten Laserstrahlen und senkrechtem Versatz (S2) wird zudem eine deutlich größere Streuung der Messergebnisse mit ± 70 MPa festgestellt. Hinsichtlich der Bruchdehnung wird für die Verfahrensparameterkombination P2 der größte Wert mit $A_{5,65}$ = 40,86% ermittelt. Die mit S2 gefertigten Probekörper weisen mit $A_{5,65}$ = 31,45% die geringsten Bruchdehnung der drei betrachteten Verfahrensparameterkombinationen auf. Für das Single-Laser LPBF wird eine Bruchdehnung von $A_{5,65}$ = 37,50% erreicht. Die größere Zugfestigkeit R_m und die geringere Bruchdehnung $A_{5,65}$ für die Verfahrensparameterkombination S2 deutet auf eine unterschiedliche Mikrostruktur der gefertigten Probekörper hin. Das größere Schmelzbadvolumen und die resultierende langsamere Abkühlung beim LPBF mit zwei gekoppelten Laserstrahlen und senkrechtem Versatz wurde bereits in den Kapiteln 6.1.3 und 7.1 diskutiert. Diese haben folglich ebenfalls einen Einfluss auf die mechanischen Eigenschaften der untersuchten Probenkörper. Die deutlich geringere Bruchdehnung $A_{5,65}$ für die Verfahrensparameterkombination S2 kann weiterhin durch die ausgeprägtere Spritzerbildung erklärt werden. Insbesondere spritzerinduzierte Bindefehler (32) reduzieren den lasttragenden Querschnitt im Bauteil und sind Ausgangspunkte für die Rissbildung. Folglich nimmt die Bruchdehnung durch den Einschluss von größeren Spritzerpartikeln im Bauteilvolumen ab.

Insgesamt weisen alle betrachteten Verfahrensparameterkombinationen mechanische Kennwerte auf, die denen von LPBF- bzw. konventionell gefertigten Bauteilen entsprechen (84, 85, 103). Weiterhin wird keine negative Beeinflussung der mechanischen Eigenschaften durch das LPBF mit zwei gekoppelten Laserstrahlen festgestellt. Zudem bleibt fraglich, inwieweit die Unterschiede hinsichtlich der Zugfestigkeit R_m und der Bruchdehnung $A_{5,65}$ durch eine nachgelagerte Wärmebehandlung homogenisiert werden können. Weitere Zugversuche an wärmebehandelten Zugproben in nachgelagerten Untersuchungen können hierüber Aufschluss geben

7.3 Oberflächenqualität und Maßhaltigkeit

Für die Herstellung von Funktionsbauteilen sind sowohl die Oberflächenqualität als auch die Maßhaltigkeit von additiv gefertigten Bauteilen von besonderer Bedeutung, da sie wichtige Gebrauchseigenschaften (z.B. dynamische Festigkeit) bestimmen und als Eingangsgröße für das Bauteildesign benötigt werden. Im Folgenden werden deshalb sowohl die erreichbare Oberflächenqualität als auch der resultierende Verzug und die Maßhaltigkeit beim LPBF mit zwei gekoppelten Laserstrahlen und beim Single-Laser LPBF gegenübergestellt.

Oberflächenqualität

Die resultierende Oberflächenqualität wird sowohl durch die Geometrieparameter bei der Datenaufbereitung (z.B. Mesh-Größe, Schichtdicke) als auch durch verfahrensimmanente Effekte wie die Beeinflussung der Oberfläche durch die Hatch-Spuren und die Ansinterung von Pulver- und Spritzerpartikeln an den Bauteilkonturen bestimmt. Deshalb wird i.d.R. zusätzlichen Konturbelichtung in jeder Schicht eingesetzt, um die Bauteilkontur zu glätten. Hieraus resultieren zusätzliche Verfahrensparameter (z.B. Laserleistung und Scangeschwindigkeit bei der Konturbelichtung, Kontur-Hatch-Abstand), welche bei der Ermittlung von Prozessführungsstrategien berücksichtigt werden müssen. Sowohl für das Single-Laser LPBF als auch für das LPBF mit zwei gekoppelten Laserstrahlen wurden geeignete Konturparameter im Rahmen von Voruntersuchungen bestimmt. Für alle Verfahrensparameterkombinationen wird die Konturbelichtung mit einem Laserstrahl durchgeführt. Der Hatch-Kontur-Versatz Δy_{hk} wird eingestellt, um Bindefehler zwischen der Bauteilkontur und dem Bauteilvolumen zu vermeiden. Die Spurbreitenkompensation dient dem Ausgleich des Aufmaßes, das aus der Breite des Schmelzbades bei der Konturbelichtung resultiert. Laserleistung $P_{L,k}$ und Scangeschwindigkeit $v_{s,k}$ werden angepasst, um eine möglichst geringe Oberflächenrauheit an den Bauteilkonturen einzustellen. Die entsprechenden Konturparameter für die Verfahrensparameterkombinationen P2, S2 und R sind in Tabelle 11 dargestellt.

Tabelle 11 Im Rahmen von Voruntersuchungen ermittelte Konturparameter für das LPBF mit zwei gekoppelten Laserstrahlen sowie das Single-Laser LPBF von IN625

Konturparameter für das LPBF mit zwei gekoppelten Laserstrahlen und das Single-Laser LPBF				
Bezeichnung	Laserleistung $P_{L,k}$	Scangeschwindigkeit $v_{s,k}$	Hatch-Konturversatz Δy_{hk}	Spurbreitenkompensation SBK
P2	150 W	350 mm/s	80 µm	20 µm
S2			80 µm	
R			30 µm	

Zur Untersuchung des Einflusses der verschiedenen LPBF-Verfahrensparameter-kombinationen auf die Oberflächenqualität werden würfelförmige Probekörper mit einer Kantenlänge von 10 mm eingesetzt. Die Probenkörper werden mit den Verfahrensparameterkombinationen P2, S2 und R sowie den zugehörigen Konturparametern aus Tabelle 12 gefertigt. Für jede Verfahrensparameter-kombination werden drei Probekörper ausgewertet, wobei jeweils die Seitenflächen der Würfel mit einer Messfläche von ca. 10 x 10 mm² ausgewertet werden. Die Messung des arithmetischen Mittenrauheitswertes S_a sowie der maximalen Rauheitstiefe S_z erfolgt mittels der in Kapitel 4.4.3 definierten Methodik und Messgeräte. Die Probekörper werden vor der Messung mit Glasperlen mit einer Partikelgröße von 1 µm gestrahlt, um lose anhaftende Pulverpartikel zu entfernen. Die Ergebnisse der Oberflächenrauheitsmessung für die LPBF-Verfahrensparameter-kombinationen P2, S2 und R sind in Bild 98 abgebildet.

Bild 98
Arithmetischer Mittenrauheitswert S_a und maximale Rauheitstiefe S_z für die LPBF-Verfahrensparameter-kombinationen P2, S2 und R.

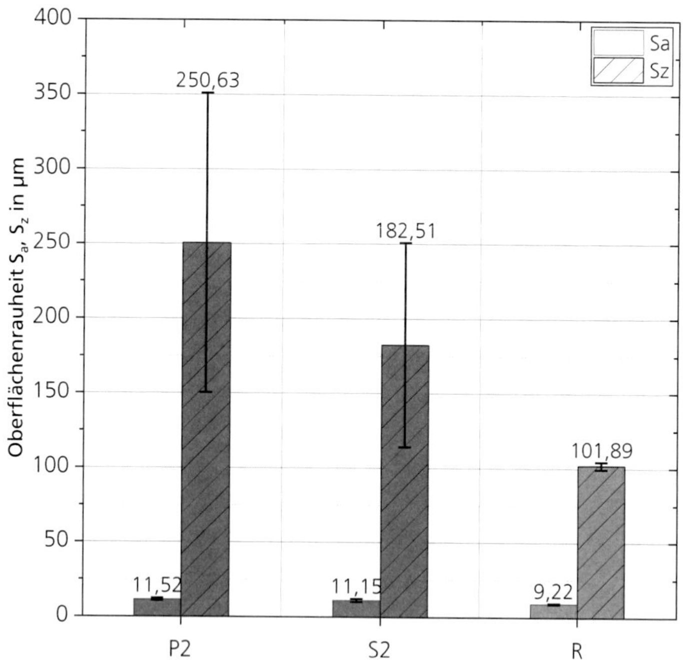

Für das LPBF mit zwei gekoppelten Laserstrahlen wird unabhängig vom der Laserstrahlanordnung eine arithmetische Mittenrauheit von $S_a = 11 - 12$ µm erreicht. Für das Single-Laser LPBF wird ein kleinerer Wert von $S_a = 9$ µm gemessen. Die größere Oberflächenrauheit wird beim LPBF mit zwei gekoppelten Laserstrahlen auf die größere Breite (S2) bzw. Länge des Schmelzbades (P2) zurückgeführt, die die Ansinterung von Pulverpartikeln an der Bauteilkontur begünstigt. Beim Vergleich der maximalen Rauheitstiefen S_z werden signifikant größere Werte im Bereich von $S_z = 180 - 250$ µm für das LPBF mit zwei gekoppelten Laserstrahlen ermittelt. Die maximale Rauheitstiefe beschreibt den Abstand zwischen dem Maximum und dem Minimum des Rauheitsprofils und wird beim LPBF maßgeblich durch die Größe der an der Kontur anhaftenden Partikel bestimmt (vgl. Bild 116, Anhang 12.5). Da die S_z-Werte für alle Verfahrensparameterkombinationen deutlich außerhalb der Partikelgrößenverteilung des Pulverwerkstoffes mit 15 – 45 µm liegen, werden diese durch größere Spritzerpartikel bestimmt. Die Ursache für die Spritzer-Anhaftung wird in einer unzureichenden Abfuhr der Prozessnebenprodukte durch die inhomogene Schutzgasströmung der LPBF-Labormaschine vermutet (vgl. Kapitel 6.2 und 6.3). Folglich wird von einer Interpretation der S_z-Werte zum Vergleich der LPBF-Verfahrensparameterkombinationen abgesehen, da ähnlich ausgeprägte Trends in den S_a-Werte nicht festgestellt werden. Zusammenfassend wird durch das LPBF mit zwei gekoppelten Laserstrahlen eine leichte Vergrößerung der Oberflächenrauheit festgestellt. Um eine weitere Verringerung der Oberflächenrauheit für das LPBF mit zwei gekoppelten Laserstrahlen zu erreichen, werden zusätzliche Untersuchungen zu erweiterten Prozessführungsstrategien für die Bauteilkonturen durchgeführt. Dabei werden zusätzlich zur einfachen Konturbelichtung (EK) die Bearbeitung mittels Doppelkonturen (DK), d.h. einer zweifachen Konturbelichtung, sowie der Hülle-Kern-Bearbeitung (HK), bei der das Hüllvolumen mit dem Single-Laser LPBF bearbeitet wird, erprobt. Die übrigen Parameter für die Konturbelichtung entsprechen denen für die einfache Konturbelichtung. Die erweiterten Prozessführungsstrategien für die Bauteilkontur sind in Tabelle 12 zusammengefasst.

Tabelle 12 Erweiterte Prozessführungsstrategien für die Konturbelichtung beim LPBF mit zwei gekoppelten Laserstrahlen.

Erweiterte Prozessführungsstrategien für die Bauteilkontur beim LPBF mit zwei gekoppelten Laserstrahlen				
Strategie	Konturversatz Δy_k	Belichtungsreihenfolge	Hülle-Kern-Überlapp	Bezeichnung
Doppelkontur	30 µm	Outside-in	N.A.	DK-I
	30 µm	Inside-out		DK-O
Hülle-Kern	N.A.	Outside-in	100 µm	HK-I
		Inside-out	100 µm	HK-O

Die Untersuchung des Einflusses der erweiterten Konturstrategien auf die Oberflächenqualität erfolgt analog zu den Einfachkonturen (EK) anhand von würfelförmigen Probekörpern mit einer Kantenlänge von 10 mm. Beim Einsatz einer Doppelkontur wird die Konturbahn in jeder Schicht zweifach belichtet, wobei die Konturbelichtungen zusätzlich zum Hatch-Kontur-Versatz Δy_{hk} um den Konturversatz Δy_k zueinander verschoben werden. Die Belichtung der Doppelkontur kann entweder vom Volumen nach außen (Inside-out, DKI-I) oder von außen in Richtung des Volumens (Outside-in, DK-O) erfolgen. Alternativ wird im Rahmen der Untersuchung der erweiterten Konturbelichtungsstrategien die Bearbeitung mit einer Hülle-Kern-Strategie berücksichtigt. Hierbei wird die Belichtungsfläche in jeder Schicht in einen Innenbereich (Kern) und einen Außenbereich (Hülle) unterteilt. Der Kernbereich wird mit den Verfahrensparameterkombinationen P2 und S2 für das LPBF mit zwei gekoppelten Laserstrahlen bearbeitet. Dementgegen wird der Hüllbereich mittels Single-Laser LPBF und einer einfachen Konturfahrt gefertigt. Dabei wird eine Hüllbreite von 2,5 mm verwendet. Analog zur Doppelkontur-Strategie wird entweder der Kernbereich (Inside-out, HK-I) oder der Hüllbereich (Outside-in, HK-O) zuerst bearbeitet. Der Vergleich der Oberflächenqualität der gefertigten Probekörper für die Doppelkontur- sowie Hülle-Kern-Strategie mit der Einfachkontur-Strategie und dem Single-Laser LPBF ist in Bild 99 dargestellt.

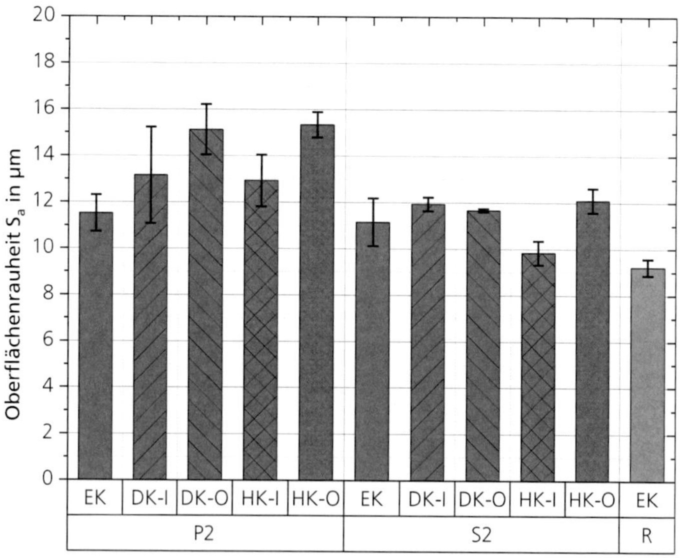

Bild 99 Gemessener arithmetischer Mittenrauheitswert S_a für die Verfahrensparameter-kombinationen P2, S2 und R sowie die erweiterten Konturstrategien aus Tabelle 12.

Für das LPBF mit zwei gekoppelten Laserstrahlen und parallelem Versatz (P2) wird der geringste arithmetische Mittenrauwert für die Einzelkontur-Belichtung mit S_a = 11,52 µm erreicht. Für alle erweiterten Konturstrategie wird eine Zunahme der Oberflächenrauheit festgestellt. Dabei wird sowohl bei der Doppelkontur-Belichtung als auch bei der Hülle-Kern-Strategie eine größerer arithmetischer Mittenrauwert bei der Outside-In-Belichtung gemessen. Für die Doppelkontur wird dies darauf zurückgeführt, dass die außenliegende Kontur ohne Anbindung zum Bauteilvolumen ins Pulverbett belichtet wird. Bei der Hülle-Kern-Strategie wird die größere Oberflächenrauheit vermutlich durch das Anhaften größerer Spritzerpartikel an der Bauteilkontur bei der nachgelagerten Bearbeitung des Kernvolumens hervorgerufen. Durch die anfängliche Belichtung des Kern-volumens bei der Inside-out Belichtungsreihenfolge soll die Anhaftung von Spritzerpartikeln an der Bauteilkontur vermieden und somit ähnliche Oberflächenrauheiten wie für das Single-Laser LPBF erreicht werden. Beim LPBF mit zwei gekoppelten Laserstrahlen und senkrechtem Versatz (S2) wird der kleinste arithmetische Mittenrauwert mit S_a = 9,81 µm für die Hülle-Kern Strategie und Inside-out Belichtungsreihenfolge erreicht. Die Begründung hierfür wurde oben bereits beschrieben. Ansonsten werden für alle weiteren betrachteten erweiterten Konturstrategien größere Oberflächenrauheiten als für die Einzelkontur-Belichtung mit S_a = 11,15 µm festgestellt. Der negative Einfluss der Outside-in Belichtungsreihenfolge resultiert analog zum LPBF mit zwei gekoppelten Laserstrahlen und parallelem Versatz (P2) aus der mangelnden Anbindung der Kontur an das Bauteilvolumen (DK-O) sowie der Anhaftung von Spritzerpartikeln bei der Belichtung des Kernvolumens (HK-O).

Zusammenfassend wird die Oberflächenqualität beim LPBF mit zwei gekoppelten Laserstrahlen und parallelem Versatz (S2) durch die Verwendung einer geeigneten Konturstrategie (HK-I) verbessert, wohingegen beim LPBF mit zwei gekoppelten Laserstrahlen und parallelem Versatz (P2) die minimale Oberflächenrauheit bei Verwendung einer Einzelkontur-Belichtung erreicht wird. Die arithmetischen Mittenrauwerte liegen dennoch oberhalb derer beim Single-Laser LPBF mit dem Referenzparameter R. Insbesondere bei der Hülle-Kern-Strategie mit Inside-out Belichtungsreihenfolge erscheint dies fraglich. Ein möglicher Erklärungsansatz für die unterschiedlichen Oberflächenrauheiten liegt in der inhomogenen Schutzgasströmung der verwendeten LPBF-Labormaschine (vgl. 4.3). Bei den produktiveren Verfahrensparameterkombinationen beim LPBF mit zwei gekoppelten Laserstrahlen wird in der gleichen Zeit ein größeres Volumen als beim Single-Laser LPBF umgeschmolzen. Dementsprechend muss auch eine größere Menge an Prozessnebenprodukten durch die Schutzgas-strömung entfernt werden und der Einfluss der Schutzgasströmung wird gegenüber dem Single-Laser LPBF verstärkt. Ähnliche Erkenntnisse wurden bereits bei der Untersuchung der Reproduzierbarkeit der relativen Bauteildichte in Kapitel 6.2 gewonnen. Folglich sollte die Schutzgasführung der LPBF-Laboranlage im Rahmen weiterführender Arbeiten modifiziert und die Untersuchungen zur Oberflächenqualität beim LPBF- mit zwei gekoppelten Laserstrahlen wiederholt werden.

Maßhaltigkeit

Zur Analyse der Maßhaltigkeit bzw. des Verzugs der gefertigten Bauteile werden zunächst einfache Biegebalken (engl.: cantilever) gefertigt. Die Cantilever-Proben bestehen aus einem fest an die Substratplatte angebundenen Fuß sowie aus dünnwandigen Stützstrukturen, die den horizontalen Biegebalken mit der Substratplatte verbinden. Nach der LPBF-Fertigung werden die dünnwandigen Stützstrukturen mittels Drahterosion parallel zur Substratplatte getrennt. Die fertigungsinduzierten Eigenspannungen in den Cantilever-Proben führen zu einer Aufspreizung zwischen dem Biegebalken und der Substratplattenoberfläche. Der sich einstellende Verzug in z-Richtung Δz_v wird anschließend mittels Streifenlichtprojektion in Abhängigkeit des Abstandes x zum Cantilever-Fuß gemessen. Der Aufbau der Cantilever-Probe sowie die Vorgehensweise zur Analyse des Bauteilverzugs sind schematisch in Bild 100 abgebildet.

Bild 100
Vorgehensweise zur Bestimmung des Bauteilverzugs beim LPBF anhand von Cantilever-Proben.

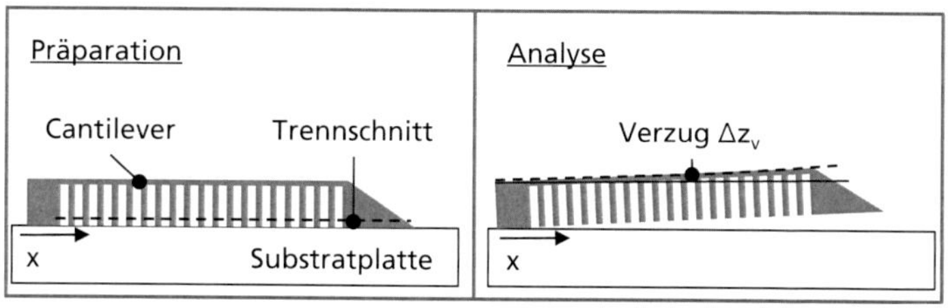

Zur Analyse des Bauteilverzugs werden jeweils zwei Cantilever-Proben für die Verfahrensparameterkombinationen P2, S2 und R gefertigt. Die Proben weisen eine Länge, Breite und Höhe von 63 mm x 10 mm x 9 mm auf. Die Dicke des Biegebalkens auf den Stützen beträgt 1 mm. Die Stützstrukturen werden mit einer Wandstärke von 1 mm und einen Abstand von 1 mm gefertigt. Die Messung des Verzuges Δz_v erfolgt durch Vergleich der Cantilever-Geometrie nach der Trennung der Stützstrukturen mit der Soll-Geometrie. Für die 3D-Geometriemessung der Cantilever-Proben werden die Methode und das Messgerät zur Streifenlichtprojektion, welche im Anhang 12.2 beschrieben werden, eingesetzt. Der Vergleich des resultierenden Bauteilverzugs Δz_v in Abhängigkeit des Abstandes x vom Cantilever-Fuß ist in Bild 101 für das LPBF mit zwei gekoppelten Laserstrahlen (P2, S2) und das Single-Laser LPBF (R) dargestellt.

Bild 101
Bauteilverzug Δz_v in Abhängigkeit des Abstandes x für die LPBF-Verfahrensparameter-kombinationen P2, S2 und R.

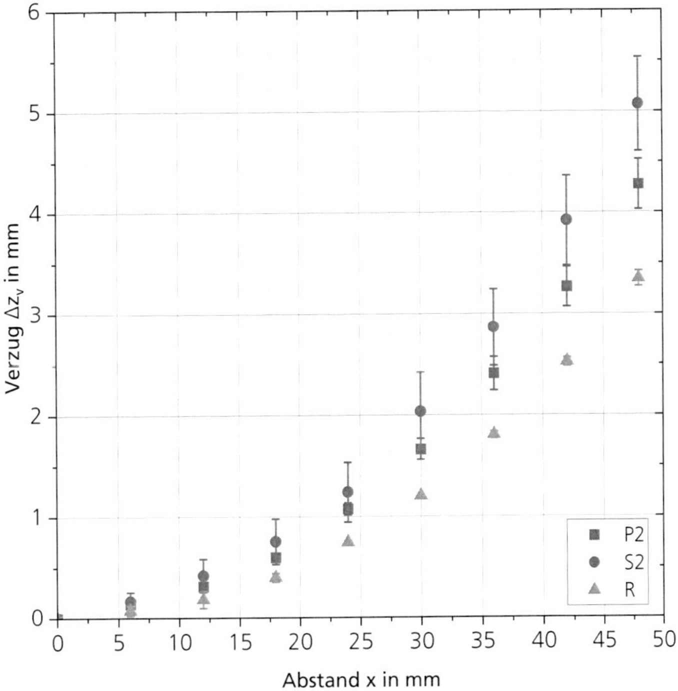

Der größte Verzug wird mit Δz_v = 5,07 mm bei einem Abstand von 48 mm für die Verfahrensparameterkombination S2 ermittelt. Die Verfahrensparameterkombination P2 weist einen geringeren maximalen Verzug von Δz_v = 4,28 mm bei gleichem Abstand zum Cantilever-Fuß auf. Der geringste Verzug beim Abstand von 48 mm wird für das Single-Laser LPBF (R) mit Δz_v = 3,34 mm gemessen. Grundsätzlich nimmt der Verzug für alle Verfahrensparameterkombinationen mit zunehmendem Abstand vom Cantilever-Fuß zu. Der größere Verzug für das LPBF mit zwei gekoppelten Laserstrahlen wird auf die geringere Vektor-zu-Vektor- sowie Schicht-zu-Schicht-Wiederkehrzeit (engl.: inter-layer time) infolge der größeren Aufbaurate zurückgeführt. Diese bedingen insbesondere im Bereich der Deckschicht des Cantilevers Veränderungen der Abkühlrate sowie der Temperatur-Zeit-Zyklen für das aufgebaute Material, wodurch thermisch-induzierte Eigenspannungen hervorgerufen werden können (107). Weiterhin bedingt das größere Schmelzbadvolumen für das LPBF mit zwei gekoppelten Laserstrahlen und senkrechtem Versatz (S2) eine größere Volumenschrumpfung bei der Erstarrung, sodass Eigenspannungen und Verzug gegenüber dem LPBF mit zwei gekoppelten Laserstrahlen und parallelem Versatz (P2) sowie dem Single-Laser LPBF (R) zunehmen. Die alleinige Betrachtung des Verzugs anhand von Cantilevern erlaubt jedoch keine Rückschlüsse über die Maßhaltigkeit LPBF-gefertigter Bauteile, da diese neben den LPBF-Verfahrensparametern maßgeblich durch die Bauteilgeometrie beeinflusst wird. Folglich werden weiterführende Untersuchungen zur Quantifizierung der Maßhaltigkeit benötigt.

Um weitere Vergleichswerte für die Bewertung der Maßhaltigkeit beim LPBF mit zwei gekoppelten Laserstrahlen und beim Single-Laser LPBF zu erlangen, werden Versuche zur Fertigung eines Demonstratorbauteils durchgeführt. Als Demonstrator wird ein topologieoptimierter Halter mit Abmessungen von 106 mm x 106 mm x 45 mm verwendet. Der Demonstrator wird unter Einsatz der LPBF-Verfahrensparameterkombinationen P2, S2 und R sowie der zugehörigen Konturparameter (vgl. Tabelle 11) gefertigt. Nach der Fertigung wird der Demonstrator aus der LPBF-Maschine entnommen, mittels Glasperlenstrahlen von anhaftenden Pulverpartikeln befreit und durch Streifenlichtprojektion auf der Substratplatte dreidimensional vermessen. Analog zu den Cantilever-Proben wird die Maßhaltigkeit durch den Vergleich zwischen Soll- und Ist-Geometrie bestimmt. Das 3D-CAD-Modell des Demonstratorbauteils sowie die resultierenden Formabweichungen für die Verfahrensparameterkombinationen P2, S2 und R sind in Bild 102 abgebildet.

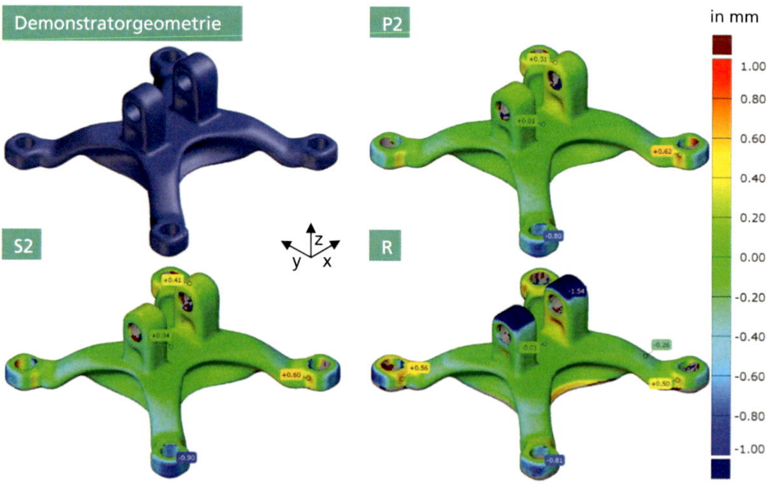

Bild 102 3D-CAD-Modell des Demonstratorbauteils sowie resultierende Formabweichungen für die LPBF-Verfahrensparameterkombinationen P2, S2 und R.

Für alle Verfahrensparameterkombinationen werden vergleichbare Formabweichungen an den Demonstratorbauteilen festgestellt. Die größten Formabweichungen werden unabhängig von den Verfahrensparametern an den vier vertikalen Bohrungen im Randbereich des Demonstratorbauteils festgestellt. Dabei wird an den Außenflächen ein Untermaß von 0,8 – 0,9 mm ermittelt, während an den bauteilzugewandten Flächen ein Übermaß von 0,6 – 0,7 mm gemessen wird. Die großen Formabweichungen an den vertikalen Bohrungen werden durch die direkte Anbindung an die Substratplatte hervorgerufen, da die aus der Schrumpfung resultierenden Eigenspannungen hier aufgenommen werden müssen. In allen anderen Bauteilbereichen werden moderate Formabweichungen im Bereich von -0,4 bis +0,4 mm festgestellt. Eine Abhängigkeit der Formabweichungen von der verwendeten Verfahrensparameterkombination ist nicht erkennbar. Das große Untermaß, bei dem mittels Single-Laser LPBF gefertigten Bauteil im Bereich der horizontalen Bohrungen, ist das Resultat einer unzureichenden Pulverzustellung während der Fertigung und wird deshalb aus der Auswertung ausgeschlossen.

Insgesamt können quantitative Unterschiede zwischen dem LPBF mit zwei gekoppelten Laserstrahlen und dem Single-Laser LPBF in Bezug auf den Verzug der betrachteten Cantilever-Probekörper festgestellt werden. Diese werden insbesondere auf die stärkere Überhitzung der gefertigten Bauteile in Folge der größeren Aufbaurate zurückgeführt. Die weiterführende Untersuchung der Maßhaltigkeit LPBF-gefertigter Demonstratorbauteile resultiert dementgegen in ähnlichen Formabweichungen für das LPBF mit zwei gekoppelten Laserstrahlen und das Single-Laser LPBF. Zusammenfassend ist das LPBF mit zwei gekoppelten Laserstrahlen geeignet, komplexe Bauteile herzustellen. Bei der Fertigung von Bauteilen mit Überhangstrukturen sollte das Verzugsverhalten durch die Überhitzung beim LPBF mit zwei gekoppelten Laserstrahlen allerdings bei der Parameterwahl berücksichtigt werden.

7.4 Vergleich der Aufbaurate

Das übergeordnete Ziel der vorliegenden Arbeit ist die Bewertung des Potenzials zur Erhöhung der Aufbaurate durch das LPBF mit zwei gekoppelten Laserstrahlen. Die grundlegenden Einflussfaktoren auf die Aufbaurate beim LPBF sowie mögliche Ansätze zur Erhöhung der Aufbaurate wurden bereits in Kapitel 2.4 diskutiert. Weiterhin wurde die theoretisch erreichbare Aufbaurate für das LPBF mit zwei gekoppelten Laserstrahlen für die betrachteten Verfahrensparameterkombinationen P2, S2 und R im Rahmen der Prozessführung in Kapitel 0 abgeschätzt. Im Folgenden soll dieser Vergleich um die Berücksichtigung der realen Aufbaurate erweitert werden.

Aus der schichtweisen Fertigung sowie der Dynamik der verwendeten Strahlablenksysteme resultieren beim LPBF zusätzliche Nebenzeiten, die bei der Berechnung der theoretischen Aufbaurate nicht berücksichtigt werden (61). Einerseits wird durch den Pulverauftrag in jeder Schicht eine zusätzliche Nebenzeit für die Beschichtung hervorgerufen, welche folglich durch die Anzahl der bearbeiteten Bauteilschichten und der Dauer des Pulverauftrags bestimmt wird. Andererseits resultieren Nebenzeiten aus der Laserstrahlablenkung in jeder Schicht, die von den Belichtungsparametern abhängen. Zu diesen Nebenzeiten (im Folgenden als Delays bezeichnet) zählen Zeiten für Skywriting-Bewegungen am Anfang und am Ende der Belichtungsvektoren (vgl. Bild 37) sowie Zeiten für die Ausführung von Sprung-Vektoren zwischen den Belichtungsvektoren. Diese Delays hängen folglich von der Anzahl der Belichtungsvektoren ab. Folglich kann die reale Aufbaurate gemäß:

7.2

$$\dot{V}_{real} = \frac{V_{part}}{t_{exp} + t_{del} + t_{rec}}$$

auf Basis des Bauteilvolumens V_{part} [mm³] sowie der Belichtungszeiten t_{exp} [s], der Delayzeiten t_{del} [s] und der Beschichtungszeiten t_{rec} [s] berechnet werden. Die Belichtungszeiten t_{exp} werden entsprechend mit der Scangeschwindigkeit v_s und der Gesamtlänge der Belichtungsvektoren aus der Datenaufbereitung berechnet. Die Delayzeiten werden anhand der Anzahl der Belichtungs- und Sprung-Vektoren sowie den Delay-, Skywriting- und Sprung-Parametern aus der Scannersteuerung bestimmt. Die Beschichtungszeit entspricht der Anzahl der bearbeiteten Schichten multipliziert mit einer Schichtauftragszeit von ca. 5 s für die verwendete LPBF-Labormaschine. Die Berechnung der realen Aufbaurate wird exemplarisch für das vorgestellte Demonstratorbauteil sowie die Verfahrensparameterkombinationen P2, S2 und R für LPBF mit zwei gekoppelten Laserstrahlen und das Single-Laser LPBF durchgeführt. Die berechneten Fertigungszeiten sowie die zugehörigen realen und theoretischen Aufbauraten für die LPBF-Verfahrensparameterkombinationen sind in Bild 103 dargestellt.

Bild 103 Berechnete Fertigungszeit sowie resultierenden reale und theoretische Aufbaurate bei der LPBF-Fertigung des Demonstrator-bauteils unter Einsatz der Verfahrensparameter-kombinationen P2, S2 und R.

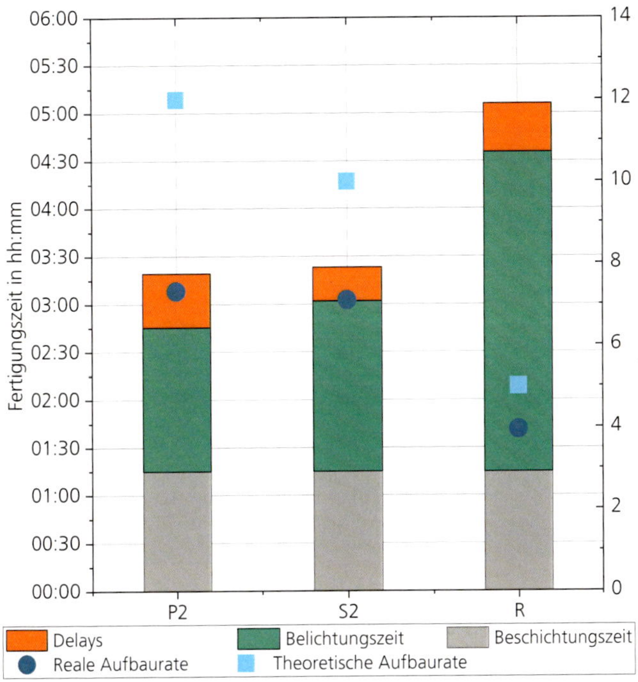

Das Demonstratorbauteil weist ein Gesamtvolumen von V_{part} = 54.721 mm³ auf. Etwaige Stützstrukturen werden bei der Volumenberechnung vernachlässigt. Für das LPBF mit zwei gekoppelten Laserstrahlen und parallelem Versatz (P2) wird mit 03:19 Std. die kürzeste Fertigungszeit für das Demonstratorbauteil bestimmt. Die resultierenden reale Aufbaurate beträgt 7,32 mm³/s. Die Bauzeit für das LPBF mit zwei gekoppelten Laserstrahlen und senkrechten Versatz beträgt 03:23 Std woraus eine reale Aufbaurate von 7,10 mm³/s resultiert. Die größte Bauzeit wird mit 05:05 Std. für das Single-Laser LPBF des Demonstratorbauteils bestimmt. Die resultierende reale Aufbaurate ist folglich wesentlich kleiner als beim LPBF mit zwei gekoppelten Laserstrahlen und beträgt 3,95 mm³/s. Trotz der deutlich größeren theoretischen Aufbaurate von 12 mm³/s wird für die Verfahrensparameterkombination P2 nur eine geringfügig größere reale Aufbaurate als für S2 festgestellt. Dieses Verhalten wird durch die Unterschiede hinsichtlich der Delay-Zeiten zwischen P2 und S2 begründet. Zwar wird bei der Verfahrensparameterkombination mit v_s = 2400 mm/s eine mehr als doppelt so große Scangeschwindigkeit möglich, jedoch ist der Hatchabstand Δy_s gegenüber dem

Single-Laser LPBF unverändert. Folglich muss die gleiche Anzahl von Belichtungsvektoren für die Bauteilfertigung bearbeitet werden. Die Delay-Zeiten bleiben folglich unverändert. Demgegenüber resultiert die Verdopplung des Hatchabstandes auf Δy_s = 200 µm für die Verfahrensparameterkombination S2 in einer deutlichen Reduzierung der Belichtungsvektorzahl. Zwar bleibt die Scangeschwindigkeit mit v_s = 1000 mm/s gegenüber dem Single-Laser LPBF Referenzparameter unverändert, jedoch resultiert die geringe Belichtungsvektoranzahl in einer gleichzeitigen Reduzierung von Belichtungs- und Delay-Zeiten. Entsprechend werden für das betrachtete Demonstratorbauteil ähnliche reale Aufbauraten für das LPBF mit zwei gekoppelten Laserstrahlen und parallelem sowie senkrechtem Versatz erreicht. Die weitere Anpassung der Verfahrensparameter durch Bearbeitung mit größeren Schichtdicken D_s birgt das Potenzial die Gesamtfertigungszeit zu verringern. Bei der Datenaufbereitung mit größeren Schichtdicken wird die Anzahl der zu bearbeitenden Schichten verringert. Da die Beschichtungszeit pro Schicht von der Schichtdicke D_s unabhängig ist, nimmt die Gesamtbeschichtungszeit entsprechend der Schichtanzahl ab. Da der Fokus dieser Arbeit auf der Steigerung der Aufbaurate bei möglichst konstanter Bauteilqualität liegt und die Bauteilqualität i.d.R. mit zunehmender Schichtdicke D_s abnimmt wird diese nicht weiter betrachtet.

Um weitere Aussagen über die Geometrieabhängigkeit der realen Aufbaurate beim LPBF mit zwei gekoppelten Laserstrahlen zu erlangen, wird die Aufbaurate für drei verschiedene Geometrien miteinander verglichen. Dabei wird das Umgrenzungsvolumen mit 106 x 106 x 45 mm³ analog zum Demonstratorbauteil konstant gehalten. Zur Abbildung der Fertigung von großvolumigen Bauteilen wird ein Block mit entsprechendem Volumen berücksichtigt. Komplexe und filigrane Bauteile werden weiterhin durch eine Wabenstruktur (engl.: honeycomb) mit einer Wandstärke von 1 mm berücksichtigt. Als drittes Bauteil wird das bereits in Kapitel 7.3 vorgestellte Demonstratorbauteil (vgl. Bild 102) betrachtet. Die Bauteilgeometrien sowie die theoretische und reale Aufbaurate bei der LPBF-Fertigung unter Verwendung der Verfahrensparameterkombinationen P2, S2 und R sind in Bild 104 zusammengefasst.

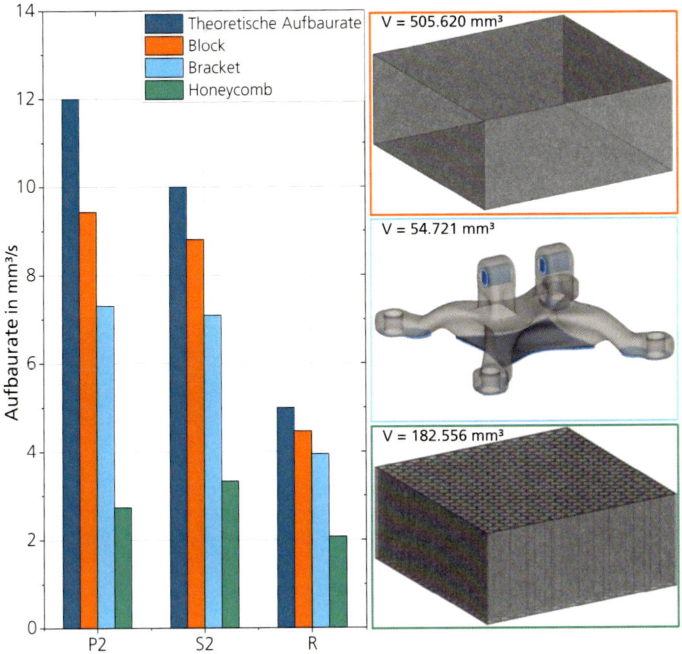

Bild 104 Verwendete Bauteilgeometrien (rechts) sowie resultierende theoretische und reale Aufbauraten (links) für die Verfahrensparameter-kombinationen P2, S2 und R.

Für die Fertigung eines massiven Blocks wird die größte reale Aufbaurate mit 9,44 mm^3/s für das LPBF mit zwei gekoppelten Laserstrahlen und parallelem Versatz (P2) erreicht. Das LPBF mit zwei gekoppelten Laserstrahlen und senkrechtem Versatz resultiert in einer realen Aufbaurate von 8,81 mm^3/s. Die kleinste reale Aufbaurate wird mit 4,47 mm^3/s für das Single-Laser LPBF ermittelt. Trotz des massiven Bauteils wird für keine der Verfahrensparameterkombinationen die theoretische Aufbaurate erreicht. Dies ist wie oben beschrieben, auf die Nebenzeiten bei der LPBF-Bearbeitung zurückzuführen. Für die Fertigung des Demonstratorbauteils wird die größte reale Aufbaurate ebenfalls für das LPBF mit zwei gekoppelten Laserstrahlen und parallelem Versatz (P2) erreicht. Die Einflussfaktoren wurden bereits umfassend diskutiert und werden deshalb nicht weiter erläutert. Dementgegen wird die größte reale Aufbaurate bei der Fertigung der Wabenstruktur für das LPBF mit zwei gekoppelten Laserstrahlen und senkrechtem Versatz (S2) mit 3,33 mm^3/s ermittelt. Im Vergleich zu den anderen Bauteilgeometrie wird eine deutliche Abnahme der realen Aufbaurate für alle Verfahrensparameterkombinationen festgestellt. Diese resultiert aus den großen Nebenzeiten für Sprungbewegungen und Delays bei der LPBF-Fertigung der Dünnwandstruktur. Aufgrund des größeren Hatchabstandes für die Verfahrensparameterkombination S2 werden geringere Nebenzeiten erreicht und die reale Aufbaurate folglich vergrößert. Trotz des mehr als doppelt so großen Bauteilvolumens der Wabenstruktur ($V = 182.556\ mm^3$) gegenüber dem Demonstratorbauteil ($V = 54.721\ mm^3$) wird eine Abnahme der realen Aufbaurate um einen Faktor größer 2 für das LPBF mit zwei gekoppelten Laserstrahlen hervorgerufen, da die Vorteile hinsichtlich der Aufbaurate bei der Belichtung kleiner unzusammenhängender Querschnittsflächen durch die großen Nebenzeiten überkompensiert werden. Folglich ist das LPBF mit zwei gekoppelten Laserstrahlen insbesondere für Bauteilgeometrie vorteilhaft, die größere zusammenhängende Querschnittsflächen in Aufbaurichtung aufweisen und damit von der erhöhten Aufbaurate profitieren.

Insgesamt ist die Abhängigkeit der realen Aufbaurate von der Bauteilgeometrie für das LPBF mit zwei gekoppelten Laserstrahlen und parallelem Versatz (P2) am stärksten ausgeprägt. Die reale Aufbaurate wird durch die Bauteilgeometrie sowie die Verfahrensparameter und die daraus resultierenden Nebenzeiten beeinflusst. Einerseits bestimmen Geometriemerkmale wie die Bauteilhöhe die Anzahl der zu bearbeitenden Schichten und haben damit einen erheblichen Einfluss auf den Anteil der Beschichtungszeit an der Gesamtfertigungszeit. Folglich werden die Schichten zwar mit einer großen Aufbaurate bearbeitet, der Zeitgewinn ist durch den geringen Zeitanteil für Belichtung und Delays allerdings marginal. Andererseits kann insbesondere die Fertigung filigraner Bauteile (z.B. Gitter- oder Dünnwandstrukturen) die Anzahl von Belichtungs- und Sprungvektoren massiv vergrößern. Folglich steigt der Anteil der Delay-Zeiten an der Gesamtfertigungszeit und führt somit zu einer Verringerung der realen Aufbaurate. Da die Steigerung der Aufbaurate beim LPBF mit zwei gekoppelten Laserstrahlen und parallelem Versatz (P2) auf der Vergrößerung der Scangeschwindigkeit basiert ist die Abhängigkeit der Aufbaurate von den Delay- und Sprung-Zeiten am stärksten ausgeprägt. Beim LPBF mit zwei gekoppelten Laserstrahlen und senkrechtem Versatz (S2) wird die Aufbauratensteigerung durch Vergrößerung des Hatchabstandes erreicht. Folglich ist die wird die Aufbauratensteigerung weniger stark durch die Bauteilgeometrie beeinflusst. Diese Herausforderungen können beispielsweise durch den Einsatz dynamischerer Scansystem mit größeren Sprunggeschwindigkeiten und schnelleren Skywriting- und Delay-Parametern adressiert werden (108). Dabei müssen allerdings die prozessspezifischen Randbedingungen, wie die Vermeidung von Wärmestau in dünnwandigen oder überhängenden Strukturen, berücksichtigt werden. Mögliche Lösungsansätze wie die lokale Anpassung der Verfahrensparameter an die Bauteilgeometrie werden derzeit bereits erforscht (61). Zusammenfassend liefert die Betrachtung der Aufbaurate nur unter Berücksichtigung aller geometrischer und prozessabhängiger Einflussgrößen verlässliche Aussagen hinsichtlich der Vorteilhaftigkeit des LPBF mit zwei gekoppelten Laserstrahlen.

8 Zusammenfassung und Ausblick

8.1 Zusammenfassung

Die additive Fertigung mittels LPBF ermöglicht die direkte Fertigung komplexer Bauteile auf Grundlage von 3D-CAD Daten. Im Vergleich zu konventionellen Fertigungsverfahren werden zusätzliche Freiheitsgrade im Bauteildesign ermöglicht. Zwar ergeben sich daraus zahlreiche potenzielle Anwendungsfälle, jedoch wird die breitere industrielle Nutzung des LPBF in der Produktion durch die geringe Aufbaurate limitiert. Die Verwendung größerer Laserleistungen bietet eine vielversprechende Möglichkeit zur Steigerung der Aufbaurate beim LPBF, wird jedoch praktisch durch prozessbedingte Instabilitäten limitiert. Multi-Strahl-Konzepte ermöglichen aufgrund der Bearbeitung mit mehreren gekoppelten Laserstrahlen Aufbauratensteigerungen bei gleichzeitiger Ausnutzung großer Laserleistungen, werden allerdings bislang für das LPBF kaum eingesetzt. In der vorliegenden Arbeit wurde deshalb ein Konzept für das LPBF mit zwei gekoppelten Laserstrahlen entwickelt und für die Fertigung von Bauteilen aus der Nickellegierung IN625 validiert. Anschließend wurde das LPBF mit zwei gekoppelten Laserstrahlen hinsichtlich der erreichbaren Bauteilqualität und Aufbaurate mit dem Single-Laser LPBF verglichen.

Um das LPBF mit zwei gekoppelten Laserstrahlen zu ermöglichen, wurde zunächst ein optisches System entwickelt und in eine bestehende LPBF-Labormaschine integriert. Das optische System ermöglicht die Anpassung der Anordnung von zwei Laserstrahlen in der Bearbeitungsebene der LPBF-Maschine. Dabei kann der Versatz der Laserstrahlen zueinander im Bereich von 0 – 1000 µm eingestellt werden. Konstruktiv wurde das optische System durch Einsatz von zwei Singlemode-Faserlasern und Verwendung eines Fast Steering Mirrors zur relativen Laserstrahlpositionierung realisiert. Die Eigenschaften des optischen Systems für die folgenden LPBF-Untersuchungen wurden mit Laserstrahldurchmessern von $d_s = 100 \pm 2$ µm, maximalen Laserleistungen von $P_{L,max} = 400$ W und der relativen Laserstrahlpositionierung mit einer Genauigkeit von ± 5 µm charakterisiert. Um den Parameterbereich einzugrenzen, wurden zunächst geeignete Konfigurationen aus parallelem Laserstrahlversatz Δx_L bzw. senkrechten Laserstrahlversatz Δy_L und Laserleistungsverhältnisse anhand von High-Speed Aufnahmen des LPBF-Prozesses ermittelt Hierbei wurden folgende wesentliche Ergebnisse erzielt:

Hinsichtlich des parallelen bzw. senkrechten Laserstrahlversatzes wurden für $\Delta x_L = 200$ µm und $\Delta y_L = 200$ µm stabile Schmelzspuren bei Verwendung großer Scangeschwindigkeiten bzw. großer Hatchabstände nachgewiesen. Hinsichtlich der Laserleistungsverteilung wurde keine signifikante Beeinflussung der Spurstabilität festgestellt, sodass im weiteren Verlauf gleiche Leistungen für beide Laserstrahlen verwendet wurden. Durch Untersuchungen zur Fertigung von einfachen würfelförmigen Probekörpern konnte für das LPBF mit zwei gekoppelten Laserstrahlen eine Erweiterung der Prozessfenster gegenüber dem Single-LPBF bei einer gleichbleibenden relativen Bauteildichte von $\rho_{rel} \geq 99{,}9\%$ demonstriert werden. Die Erweiterung der Prozessfenstergrenzen beim LPBF mit zwei gekoppelten Laserstrahlen wurde dabei durch die Vergrößerung der Scangeschwindigkeit ($v_s \leq 3000$ mm/s) bzw. des Hatchabstandes ($\Delta y_s \leq 220$ µm) bei gleichzeitiger Nutzung größerer Laserleistungen ($P_{L,ges} \leq 800$ W) erreicht. Hinsichtlich der Spritzerbildung wurde ein vergleichbares Verhalten bezüglich der Partikelgröße und -anzahl für das LPBF mit zwei gekoppelten Laserstrahlen und parallelem Versatz und für das Single-Laser LPBF festgestellt. Für das LPBF mit zwei gekoppelten Laserstrahlen und senkrechtem Versatz wurde hingegen eine signifikante Zunahme von Spritzerpartikelgröße und -anzahl ermittelt.

Hinsichtlich der Mikrostruktur der gefertigten Bauteile konnten keine Unterschiede zwischen dem LPBF mit zwei gekoppelten Laserstrahlen und dem Single-Laser LPBF festgestellt werden. Sowohl für die Härte als auch für die Zugfestigkeit und Bruchdehnung wurden in Übereinstimmung mit dem Stand der Technik vergleichbare Werte im Bereich von 290 – 310 HV10, $R_m = 936 - 976$ MPa und $A_{5,65} = 30 - 40\%$ für das LPBF mit zwei gekoppelten Laserstrahlen und das Single-Laser LPBF ermittelt. Bei der Messung des Verzugs anhand von Cantilever-Proben wurden insbesondere für das LPBF mit zwei gekoppelten Laserstrahlen eine signifikante Vergrößerung mit $\Delta z_{v,max} = 5{,}07$ mm gegenüber dem Single-Laser LPBF mit $\Delta z_{v,max} = 3{,}34$ mm ermittelt. Eine Beeinflussung der Maßhaltigkeit bei der Fertigung der Demonstratorbauteile konnte nicht festgestellt werden. Lediglich im Hinblick auf die Oberflächenqualität wurden für das LPBF mit zwei gekoppelten Laserstrahlen mit $S_a = 11{,}15 - 11{,}52$ µm größere Oberflächenrauheiten als für das Single-Laser LPBF mit $S_a = 9{,}22$ µm gemessen. Die größere Oberflächenrauheit wurde auf das Anhaften von Spritzerpartikeln an den Bauteilkonturen zurückgeführt.

Bei der Betrachtung der Aufbaurate für das LPBF mit zwei gekoppelten Laserstrahlen wurden Erhöhungen um den Faktor 2,40 bezogen auf die theoretische Aufbaurate und bis zu 2,11 bezogen auf die reale Aufbaurate gegenüber dem Single-Laser LPBF erzielt. Insbesondere für das LPBF mit zwei gekoppelten Laserstrahlen und parallelem Versatz wurde eine deutliche Abhängigkeit der Aufbauratensteigerung von der Bauteilgeometrie in Folge großer Belichtungsnebenzeiten aufgezeigt. Für großvolumige Bauteile wurde ein signifikantes Potenzial zur Erhöhung der Aufbaurate durch LPBF mit zwei gekoppelten Laserstrahlen identifiziert, wohingegen für Dünnwandstrukturen nur marginale Aufbauratensteigerungen erreicht werden.

8.2 Ausblick

Basierend auf den Ergebnissen dieser Arbeit ergeben sich weitere relevante Forschungsfragen. Im Rahmen der vorliegenden Arbeit wurde hinsichtlich der Reproduzierbarkeit der relativen Bauteildichte und der Oberflächenrauheit ein deutlicher Einfluss von der Position in der Schutzgasströmung festgestellt. Durch die größere Aufbaurate beim LPBF mit zwei gekoppelten Laserstrahlen entsteht eine größere Menge Prozessnebenprodukte pro Zeiteinheit, die durch die Schutzgasströmung aus der Interaktionszone entfernt werden müssen. Folglich werden die Anforderungen an eine homogene Schutzgasströmung erhöht. Um eine breitere Vergleichbarkeit der Ergebnisse zu erzielen, sollte im Rahmen weiterführender Forschungsarbeiten die Anpassung der Schutzgasführung an die Rahmenbedingungen beim LPBF mit zwei gekoppelten Laserstrahlen erforscht werden.

Ein weiterer Aspekt, der in zukünftigen Arbeiten adressiert werden sollte, ist die Geometrieabhängigkeit der Prozessführung beim LPBF mit zwei gekoppelten Laserstrahlen. Erste Unterschiede zwischen dem LPBF mit zwei gekoppelten Laserstrahlen und dem Single-Laser LPBF konnten im Bereich des Verzuges der Cantilever-Proben festgestellt werden. Insbesondere die kürzere Schicht-zu-Schicht-Wiederkehrzeit durch die größeren Aufbauraten beeinflusst die Temperatur-Zeit-Zyklen bei der LPBF-Fertigung. Dies hat einen Einfluss auf die Fertigung filigraner sowie überhängender Strukturen. Folglich sollte der Einfluss des LPBF mit zwei gekoppelten Laserstrahlen auf die Fertigung von verschiedenen Geometriemerkmalen, wie Überhängen und Dünnwandstrukturen, im Rahmen vertiefender Untersuchungen betrachtet werden. Anschließend können Kompensationsstrategien wie die lokale Verfahrensparameter-Anpassung sowie die Segmentierung in unterschiedliche Bauteilbereiche abgeleitet werden. Neben der Erhöhung der Bauteilqualität birgt die lokale Anpassung der Verfahrensparameter zusätzlich das Potenzial zur weiteren Erhöhung der Aufbaurate. Durch Segmentierung komplexer Bauteile könnte eine Aufbauratensteigerung bei gleichzeitigem Erhalt der Bauteileigenschaften ermöglicht werden.

Schließlich ist ein umfängliches Verständnis der Laserstrahl-Schmelzbad-Wechselwirkung notwendig, um zukünftig weitere Ansätze zum LPBF mit mehreren Laserstrahlen oder angepasster Intensitätsverteilung ableiten zu können. Hierfür könnte die Charakterisierung der Wechselwirkungszone durch hochauflösende Aufnahmen mit Synchrotron-Strahlung eingesetzt werden. Ähnliche Untersuchungen für das Laserstrahlschweißen sowie das Single-Laser LPBF lieferten bereits wichtige Erkenntnisse zur Kapillarbildung und zu den beim LPBF vorherrschenden Schmelzbadströmungen. Das Verständnis dieser Effekte ist von essenzieller Bedeutung, um die Laserstrahl-Schmelzbad-Wechselwirkung gezielt zu beeinflussen und neue LPBF-Konzepte (z.B. Beam Shaping) abzuleiten, die eine weitere Steigerung der Aufbaurate und Bauteilqualität beim LPBF ermöglichen.

9 Literaturverzeichnis

1. SCHLEIFENBAUM, J.H., G. LUKAS, C. FREY, M. OLY, W. HEISING, T. KRÜGER und M. LUTTER-GÜNTHER. *Distributed Additive Manufacturing. A resilient and sustainable way for future manufacturing.* Aachen: WBA Aachener Werkzeugbau Akademie GmbH, 2023. ISBN 978-3-946612-99-5.
2. MUNSCH, M., M. SCHMIDT-LEHR und E. WYCISK. *AMPOWER Report 2022. Additive Manufacturing Market Report.* Hamburg, 2022.
3. LANGEFELD, B., T. FEMMER, M. SCHAUKELLIS, T. WEITLANER, D. SCHOLZ und F. LASSAN. *Additive manufacturing - A new AM journey. New business models and comprehensive product innovation.* München, 2020.
4. E-PLUS-3D. *EP-M1550 Metal 3D Printer - Eplus3D* [online]. *Additive Manufacturing Machine.* 20 Dezember 2023 [Zugriff am: 20. Dezember 2023]. Verfügbar unter: https://www.eplus3d.com/products/ep-m1550-metal-3d-printer/#download
5. EIBL, F. *Laser powder bed fusion of stainless steel with high power multi-diode-laser-array.* Dissertation. Edition Wissenschaft Apprimus. ISBN 978-3-86359-587-6.
6. TENBROCK, C. *Large-format machine for multi-scanner Laser Powder Bed Fusion.* Dissertation. Ergebnisse aus der Lasertechnik. ISBN 978-3-98555-091-3.
7. FRAUNHOFER GESELLSCHAFT ZUR FORDERUNG DER ANGEWANDTEN FORSCHUNG E.V. Verfahren zur Herstellung eines Formkörpers. Erfinder: W. MEINERS, K. WISSENBACH UND A. GASSER. Anmeldung: 2. Dezember 1996. Deutschland. DE19649865C1.
8. DIN, *DIN EN ISO/ASTM 52900:2022-03, Additive Fertigung - Grundlagen - Terminologie (ISO/ASTM 52900:2021); Deutsche Fassung EN ISO/ASTM 52900:2021.* Berlin: Beuth Verlag GmbH [Zugriff am: 7. September 2022]. Verfügbar unter: https://www.beuth.de/de/norm/din-en-iso-astm-52900/344258696
9. ASSOCIATES, W. *Wohlers report 2019. 3D printing and additive manufacturing state of the industry.* Fort Collins, Colorado: Wohlers Associates, 2019. ISBN 9780991333257.
10. BRECHER, C., Hg. *Advances in production technology.* Cham: Springer Open, 2015. Lecture Notes in Production Engineering. ISBN 978-3-319-12303-5.
11. MEINERS, W. *Direktes selektives Laser Sintern einkomponentiger metallischer Werkstoffe.* Dissertation. Als Manuskript gedruckt, 1999. Berichte aus der Lasertechnik. ISBN 3-8265-6571-1.
12. BEHLER, K., D. HEUSSEN, M. KUPPER, N. PIRCH, T. LANTZSCH und J.H. SCHLEIFENBAUM. Energy coupling in laser powder bed fusion of copper using different laser wavelengths [online]. *Proc. of Lasers in Manufacturing Conference 2021 (LiM 2021),* 2021, 1246-1256. Verfügbar unter: https://www.wlt.de/sites/default/files/2021-10/laser_powder_bed_fusion/Contribution_287_final.pdf
13. SCHNIEDENHARN, M. *On the influence of focal shift and process by-products on the laser powder bed fusion process.* Dissertation. Aachen: RWTH Aachen University. ISBN 978-3-86359-910-2.

14. SEMAK, V. und A. MATSUNAWA. The role of recoil pressure in energy balance during laser materials processing [online]. *Journal of Physics D: Applied Physics,* 1997, **30**(18), 2541-2552. ISSN 0022-3727. Verfügbar unter: doi:10.1088/0022-3727/30/18/008
15. FABBRO, R. Melt pool and keyhole behaviour analysis for deep penetration laser welding [online]. *Journal of Physics D: Applied Physics,* 2010, **43**(44), 445501. ISSN 0022-3727. Verfügbar unter: doi:10.1088/0022-3727/43/44/445501
16. PFEIFFER, S. *Hybrides Prozessmodell für das Tiefschweißen mit Laserstrahlung.* Zugl.: Aachen, Techn. Hochsch., Diss., 2011. Aachen: Shaker, 2011. Berichte aus der Lasertechnik. ISBN 3-8322-9929-7.
17. LY, S., A.M. RUBENCHIK, S.A. KHAIRALLAH, G. GUSS und M.J. MATTHEWS. Metal vapor micro-jet controls material redistribution in laser powder bed fusion additive manufacturing [online]. *Scientific reports,* 2017, **7**(1), 4085. Verfügbar unter: doi:10.1038/s41598-017-04237-z
18. MARTIN, A.A., N.P. CALTA, S.A. KHAIRALLAH, J. WANG, P.J. DEPOND, A.Y. FONG, V. THAMPY, G.M. GUSS, A.M. KISS, K.H. STONE, C.J. TASSONE, J. NELSON WEKER, M.F. TONEY, T. VAN BUUREN und M.J. MATTHEWS. Dynamics of pore formation during laser powder bed fusion additive manufacturing [online]. *Nature communications,* 2019, **10**(1), 1987. Verfügbar unter: doi:10.1038/s41467-019-10009-2
19. KHAIRALLAH, S.A., A.T. ANDERSON, A. RUBENCHIK und W.E. KING. Laser powder-bed fusion additive manufacturing: Physics of complex melt flow and formation mechanisms of pores, spatter, and denudation zones [online]. *Acta Materialia,* 2016, **108**, 36-45. ISSN 13596454. Verfügbar unter: doi:10.1016/j.actamat.2016.02.014
20. CUNNINGHAM, R., C. ZHAO, N. PARAB, C. KANTZOS, J. PAUZA, K. FEZZAA, T. SUN und A.D. ROLLETT. Keyhole threshold and morphology in laser melting revealed by ultrahigh-speed x-ray imaging [online]. *Science (New York, N.Y.),* 2019, **363**(6429), 849-852. Verfügbar unter: doi:10.1126/science.aav4687
21. LEUNG, C.L.A., S. MARUSSI, R.C. ATWOOD, M. TOWRIE, P.J. WITHERS und P.D. LEE. In situ X-ray imaging of defect and molten pool dynamics in laser additive manufacturing [online]. *Nature communications,* 2018, **9**(1), 1355. Verfügbar unter: doi:10.1038/s41467-018-03734-7
22. WEBERPALS, J.-P. *Nutzen und Grenzen guter Fokussierbarkeit beim Laserschweißen.* Zugl.: Stuttgart, Univ., Diss., 2010. München: Utz, 2010. Laser in der Materialbearbeitung. ISBN 978-3-8316-0995-6.
23. SCIPIONI BERTOLI, U., A.J. WOLFER, M.J. MATTHEWS, J.-P.R. DELPLANQUE und J.M. SCHOENUNG. On the limitations of Volumetric Energy Density as a design parameter for Selective Laser Melting [online]. *Materials & Design,* 2017, **113**, 331-340. ISSN 02641275. Verfügbar unter: doi:10.1016/j.matdes.2016.10.037
24. LI, R., J. LIU, Y. SHI, L. WANG und W. JIANG. Balling behavior of stainless steel and nickel powder during selective laser melting process [online]. *The International Journal of Advanced Manufacturing Technology,* 2012, **59**(9-12), 1025-1035. ISSN 0268-3768. Verfügbar unter: doi:10.1007/s00170-011-3566-1
25. TANG, C., K.Q. LE und C.H. WONG. Physics of humping formation in laser powder bed fusion [online]. *International Journal of Heat and Mass Transfer,* 2020, **149**, 119172. ISSN 00179310. Verfügbar unter: doi:10.1016/j.ijheatmasstransfer.2019.119172

26. ZHANG, W., W. HOU, L. DEIKE und C. ARNOLD. Understanding the Rayleigh instability in humping phenomenon during laser powder bed fusion process [online]. *International Journal of Extreme Manufacturing,* 2022, **4**(1), 15201. ISSN 2631-8644. Verfügbar unter: doi:10.1088/2631-7990/ac466d
27. CHANDRASEKHAR, S. *Hydrodynamic and Hydromagnetic Stability:* Dover Publications, 2013. ISBN 9780486319209.
28. YADROITSEV, I., A. GUSAROV, I. YADROITSAVA und I. SMUROV. Single track formation in selective laser melting of metal powders [online]. *Journal of Materials Processing Technology,* 2010, **210**(12), 1624-1631. ISSN 09240136. Verfügbar unter: doi:10.1016/j.jmatprotec.2010.05.010
29. KRUTH, J.P., L. FROYEN, J. VAN VAERENBERGH, P. MERCELIS, M. ROMBOUTS und B. LAUWERS. Selective laser melting of iron-based powder [online]. *Journal of Materials Processing Technology,* 2004, **149**(1-3), 616-622. ISSN 09240136. Verfügbar unter: doi:10.1016/j.jmatprotec.2003.11.051
30. YADROITSEV, I., P. BERTRAND und I. SMUROV. Parametric analysis of the selective laser melting process [online]. *Applied Surface Science,* 2007, **253**(19), 8064-8069. ISSN 01694332. Verfügbar unter: doi:10.1016/j.apsusc.2007.02.088
31. MATTHEWS, M.J., G. GUSS, S.A. KHAIRALLAH, A.M. RUBENCHIK, P.J. DEPOND und W.E. KING. Denudation of metal powder layers in laser powder bed fusion processes [online]. *Acta Materialia,* 2016, **114**, 33-42. ISSN 13596454. Verfügbar unter: doi:10.1016/j.actamat.2016.05.017
32. LADEWIG, A., G. SCHLICK, M. FISSER, V. SCHULZE und U. GLATZEL. Influence of the shielding gas flow on the removal of process by-products in the selective laser melting process [online]. *Additive Manufacturing,* 2016, **10**, 1-9. ISSN 22148604. Verfügbar unter: doi:10.1016/j.addma.2016.01.004
33. SCHLEIFENBAUM, J.H. *Verfahren und Maschine zur individualisierten Produktion mit High Power Selective Laser Melting.* Zugl.: Aachen, Techn. Hochsch., Diss., 2011. Aachen: Shaker, 2012. Berichte aus der Lasertechnik. ISBN 978-3-8440-0689-6.
34. TENBROCK, C., T. KELLIGER, N. PRAETZSCH, M. RONGE, L. JAUER und J.H. SCHLEIFENBAUM. Effect of laser-plume interaction on part quality in multi-scanner Laser Powder Bed Fusion [online]. *Additive Manufacturing,* 2021, **38**, 101810. ISSN 22148604. Verfügbar unter: doi:10.1016/j.addma.2020.101810
35. BREMEN, S.W. *Korrelation der High Power SLM-Prozessführung mit der Produktivität, Effizienz und den Materialeigenschaften für den Werkstoff Inconel 718. Paralelltitel auf dem Promotionstitelblatt:Correlation of high power SLM process with productivity efficiency and material properties for inconel 718.* Aachen: Apprimus Verlag, 2017. Edition Wissenschaft Apprimus. ISBN 978-3-86359-516-6.
36. RUBENCHIK, A.M., W.E. KING und S.S. WU. Scaling laws for the additive manufacturing [online]. *Journal of Materials Processing Technology,* 2018, **257**, 234-243. ISSN 09240136. Verfügbar unter: doi:10.1016/j.jmatprotec.2018.02.034
37. AMCM GMBH. *AMCM M 290* [online]. *Optimized for your applications.,* 2022 [Zugriff am: 31. Oktober 2022]. Verfügbar unter: https://amcm.com/machines/amcm-m-290-1kw

38. SLM SOLUTIONS GROUP AG. *Mid and High Volume Metal Additive Manufacturing | SLM 280 Technical Specifications* [online], 2021. 17 Februar 2021 [Zugriff am: 17. Februar 2021]. Verfügbar unter: https://www.slm-solutions.com/products-and-solutions/machines/slm-280/
39. VELO3D. *Sapphire and Sapphire 1MZ Printer* [online]. *Product brief,* 2022 [Zugriff am: 31. Oktober 2022]. Verfügbar unter: https://velo3d.com/product-brief-sapphire-and-sapphire-1mz-printer/
40. WOLF, D. und M.J. GALBA. *Scale up productivity by scaling up the laser spot size of a LPBF-System* [online]. *Unleash the potential of your today not profitable AM-applications due to too low cost per part requirements.,* 2022 [Zugriff am: 31. Oktober 2022]. Verfügbar unter: https://www.eos.info/en/landing-pages/future-3dprinting/landingpage-3dprinting/laser-up-scaling-lpbf
41. SLM SOLUTIONS GROUP AG. *SLM NXG XII 600* [online], 2022. 4 Januar 2022 [Zugriff am: 4. Januar 2022]. Verfügbar unter: https://www.slm-pushing-the-limits.com/
42. CSIR. *Project Aeroswift helps unlock the growth potential of additive manufacturing in South Africa* [online], 2019. 6 Februar 2023 [Zugriff am: 6. Februar 2023]. Verfügbar unter: https://www.csir.co.za/project-aeroswift
43. L MOTIBANE, L TSHABALALA, N MATHE und R KNUTSEN. Dynamic Mechanical Properties of High Speed Selective Laser Melting at 4.5kW [online]. *RAPDASA 2019 Conference Proceedings,* 2019. Verfügbar unter: https://www.researchgate.net/profile/londiwe-motibane-2/publication/342804355_dynamic_mechanical_properties_of_high_speed_selective_laser_melting_at_45kw
44. METAL AM MAGAZINE. *Aeroswift metal Additive Manufacturing machine used to produce large UAV frame* [online], 2019. 30 April 2019 [Zugriff am: 6. Februar 2023]. Verfügbar unter: https://www.metal-am.com/aeroswift-metal-additive-manufacturing-machine-used-to-produce-large-uav-frame/
45. SCHLEIFENBAUM, H., W. MEINERS, K. WISSENBACH und C. HINKE. Individualized production by means of high power Selective Laser Melting [online]. *CIRP Journal of Manufacturing Science and Technology,* 2010, **2**(3), 161-169. ISSN 17555817 [Zugriff am: 14. Februar 2019]. Verfügbar unter: doi:10.1016/j.cirpj.2010.03.005
46. BREMEN, S., W. MEINERS, K. WISSENBACH und R. POPRAWE. Correlation of the High Power SLM Process with Resulting Material Properties for IN718 [online]. *BHM Berg- und Hüttenmännische Monatshefte,* 2017, **162**(5), 179-187. ISSN 0005-8912. Verfügbar unter: doi:10.1007/s00501-017-0589-4
47. TENBROCK, C., F.G. FISCHER, K. WISSENBACH, J.H. SCHLEIFENBAUM, P. WAGENBLAST, W. MEINERS und J. WAGNER. Influence of keyhole and conduction mode melting for top-hat shaped beam profiles in laser powder bed fusion [online]. *Journal of Materials Processing Technology,* 2020, **278**, 116514. ISSN 09240136. Verfügbar unter: doi:10.1016/j.jmatprotec.2019.116514
48. WISCHEROPP, T.M., H. TARHINI und C. EMMELMANN. Influence of laser beam profile on the selective laser melting process of AlSi10Mg [online]. *Journal of Laser Applications,* 2020, **32**(2), 22059. ISSN 1042-346X [Zugriff am: 11. Mai 2020]. Verfügbar unter: doi:10.2351/7.0000100

49. WISCHEROPP, T.M. *Advancement of Selective Laser Melting by Laser Beam Shaping*. Berlin, Heidelberg: Springer Berlin Heidelberg, 2021. Light Engineering für die Praxis. ISBN 9783662645857.
50. NLIGHT INC. *Product Data Sheet AFX-1000* [online]. *Programmable fiber lasers for Additive Manufacturing*, 2022 [Zugriff am: 4. Januar 2022]. Verfügbar unter: https://www.nlight.net/programmable-rackmount-single-mode-fiber-lasers
51. GRÜNEWALD, J., F. GEHRINGER, M. SCHMÖLLER und K. WUDY. Influence of Ring-Shaped Beam Profiles on Process Stability and Productivity in Laser-Based Powder Bed Fusion of AISI 316L [online]. *Metals*, 2021, **11**(12), 1989. Verfügbar unter: doi:10.3390/met11121989
52. GRÜNEWALD, J., V. BLICKLE, M. ALLENBERG-RABE, P. WAGENBLAST und K. WUDY. Flexible and highly dynamic beam shaping for Laser-Based Powder Bed Fusion of metals. *Procedia CIRP 111*, 2022, **2022**, 65-70.
53. LANTZSCH, T., D. HEUSSEN, N. PRAETZSCH und C. HAEFNER. Evaluation of productivity scaling approaches for laser powder bed fusion of nickel-base alloy 625. In: *High-Power Laser Materials Processing: Applications, Diagnostics, and Systems XI*, 2022, S. 19-31.
54. EOS GMBH. *EOS M 300 Series* [online]. *Digital Additive Manufacturing for the Industrial Production of High-Quality Metal Parts*, 2022 [Zugriff am: 24. Oktober 2022]. Verfügbar unter: https://www.eos.info/en/additive-manufacturing/3d-printing-metal/eos-metal-systems/eos-m-300-4
55. RENISHAW PLC. *Renishaw: RenAM 500 additive Fertigungssysteme auf Metallbasis* [online]. 24 Oktober 2022 [Zugriff am: 24. Oktober 2022]. Verfügbar unter: https://www.renishaw.de/de/renam-500-additive-fertigungssysteme-auf-metallbasis-3d-druck--37011
56. TRUMPF LASER- & SYSTEMTECHNIK GMBH. *TruPrint 1000* [online]. *Kompakter und robuster 3D-Druck*, 2021 [Zugriff am: 24. Oktober 2022]. Verfügbar unter: https://www.trumpf.com/de_DE/produkte/maschinen-systeme/additive-fertigungssysteme/truprint-1000/
57. TRUMPF LASER- & SYSTEMTECHNIK GMBH. *TruPrint 5000* [online]. *Hochproduktiver 3D-Druck für die industrielle Serienfertigung*, 2021 [Zugriff am: 24. Oktober 2022]. Verfügbar unter: https://www.trumpf.com/de_DE/produkte/maschinen-systeme/additive-fertigungssysteme/truprint-5000/
58. ADDITIVE INDUSTRIES B.V. *Additive Industries announces new flagship 3D metal printer MetalFAB-600* [online], 2020. 2 Januar 2022 [Zugriff am: 4. Januar 2022]. Verfügbar unter: https://www.additiveindustries.com/news/news-and-press/additive-industries-announces-new-flagship-3d-metal-printer-metalfab-600
59. VELO3D. *Sapphire XC, Large Format 3D Metal Printer* [online], 2022. 29 November 2021 [Zugriff am: 4. Januar 2022]. Verfügbar unter: https://www.velo3d.com/sapphire-xc/
60. SCHLEIFENBAUM, J.H., T. PICHLER und B. HOPPE. Kostenmodell für das Laserstrahlschmelzen [online]. Kosten- und Leistungskennwerte für die additive Fertigung ermitteln und analysieren. *wt Werkstatttechnik online*, 2017, **106**, 432-438. Verfügbar unter: https://scholar.archive.org/work/uw3yzxokr5g3bk5etele6ei7cy/access/wayback/https://elibrary.vdi-verlag.de/10.37544/1436-4980-2017-06-48.pdf
61. PICHLER, T. *Adaptives Laser Powder Bed Fusion der Titanlegierung TiAl6V4*. Dissertation. Ergebnisse aus der Lasertechnik. ISBN 9783985550968.

62. Control method, control device and production apparatus. Erfinder: A. HOPPE, C. THIEL, A.-K. OTTE, D. BRUECK, J. WILKES UND D. SCHWARZE. USA. US20220193769A1.
63. SAUNDERS, M. *Gone with the wind - how gas flow governs LPBF performance | LinkedIn* [online], 2017. 2 November 2022 [Zugriff am: 2. November 2022]. Verfügbar unter: https://www.linkedin.com/pulse/gone-wind-how-gas-flow-governs-lpbf-performance-marc-saunders/
64. HEELING, T. und K. WEGENER. The effect of multi-beam strategies on selective laser melting of stainless steel 316L [online]. *Additive Manufacturing,* 2018, **22**, 334-342. ISSN 22148604. Verfügbar unter: doi:10.1016/j.addma.2018.05.026
65. HEELING, T. *Synchronized Two-Beam Strategies for Selective Laser Melting,* 2018.
66. MATTHIAS, S., M. LUCAS, S. SIVAM und B. BHUT. Using wobble based laser scanning techniques in additive manufacturing applications. *Lasers in Manufacturing Conference,* 2019, **2019**, 1-13.
67. ZHANG, W., W. HOU, L. DEIKE und C.B. ARNOLD. Using a dual-laser system to create periodic coalescence in laser powder bed fusion [online]. *Acta Materialia,* 2020, **201**, 14-22. ISSN 13596454. Verfügbar unter: doi:10.1016/j.actamat.2020.09.071
68. Additive manufacturing systems and methods. Erfinder: M. C. FELDMANN, J.P. KOMSTA UND M. SWEERLAND. USA. US20210107062A1.
69. EOS GMBH. *EOS LaserProFusion für den werkzeuglosen Spritzguss | EOS GmbH* [online]. *Innovationen im 3D-Druck,* 2023. 6 Februar 2023 [Zugriff am: 6. Februar 2023]. Verfügbar unter: https://www.eos.info/de/innovationen/3d-druck-der-zukunft/laserpro-fusion
70. EIBL, F., C. TENBROCK, T. PICHLER, T. SCHMITHÜSEN, D. HEUSSEN und J.H. SCHLEIFENBAUM. *Alternative beam sources and machine concepts for laser powder bed fusion.* Piscataway, NJ: IEEE, 2017. Proceedings of the 2017 High Power Diode Lasers and Systems Conference (HDP). ISBN 9781538632642.
71. POPRAWE, R., C. HINKE, W. MEINERS, J. SCHRAGE, S. BREMEN und S. MERKT. SLM Production Systems. Recent Developments in Process Development, Machine Concepts and Component Design. In: C. BRECHER, Hg. *Advances in production technology.* Cham: Springer Open, 2015, S. 49-65. ISBN 978-3-319-12303-5.
72. ZAVALA-ARREDONDO, M., N. BOONE, J. WILLMOTT, D.T. CHILDS, P. IVANOV, K.M. GROOM und K. MUMTAZ. Laser diode area melting for high speed additive manufacturing of metallic components [online]. *Materials & Design,* 2017, **117**, 305-315. ISSN 02641275. Verfügbar unter: doi:10.1016/j.matdes.2016.12.095
73. KARP, J.H., V. OSTROVERKHOV, D. BOGDAN, M. GRAHAM, B. MCCARTHY und W. CARTER. Area melting with multi-laser arrays to increase build rate for metal powder bed fusion additive manufacturing. In: H. HELVAJIAN, B. GU und H. CHEN, Hg. *Laser 3D Manufacturing VI:* SPIE, 2. Februar 2019 - 7. Februar 2019, S. 8. ISBN 9781510624603.
74. CAO, L. Numerical Investigation on Molten Pool Dynamics During Multi-laser Array Powder Bed Fusion Process [online]. *Metallurgical and Materials Transactions A,* 2021, **52**(1), 211-227. ISSN 1073-5623. Verfügbar unter: doi:10.1007/s11661-020-06076-6
75. SLODCZYK, M., A. ILIN, T. KIEDROWSKI und V. PLOSHIKHIN. Influence of multi-spot exposure of powder bed on melt pool stability in selective laser melting. In: H. HELVAJIAN, B. GU und H. CHEN, Hg. *Laser 3D Manufacturing VI:* SPIE, 2. Februar 2019 - 7. Februar 2019, S. 7. ISBN 9781510624603.

76. SLODCZYK, M. *Physikalische Grundlagen der Multistrahlbelichtung beim selektiven Laserschmelzen*. Dissertation. Bremen, 2022.
77. TSAI, C.-Y., C.-W. CHENG, A.-C. LEE und M.-C. TSAI. Synchronized multi-spot scanning strategies for the laser powder bed fusion process [online]. *Additive Manufacturing,* 2019, **27**, 1-7. ISSN 22148604. Verfügbar unter: doi:10.1016/j.addma.2019.02.009
78. LANTZSCH, T., T. WESTPHALEN, C. TENBROCK, M. TRAUB und C.L. HAEFNER. Laser Powder Bed Fusion of Stainless Steel 316L using a flexible dual fiber laser array [online]. *Proceedings of the 32nd Annual International Solid Freeform Fabrication Symposium - An Additive Manufacturing Conference,* 2021, 1608-1617. Verfügbar unter: https://utw10945.utweb.utexas.edu/2021-table-contents
79. DAUSINGER, F., F. FAISST, C. GLUMANN und R. HACK. Effiziente Strahladdition zum Laserschweissen. *Laser und Optoelectronik,* 1995, **27**, 45-50.
80. DAUSINGER, F. und R. HACK. Multi-beam technique to increase power, flexibility and Quality. *Proc.of ECLAT '96(6th Euro.Conf.on Laser Treatment of Materials),* 1996, 19-28.
81. CHANG, C.-L. *Berechnung der Schmelzbadgeometrie beim Laserstrahlschweißen mit Mehrfokustechnik*. Zugl.: Stuttgart, Univ., Diss., 2000 (Nicht für den Austausch). München: Utz Wiss, 2000. Laser in der Materialbearbeitung. ISBN 3-89675-825-X.
82. GREF, W., B. HOHENBERGER, F. DAUSINGER und H. HÜGEL. Energy coupling and process efficiency in double-focus welding with Nd:YAG. In: E. BEYER, Hg. *Congress proceedings / Laser Materials Processing Conference [and] Laser Microfabrication Conference [presented at] ICALEO 2002, 21st International Congress on Applications of Lasers & Electro-Optics, October 14 - 17, 2002, Double Tree Paradise Valley Resort, Scottsdale, Arizona, USA*. [Elektronische Ressource]. Orlando, Fla.: LIA, 2002, S. 165116. ISBN 978-0-912035-72-7.
83. VDM METALS INTERNATIONAL GMBH. *VDM® Alloy 625 Nicrofer 6020 hMo* [online]. *Datenblatt Nr. 4118,* 2022 [Zugriff am: 19. Februar 2023]. Verfügbar unter: https://www.vdm-metals.com/de/alloy625
84. SLM SOLUTIONS GROUP AG. *Material Data Sheet Ni-Alloy IN625* [online], 2022 [Zugriff am: 4. Januar 2022]. Verfügbar unter: https://www.slm-solutions.com/products-and-solutions/powders/
85. EOS GMBH. *Material Data Sheet EOS NickelAlloy IN625* [online], 2022 [Zugriff am: 4. Januar 2022]. Verfügbar unter: https://www.eos.info/de/additive-fertigung/3d-druck-metall/eos-metall-werkstoffe-dmls/nickel-alloy-inconel
86. EOS GMBH. *Voller Schub: Innovation bei der Wartung leistungsstarker Industrie-Gasturbinen* [online]. *Case study Siemens,* 2013 [Zugriff am: 19. Februar 2023]. Verfügbar unter: https://www.eos.info/de/beispiele-additive-fertigung/3d-druck-gasturbine-reparatur-siemens
87. EOS GMBH. *EOS M 290 - Technical Data* [online], 2021. 17 Februar 2021 [Zugriff am: 17. Februar 2021]. Verfügbar unter: www.eos.info/en/additive-manufacturing/3d-printing-metal/eos-metal-systems/eos-m-290
88. IPG PHOTONICS CORP. *Specification Ytterbium Fiber Laser. Model YLR-400-WC-Y14*. Rev. 04. Oxford, 2014.
89. AGILTRON INC. *Free-Space Acoustic Optic Modulators / Shifters* [online]. *Data Sheet,* 2023 [Zugriff am: 24. Juli 2023]. Verfügbar unter: https://agiltron.com/product/free-space-acoustic-optic-modulators-shifters/

90. HOLO/OR LTD. *Data sheet: 1D Beam Splitter* [online]. *DS-224-I-Y-A,* 2023 [Zugriff am: 24. Juli 2023]. Verfügbar unter: https://www.holoor.co.il/product/beam-splitter-1d/
91. ZIEBURA, D., S. BREMEN, J.H. SCHLEIFENBAUM und A. GEBHARDT. Machbarkeitsstudie zur Verarbeitung von nicht rostendem Stahl 1.4404 unter Verwendung einer Diodenlaser-basierten LPBF-Maschine mit kartesischem Achssystem [online]. *RTejournal - Fachforum für Rapid Technologien,* 2018, (Vol. 2018). Verfügbar unter: https://www.rtejournal.de/ausgabe-15-2018/4793/view?set_language=de
92. SCANLAB GMBH. *RTC®5 PC-Interfacekarte für die Scan-Kopf und Lasersteuerung in Echtzeit. Installation und Inbetriebnahme.* Puchheim, 2012.
93. WANG, D., Q. YU und X. YE. Correction of the field distortion in embedded laser marking system [online]. *Optics & Laser Technology,* 2014, **57**, 52-56. ISSN 00303992. Verfügbar unter: doi:10.1016/j.optlastec.2013.09.033
94. SILL OPTICS GMBH & CO. KG. *Data Sheet S4LFT1330/328* [online]. *F-Theta standard - fused silica 1030-1090 nm,* 2022. 6 Juli 2022 [Zugriff am: 24. Juli 2023]. Verfügbar unter: https://www.silloptics.de/service/downloads
95. SCANLAB GMBH. *intelliSCAN III 30. Installation and Operation.* Puchheim, 2017.
96. DIN, *DIN EN ISO 11146-1:2021-11, Laser und Laseranlagen - Prüfverfahren für Laserstrahlabmessungen, Divergenzwinkel und Beugungsmaßzahlen - Teil 1: Stigmatische und einfach astigmatische Strahlen (ISO 11146-1:2021); Deutsche Fassung EN ISO 11146-1:2021.* Berlin: Beuth Verlag GmbH [Zugriff am: 7. September 2022]. Verfügbar unter: https://www.beuth.de/de/norm/din-en-iso-11146-1/338438979
97. CINOGY TECHNOLOGIES GMBH. *UV-NIR Laser Beam Profiler* [online]. *Data Sheet - CinSpot FBP-1KF* [Zugriff am: 5. September 2022]. Verfügbar unter: http://www.cinogy.com/html/cinspot_tool.html
98. SALDI, Z.S. *Marangoni driven free surface flows in liquid weld pools.* [S.l.]: [s.n.], 2012. ISBN 978-94-6190-980-0.
99. GUNENTHIRAM, V., P. PEYRE, M. SCHNEIDER, M. DAL, F. COSTE, I. KOUTIRI und R. FABBRO. Experimental analysis of spatter generation and melt-pool behavior during the powder bed laser beam melting process [online]. *Journal of Materials Processing Technology,* 2018, **251**, 376-386. ISSN 09240136. Verfügbar unter: doi:10.1016/j.jmatprotec.2017.08.012
100. SCHWERZ, C., A. RAZA, X. LEI, L. NYBORG, E. HRYHA und H. WIRDELIUS. In-situ detection of redeposited spatter and its influence on the formation of internal flaws in laser powder bed fusion [online]. *Additive Manufacturing,* 2021, **47**, 102370. ISSN 22148604. Verfügbar unter: doi:10.1016/j.addma.2021.102370
101. NGUEJIO, J., F. SZMYTKA, S. HALLAIS, A. TANGUY, S. NARDONE und M. GODINO MARTINEZ. Comparison of microstructure features and mechanical properties for additive manufactured and wrought nickel alloys 625 [online]. *Materials Science and Engineering: A,* 2019, **764**, 138214. ISSN 09215093. Verfügbar unter: doi:10.1016/j.msea.2019.138214
102. GENG, S., P. JIANG, X. SHAO, L. GUO und X. GAO. Heat transfer and fluid flow and their effects on the solidification microstructure in full-penetration laser welding of aluminum sheet [online]. *Journal of Materials Science & Technology,* 2020, **46**, 50-63. ISSN 10050302. Verfügbar unter: doi:10.1016/j.jmst.2019.10.027

103. SPECIAL METALS CORP. *Inconel ®alloy 625* [online], 2013. 08/2013 [Zugriff am: 15. Juli 2023]. Verfügbar unter: https://www.specialmetals.com/documents/technical-bulletins/inconel/
104. SAEWE, J., C. GAYER, A. VOGELPOTH und J.H. SCHLEIFENBAUM. Feasability Investigation for Laser Powder Bed Fusion of High-Speed Steel AISI M50 with Base Preheating System [online]. *BHM Berg- und Hüttenmännische Monatshefte,* 2019, **164**(3), 101-107. ISSN 0005-8912. Verfügbar unter: doi:10.1007/s00501-019-0828-y
105. DIN. DIN EN ISO 6892-1:2019, *Metallische Werkstoffe – Zugversuch Teil 1: Prüfverfahren bei Raumtemperatur (ISO 6892-1:2019).* Berlin: Beuth Verlag GmbH [Zugriff am: 1. Juli 2023].
106. DIN. DIN 50125, *Prüfung metallischer Werkstoffe – Zugproben.* Berlin: Beuth Verlag GmbH [Zugriff am: 1. Juli 2023].
107. PROMOPPATUM, P. Dual-laser powder bed fusion additive manufacturing: computational study of the effect of process strategies on thermal and residual stress formations [online]. *The International Journal of Advanced Manufacturing Technology,* 2022, **121**(1-2), 1337-1351. ISSN 0268-3768. Verfügbar unter: doi:10.1007/s00170-022-09412-9
108. SCANLAB GMBH. *excelliSCAN Serie mit SCANahead-Technologie* [online]. *Prozessbeschleuniger in der Additiven Fertigung,* 2019. 11/2019 [Zugriff am: 15. Juli 2023]. Verfügbar unter: https://www.scanlab.de/de/produkte/scan-systeme/excelliscan
109. VOGELPOTH, A., J.H. SCHLEIFENBAUM und S. RITTINGHAUS. Laser Additive Manufacturing of Titanium Aluminides for Turbomachinery Applications. In: *Proceedings of the ASME Turbo Expo: Turbomachinery Technical Conference and Exposition - 2019. Presented at the ASME Turbo Expo 2019: Turbomachinery Technical Conference and Exposition, June 17-21, 2019, Phoenix, Arizona, USA.* New York, N.Y.: The American Society of Mechanical Engineers, 2019. ISBN 978-0-7918-5867-7.
110. PROTASOV, C.E. und A.V. GUSAROV. Modeling the Effect of Beam Shaping at Selective Laser Melting [online]. *Materials Science Forum,* 2015, **834**, 85-92. Verfügbar unter: doi:10.4028/www.scientific.net/MSF.834.85
111. OKUNKOVA, A., M. VOLOSOVA, P. PERETYAGIN, Y. VLADIMIROV, I. ZHIRNOV und A.V. GUSAROV. Experimental Approbation of Selective Laser Melting of Powders by the Use of Non-Gaussian Power Density Distributions [online]. *Physics Procedia,* 2014, **56**, 48-57. ISSN 18753892. Verfügbar unter: doi:10.1016/j.phpro.2014.08.095
112. OKUNKOVA, A.A., P. PERETYAGIN, P.A. PODRABINNIK, I.V. ZHIRNOV und A.V. GUSAROV. Development of Laser Beam Modulation Assets for the Process Productivity Improvement of Selective Laser Melting [online]. *Procedia IUTAM,* 2017, **23**, 177-186. ISSN 22109838. Verfügbar unter: doi:10.1016/j.piutam.2017.06.019
113. GUSAROV, A.V., S.N. GRIGORIEV, M.A. VOLOSOVA, Y.A. MELNIK, A. LASKIN, D.V. KOTOBAN und A.A. OKUNKOVA. On productivity of laser additive manufacturing [online]. *Journal of Materials Processing Technology,* 2018, **261**, 213-232. ISSN 09240136. Verfügbar unter: doi:10.1016/j.jmatprotec.2018.05.033
114. METEL, A., M. STEBULYANIN, S. FEDOROV und A. OKUNKOVA. Power Density Distribution for Laser Additive Manufacturing (SLM): Potential, Fundamentals and Advanced Applications [online]. *Technologies,* 2019, **7**(1), 5. Verfügbar unter: doi:10.3390/technologies7010005

115. LASKIN, A.V., D. FAIDEL und V. LASKIN. Optics to control thermal effects in selective laser melting. In: H. HELVAJIAN, A. PIQUÉ und B. GU, Hg. *Laser 3D Manufacturing V:* SPIE, 27. Januar 2018 - 1. Februar 2018, S. 48. ISBN 9781510615311.
116. CLOOTS, M., P.J. UGGOWITZER und K. WEGENER. Investigations on the microstructure and crack formation of IN738LC samples processed by selective laser melting using Gaussian and doughnut profiles [online]. *Materials & Design,* 2016, **89**, 770-784. ISSN 02641275. Verfügbar unter: doi:10.1016/j.matdes.2015.10.027
117. ROEHLING, T.T., S.S. WU, S.A. KHAIRALLAH, J.D. ROEHLING, S.S. SOEZERI, M.F. CRUMB und M.J. MATTHEWS. Modulating laser intensity profile ellipticity for microstructural control during metal additive manufacturing [online]. *Acta Materialia,* 2017, **128**, 197-206. ISSN 13596454. Verfügbar unter: doi:10.1016/j.actamat.2017.02.025
118. ROEHLING, T.T., R. SHI, S.A. KHAIRALLAH, J.D. ROEHLING, G.M. GUSS, J.T. MCKEOWN und M.J. MATTHEWS. Controlling grain nucleation and morphology by laser beam shaping in metal additive manufacturing [online]. *Materials & Design,* 2020, **195**, 109071. ISSN 02641275. Verfügbar unter: doi:10.1016/j.matdes.2020.109071
119. MATTHEWS, M.J., T.T. ROEHLING, S.A. KHAIRALLAH, G. GUSS, S.Q. WU, M.F. CRUMB, J.D. ROEHLING und J.T. MCKEOWN. Spatial modulation of laser sources for microstructural control of additively manufactured metals [online]. *Procedia CIRP,* 2018, **74**, 607-610. ISSN 22128271. Verfügbar unter: doi:10.1016/j.procir.2018.08.077
120. SHI, R., S.A. KHAIRALLAH, T.T. ROEHLING, T.W. HEO, J.T. MCKEOWN und M.J. MATTHEWS. Microstructural control in metal laser powder bed fusion additive manufacturing using laser beam shaping strategy [online]. *Acta Materialia,* 2020, **184**, 284-305. ISSN 13596454. Verfügbar unter: doi:10.1016/j.actamat.2019.11.053
121. PHOTRON USA, INC. *Nova S FASTMCAM series by Photron* [online]. *Product Datasheet,* 2023. 17 Februar 2023 [Zugriff am: 11. August 2023]. Verfügbar unter: https://photron.com/fastcam-nova-s/

10 Abbildungs- und Tabellenverzeichnis

10.1 Abbildungsverzeichnis

10.2 Tabellenverzeichnis

11 Formelzeichen und Abkürzungen

11.1 Formelzeichen

Symbol	Einheit	Bedeutung
A	[-]	Absorptionsgrad
$A_{5,65}$	[-]	Bruchdehnung
A_p	[mm²]	Projizierte Spritzerpartikelfläche
A_{sb}	[µm²]	Schmelzbadquerschnittsfläche
A_{sp}	[µm²]	Querschnittsfläche des theoretisch aufgebauten Volumens pro Spur
BPP	[mm x mrad]	Strahlparameterprodukt
b_r	[-]	Skalierungsfaktor für die Einstellung des Radius
b_γ	[-]	Skalierungsfaktor für die Einstellung des Winkels
b_{sb}	[µm]	Schmelzbadbreite
D	[mm]	Zylinderdurchmesser
d_f	[µm]	Faserkerndurchmesser
d_{in}	[mm]	Eintrittsapertur
d_k	[mm]	Rohstrahldurchmesser
d_p	[mm²]	Partikeldurchmesser
D_s	[µm]	Schichtdicke
d_s	[µm]	Laserstrahldurchmesser
$d_{s,a}$	[µm]	Laserstrahl-Außendurchmesser
$d_{s,in}$	[mm]	Eintrittsstrahldurchmesser
Δd_0	[µm]	Abweichung der Fokusdurchmesser
$\Delta d_{z=0}$	[µm]	Abweichung der Laserstrahldurchmesser im Fokus
E_s	[J/mm]	Streckenenergie
E_v	[J/mm³]	Volumenenergie
f	[mm]	Brennweite

f_f	[mm]	Brennweite der Fokussieroptik
f_k	[mm]	Brennweite des Kollimators
f_{max}	[Hz]	Maximale Auslenkfrequenz des FSM
Δf_Θ	[mm]	Fokushub beim Ausgleich der Bildfeldwölbung
$\bar{I}$	[W/cm²]	mittlere Intensität
I_{max}	[W/cm²)	Maximalintensität
L	[mm]	Zylinderlänge
l_n	[mm]	Messstrecke bei der Rauheitsmessung
l_s	[mm]	Scanlänge
l_{sb}	[µm]	Schmelzbadlänge
M^2	[-]	Beugungsmaßzahl
n_{LSS}	[-]	Anzahl Laser-Scanner-Systeme
n_{prev}	[µs]	Beschleunigungszeit des Galvanometerscanners
n_{post}		Entschleunigungszeit des Galvanometerscanners
P_L	[W]	Laserleistung
$P_{L,ges}$	[W]	Gesamtlaserleistung
$P_{L,k}$	[W]	Laserleistung bei der Konturbelichtung
$P_{L,max}$	[W]	Maximale Laserleistung
$P_{L1}/P_{L,ges}$	[-]	Laserleistungsanteil des ersten Laserstrahls
p_{sp}	[N/mm²]	Druck im Staupunkt
Δp	[mbar]	Kammerüberdruck
q3	[%/µm]	Absolute Häufigkeit der volumengewichteten Partikelgrößenverteilung
Q3	[%/µm]	Kumulierte Häufigkeit der volumengewichteten Partikelgrößenverteilung
R	[-]	Reflexionsgrad
R_m	[MPa]	Zugfestigkeit
$R_{p0,2}$	[MPa]	Streckgrenze
S_a	[µm]	Arithmetischer Mittenrauwert
SBK	[µm]	Spurbreitenkompensation
SPHT	[-]	Partikelsphärizität

S_z	[µm]	Maximale Rauheitstiefe
t_{del}	[s]	Delayzeiten
t_{exp}	[s]	Belichtungszeit
t_{rec}	[s]	Beschichtungszeit
$t_{rise/fall}$	[µs]	Schaltzeiten der Laserstrahlquelle
t_{sb}	[µm]	Schmelzbadtiefe
t_{sb}/b_{sb}	[-]	Schmelzbad-Aspektverhältnis
V_{part}	[mm³]	Bauteilvolumen
v_s	[mm/s]	Scangeschwindigkeit
$v_{s,k}$	[mm/s]	Scangeschwindigkeit bei der Konturbelichtung
V_{sb}	[µm³]	Berechnetes Schmelzbadvolumen
$\dot{V}_{real}$	[mm³/s]	Reale Aufbaurate
$\dot{V}_{th}$	[mm³/s]	Theoretische Aufbaurate
WD	[mm]	Arbeitsabstand
z_R	[mm]	Rayleigh-Länge
Δr_{res}	[µm]	Residualfehler bei der Einstellung des Radius
$\overline{\Delta r_{res}}$	[µm]	Mittlerer Residualfehler bei der Einstellung des Radius
$\Delta x,y_{res}$	[µm]	Residualfehler bei der Einstellung des Laserstrahlversatzes
$\Delta x,y_{rot}$	[µm]	Rotatorische Fehler bei der Laserstrahlpositionierung
$\Delta x,y_{trans}$	[µm]	Translatorische Fehler bei der Laserstrahlpositionierung
Δx_L	[µm]	Laserstrahlversatz in X-Richtung
Δy_{hk}	[µm]	Hatch-Kontur-Versatz
Δy_k	[µm]	Konturversatz
Δy_L	[µm]	Laserstrahlversatz in Y-Richtung
Δy_s	[µm]	Hatchabstand
Δz_0	[mm]	Abweichung der Fokuslagen
Δz_v	[mm]	Verzug in Z-Richtung
α_{mech}	[rad]	Mechanischer Stellwinkel
$\Delta\gamma_{res}$	[°]	Residualfehler bei der Einstellung des Winkels
$\overline{\Delta\gamma_{res}}$	[°]	Mittlerer Residualfehler bei der Einstellung des Winkels

Θ	[rad]	Auslenkungswinkel des Laserstrahls
$\dot{\theta}$	[1/s]	Winkelgeschwindigkeit des Laserstrahls
λ	[nm]	Wellenlänge
λ_c	[µm]	Grenzwellenlänge bei der Rauheitsmessung
ρ_m	[g/cm³]	Dichte der Schmelze
ρ_{rel}	[-]	Relative Dichte
Φ	[rad]	Kontaktwinkel

11.2 Abkürzungen

Abkürzung	Bedeutung
Al	Aluminium
AISI 316L	Austenitischer Edelstahl X2CrNiMo 17-12-2
AISI 4140	Vergütungsstahl 42CrMo4
AM	Additive Manufacturing
AOD	Akusto-optischer Deflektor
AOM	Akusto-optischer Modulator
Ar	Argon
C	Kohlenstoff
CAD	Computer-aided Design
CFD	Computational Fluid Dynamics
CLI	Common Layer Interface
Co	Kobalt
Cu	Kupfer
Cr	Chrom
DL-LPBF	Laser Powder Bed Fusion mit zwei gekoppelten Laserstrahlen
DOE	Diffraktives optisches Element
EBSD	Electron Backscatter Diffraction
Fe	Eisen
FSM	Fast-Steering Mirror
HP-SLM	High-Power Selective Laser Melting
IN625	Nickelbasislegierung Alloy 625
IN718	Nickelbasislegierung Alloy 718
LPBF	Laser Powder Bed Fusion
Mg	Magnesium
Mn	Mangan
Mo	Molybdän
N_2	Stickstoff
Nb	Niob

Ni	Nickel
P	Phosphor
PBF-LB/M	Laser Powder Bed Fusion
REM	Rasterelektronenmikroskopie
S	Schwefel
Sc	Scandium
Si	Silizium
SLM	Selective Laser Melting
Ti	Titan
V	Vanadium

12 Anhang

12.1 Ergänzungen zu Kapitel 2

Maschinen für das Laser Powder Bed Fusion

Aktuelle LPBF-Maschinen weisen zumeist einen vergleichbaren Maschinenaufbau auf. Dabei wird die Maschinenstruktur durch verschiedene Maschinensubsysteme beschrieben, die entsprechende Funktionen für den LPBF-Prozessablauf erfüllen (33) (vgl. 2.1). Diese umfassen die LPBF-Prozesskammer, das Pulverauftragssystem, das Schutzgassystem, die Laserstrahlquellen und das optische System sowie die Maschinensteuerung, auf die im Folgenden jeweils näher eingegangen wird. Die LPBF-Prozesskammer dient der Trennung des Bearbeitungsvolumens von der Umgebung und schützt somit einerseits die Umgebung vor der Kontamination mit Metallpulver und den damit verbundenen Sicherheitsrisiken (z.B. Explosionsgefahr). Andererseits kann dadurch die Kontamination des Prozessraums durch die Umgebungsatmosphäre (insb. Sauerstoff) vermieden werden. Die Prozesskammer ist somit eine grundlegende Voraussetzung für den LPBF-Prozessablauf unter inerten Bedingungen. Zudem enthält die Prozesskammer Schnittstellen für die Aufnahme der Komponenten des Schutzgassystems sowie des Pulverauftragssystems und der Bauplattform. Zudem enthält die Prozesskammer eine Einkoppelscheibe, durch die die fokussierte Laserstrahlung in die Prozesskammer eintritt. Eine schematische Darstellung einer exemplarischen LPBF-Prozesskammer inklusive der enthaltenen Maschinenkomponenten ist in Bild 105 abgebildet.

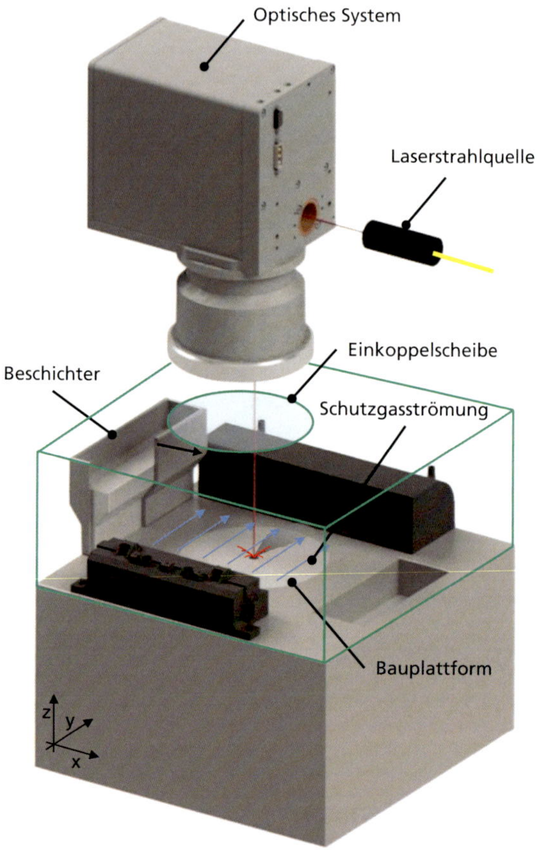

Bild 105
Schematische Darstellung der Prozesskammer und des optischen Systems einer LPBF-Maschine.

Das Pulverauftragssystem dient der Bereitstellung des pulverförmigen Ausgangswerkstoffs für das LPBF. Dabei übernimmt das Pulverauftragssystem die Dosierung, die Verteilung und das Ansenken der Bauplattform während des LPBF. Hierfür werden verschiedene Baugruppen benötigt, die in der LPBF-Prozesskammer angebracht werden. Für die Dosierung des Pulvers kommen zumeist Pulvervorratszylinder mit separatem Hubantrieb (Bottom-Loader Konfiguration) oder Pulvertanks mit einem zusätzlichen Dosiermechanismus wie z.B. einem Schneckenförderer (Top-Loader Konfiguration) zum Einsatz. Die Verteilung des dosierten Metallpulvers erfolgt durch ein Beschichterwerkzeug, wobei der Pulverauftrag durch einen parallel zur Bauplattform angebrachten Linearantrieb realisiert wird. Als Beschichterwerkzeuge werden sowohl starre Beschichter (z.B. Metall- oder Keramikklinge) als auch flexible Beschichter (z.B. Silikonlippe, Kohlefaserbürste) eingesetzt. Die Bearbeitungsebene für den LPBF-Prozess wird durch die auf die Bauplattform aufgetragene Metallpulverschicht definiert und resultiert somit aus der relativen Ausrichtung des Beschichters zum optischen System der LPBF-Maschine. Eine genaue Nivellierung des Beschichters und der Bauplattform während des Pre-Process (vgl. 2.1) ist somit von großer Bedeutung für einen robusten Prozessablauf.

Das Schutzgassystem übernimmt die Aufgaben der Inertisierung der Prozesskammer, die Entfernung von Prozessnebenprodukten aus der Bearbeitungszone und sowie die Reinigung des zirkulierenden Schutzgases. Die Inertisierung dient der Vermeidung der Oxidation der gefertigten Bauteile während des LPBF-Prozesses und wird durch eine kontinuierliche Spülung der Prozesskammer mit Inertgas (Ar oder N_2) umgesetzt. Dabei wird der Sauerstoffgehalt in der Prozesskammer in der Regel kontinuierlich gemessen. Neben der Inertisierung müssen die beim LPBF gebildeten Prozessnebenprodukte (vgl. 2.3) aus der Bearbeitungszone und aus dem Gesamtkammervolumen entfernt werden, um eine Interaktion mit der Laserstrahlung zu vermeiden. Zu diesem Zweck wird mittels Einlass- und Auslassdüsen eine gerichtete Schutzgasströmung über der Bauplattform erzeugt (vgl. Bild 105). Um den Inertgasverbauch zu begrenzen, wird die Schutzgas-atmosphäre innerhalb der Prozesskammer umgewälzt und gefiltert. Hierfür kommen Gasumwälzpumpen und entsprechende Filtersysteme zum Einsatz. Beim LPBF von hochreaktiven Werkstoffen oder geringen zulässigen Sauerstoffgehalten in den gefertigten Bauteilen wird das Schutzgassystem oftmals durch eine aktive Gasreinigung zur weiteren Minimierung des Sauerstoffgehalts in der Schutzgasatmosphäre erweitert (109).

Anpassung der Intensitätsverteilung beim LPBF

Neben der Erhöhung der Aufbaurate adressieren verschiedene experimentelle und simulative Forschungsarbeiten zum LPBF unter Anpassung der Intensitätsverteilung die Steuerung des Spritzerauswurfs und der Mikrostruktur sowie die Verbesserung der Verarbeitbarkeit riss- und verzugsanfälliger Werkstoffe. Eine Gesamtübersicht der Forschungsarbeiten zur Anpassung der Intensitätsverteilung beim LPBF in Tabelle 13 dargestellt.

Tabelle 13 Gesamtübersicht zur Anpassung der Intensitätsverteilung für das LPBF.

Verweis	Autoren	Intensitätsverteilung	Ziel	Ergebnisse
(33, 45)	Schleifenbaum et. al.	Gauß, d_s = 200 µm Top-hat, d_s = 1000 µm	• Steigerung der Produktivität durch Verwendung größerer Laserleistungen	• Schaltbare LPBF-Optik mit zwei Arbeitsfasern • Hülle-Kern-Strategie
(35, 46)	Bremen et. al.	Gauß, d_s = 80 µm Top-hat, d_s = 730 µm	• High-Power LPBF Prozessführung für IN718	• Steigerung der Produktivität um 680% • Gleichbleibende mechanische Eigenschaften
(47)	Tenbrock et. al.	Top-hat, d_s = 100 – 200 µm	• Untersuchung der Prozessregime beim LPBF von 316L	• Übergang zum keyhole-dominierten Prozessregime bei $I_{krit} \approx 8 \times 10^6$ W/cm • Minimale Volumenenergie zum Aufbau dichter Probekörper: E_v = 52 – 57 J/mm³

Verweis	Autoren	Intensitätsverteilung	Ziel	Ergebnisse
(48, 49)	Wischeropp et. al.	Gauß, d_s = 80 µm Ringförmig, $d_{s,a}$ = 140 µm	• Steigerung der Produktivität beim LPBF von AlSi10Mg und AlSi16Sc • Vergleich des Spritzerauswurfs	• Steigerung der Produktivität um bis zu 100% für ringförmige Intensitätsverteilung • Abnahme des Spritzerauswurfs um ca. 36% für ringförmige Intensitätsverteilung
(51)	Grünewald et. al.	Gauß, d_s = 110 µm Ringförmig, $d_{s,a}$ = 250 – 270 µm	• Bewertung der Schmelzbad-stabilität beim LPBF mit ringförmiger Intensitätsverteilung	• Stabile Schmelzbäder mit großer Breite und geringer Tiefe beim LPBF mit großer Laserleistung und Scangeschwindigkeit
(52)	Grünewald et. al.	Gauß, d_s = 110 µm Ringförmig, $d_{s,a}$ = 285 & 395 µm Quasistatische Strahlformung durch AOD	• Erprobung der hochdynamischen Laserstrahlformung mittels AOD • Vergleich von Gauß und ringförmiger Intensitätsverteilung beim LPBF von 316L	• Optik zur hochdynamische Laserstrahlformung mit zwei AOD • Abnahme der relativen Dichte für ringförmige Intensitätsverteilungen bei gleichen Verfahrensparametern
(53)	Lantzsch et. al.	Gauß, d_s = 80 & 100 µm Gauß, defokussiert d_s = 160 & 200 µm Ringförmig, $d_{s,a}$ = 165 & 200 µm	• Vergleich verschiedenen Intensitäts-verteilungen beim LPBF hinsichtlich Produktivitäts-steigerung und Prozessregime	• Produktivitäts-steigerung um bis zu 130% für ringförmige defokussierte Gauß-Intensitätsverteilung • Wärmeleitungs-dominiertes LPBF-Prozessregime für ringförmige defokussierte Gauß-Intensitätsverteilung
(110)	Prosatov et. al.	TEM_{00} und TEM_{01}-Intensitäts-verteilung	• Simulation zum Vergleich der Verlustleistung durch Verdampfung beim LPBF	• Geringere Maximaltemperatur und kleinerer Masseverlust durch Verdampfung beim LPBF mit TEM01-Intensitätsverteilung

Verweis	Autoren	Intensitätsverteilung	Ziel	Ergebnisse
(111, 112) (113) (114)	Qkunkova et. al. Gusarov et. al Metel et. al.	Gauß, d_s = 110 µm Top-hat d_s = 260 µm Ringförmig, $d_{s,a}$ = 350 µm	• Bewertung von Spritzerauswurf und Produktivität anhand von LPBF-Einzelspuren für CoCr	• Positiver Effekt von Top-hat und ringförmiger Intensitätsverteilung aus Spritzerauswurf und Spurstabilität bei größeren Laserleistungen (P_L = 200 W)
(115)	Laskin et. al.	Gauß Ringförmig	• Bewertung von Spritzerauswurf und Energieeinkopplung beim LPBF von 1.4876	• Effizientere Energieeinkopplung und weniger Spritzerpartikel für ringförmige Intensitätsverteilung
(116)	Cloots et. al.	Gauß, d_s = 100 µm Ringförmig, $d_{s,a}$ = 140 µm	• Vergleich der Rissbildung und Mikrostruktur beim LPBF von IN738 LC	• Größere Rissdichte und Porosität für ringförmige Intensitätsverteilung • Ausgeprägte Textur unabhängig von der Intensitätsverteilung
(117, 118) (119) (120)	Roehling et. al. Matthews et. al. Shi et. al.	Gauß, d_s = 100, 175 & 200 µm Longitudinal (LE) und transversal (TE) elliptisch mit gleicher mittlerer Intensität	• Untersuchung der Schmelzbad-geometrie und Mikrostruktur von 316L beim LPBF mit elliptischer Intensitätsverteilung	• Wärmeleitungsdominiertes LPBF-Prozessregime für LE- und TE-Intensitätsverteilung • Feinkörnige globulare Mikrostruktur und Vermeidung von kollumarem für LPBF mit LE- und TE-Intensitätsverteilung

12.2 Ergänzungen zu Kapitel 4

Für das verwendete High-Speed Kamerasystem wird eine Betrachtung der Spektralempfindlichkeit benötigt, um die Ergebnisse hinsichtlich des Betrachteten Wellenlängen- und Temperaturbereichs einzugrenzen. Die verwendete High-Speed Kamera des Typs Photron FASTCAM Nova S16 weist eine spektrale Empfindlichkeit im Wellenlängenbereich von λ = 400 – 900 nm. auf. Durch Beleuchtung des Betrachtungsbereichs mit einem Diodenlaser der Wellenlänge von λ = 810±5 nm werden folglich High-Speed Aufnahmen mit ausreichendem Kontrast und ausreichender Helligkeit ermöglicht. Für die High-Speed Aufnahmen des Prozessleuchtens beim LPBF wird die spezifische spektrale Abstrahlung gemäß

12.1
$$M_\lambda^0(\lambda,T) = \frac{2\pi hc^2}{\lambda^5}\cdot\frac{1}{e^{\frac{hc}{\lambda kT}}-1}\left[\frac{W}{m^2\mu m}\right]$$

Auf Grundlage der Wellenlänge λ [nm], der Temperatur T [K], des planckschen Wirkungsquantum h [J s] sowie der Lichtgeschwindigkeit c [m/s] und der Boltzmannkonstante k [J/K] berechnet. Durch die Berechnung der spezifischen spektralen Abstrahlung für verschiedene Temperaturen im Bereich von T = 1500 K bis T = 2500 K wird die Prozessemission im Bereich der Spektralsensitivität der High-Speed Kamera abgeschätzt. Insbesondere im Temperaturbereich oberhalb der Liquidiustemperatur von Inconel ® 625 mit T_L = 1623 K (103) werden größere Emissionen im Bereich der Spektralsensitivität der High-Speed Kamera ermittelt. Die spezifische spektrale Abstrahlung im Temperaturbereich von T = 1500 – 2500 K sowie die Spektralempfindlichkeit der verwendeten High-Speed Kamera sind in Bild 106 dargestellt.

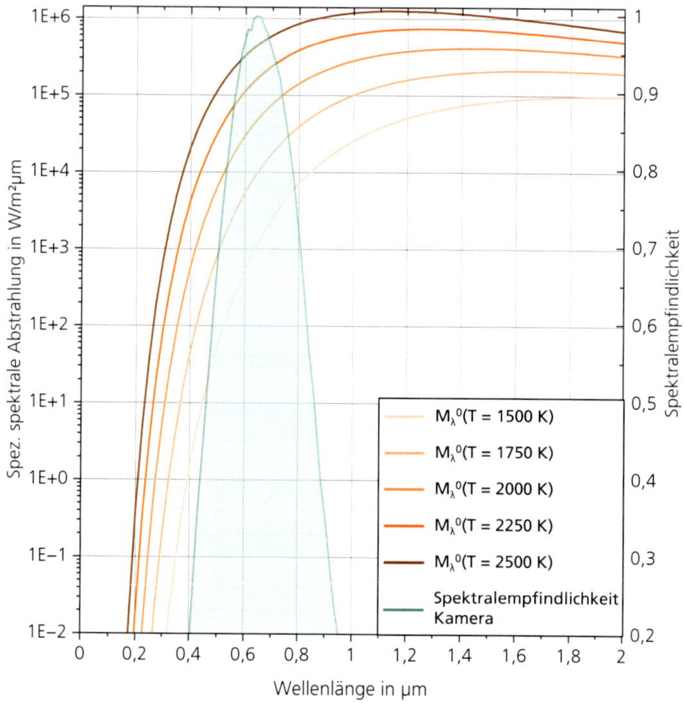

Bild 106 Berechnete spezifische spektrale Abstrahlung M_λ^0 in Abhängigkeit der Temperatur (Orange) sowie spektrale Empfindlichkeit der High-Speed Kamera Photron FASTCAM Nova S16 aus (121).

Zur Bestimmung des Auflösungsvermögens der Pulverbettkamera zur Analyse der Prozessnebenprodukte beim LPBF (vgl. 4.4.2) wird der USAF 1951 Auflösungstest mit einem positiv Testmuster durchgeführt. Der Test dient im Zusammenhang der vorliegenden Arbeit dazu, die minimale Spritzerpartikelgröße, die mit der Pulverbettkamera detektiert werden kann, zu ermitteln. Das verwendete Testmuster sowie das mit der Pulverbettkamera erfasste Testbild sind in Bild 107 abgebildet.

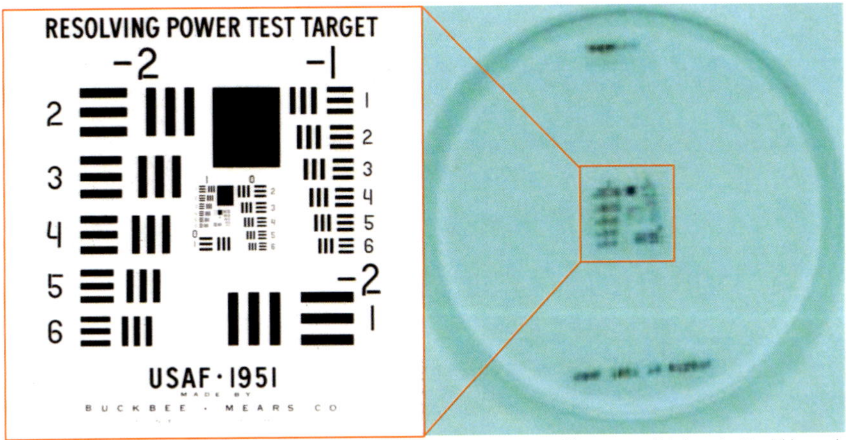

Bild 107 Darstellung des positiv Testmusters zur Durchführung des USAF 1951 Auflösungstests (links) sowie Messbild aus der verwendeten LPBF-Labormaschine unter Verwendung der Pulverbettkamera.

Die Bestimmung des Auflösungsvermögens erfolgt durch Bestimmung der Helligkeitswerte entlang horizontaler und vertikaler Messlinien, wobei die Auflösung durch den kleinsten detektierbaren Abstand zwischen hellen und dunklen Messbereichen (vgl. Bild 107, links) definiert wird. Für die verwendete Pulverbettkamera wird eine minimale Auflösung mit 0,5 mm in horizontale und vertikale Richtung ermittelt. Folglich können Partikel mit einer minimalen Fläche von A_p = 0,25 mm² zuverlässig durch die Pulverbettkamera detektiert werden.

Die weitere Auswertemethodik zur Analyse der Spritzerpartikel basiert auf der Auswertung von Differenzbildern des Pulverbetts, welche schichtweise erzeugt werden (vgl. 4.4.2). Dabei werden die jeweiligen Bildstapel zunächst voneinander subtrahiert. Vor der Partikelanalyse müssen die Differenzbilder mittels eines Graustufenfilters binarisiert werden. Abschließend werden die resultierenden binarisierten Differenzbilder mittels der ParticleAnalyzer-Funktion in ImageJ ausgewertet. Die Methodik zur Vorverarbeitung und Auswertung der Differenzbilder zur Analyse der Spritzerpartikel sowie die zugehörigen Parameter sind in Bild 108 zusammengefasst

Bild 108 Methodik und Parameter zur Binarisierung der Differenzbilder des Pulverbetts sowie zur folgenden Partikelanalyse.

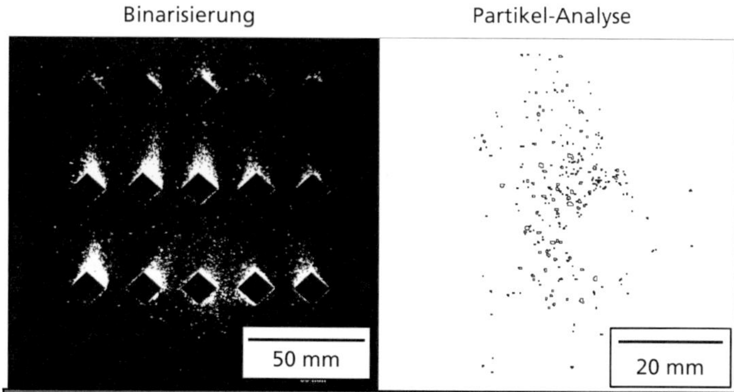

Binarisierung	Wertebereich
Graustufenfilter	7 - 255
Partikel-Analyse	**Wertebereich**
Sphärizität	0,1 – 1
Partikelfläche	> 0,25 mm²

Analyse der gefertigten Bauteile

Im Rahmen dieser Arbeit werden die mittels LPBF gefertigten Bauteile hinsichtlich ihrer relativen Bauteildichte, Schmelzbadgeometrie und Mikrostruktur, Oberflächenqualität und Maßhaltigkeit sowie der mechanischen Eigenschaften charakterisiert. Die verwendeten Methoden uns Messgeräte werden im Folgenden dargestellt.

Lichtmikroskopische Aufnahmen und Metallografie

Zur Analyse der relativen Dichte werden die gefertigten Proben zunächst mittig entlang der Aufbaurichtung getrennt und mit einer Warmeinbettpresse in Phenolharz eingebettet. Die Einbettung dient der Fixierung der Proben für die weitere Präparation und erfolgt für ca. 20 Minuten bei 175°C und 150 bar. Die eingebetteten Proben werden anschließend mit SiC-Schleifpapier verschiedener Körnung (80, 200, 800 und 1200 µm) stufenweise geschliffen und abschließend mit einer 1 µm Diamantsuspension und einem Poliertuch kratzerfrei poliert. Zur Messung der relativen Dichte werden mit einem Digitalmikroskop des Typs VHX-6000 der Firma Keyence Corp. (Osaka, Japan) Panoramaaufnahmen der polierten Proben mit einer 200x-Vergrößerung aufgenommen. Die Bestimmung der relativen Dichte erfolgt anhand des Flächenanteils der Fehlstellen, der durch Binarisierung der Mikroskopaufnahmen ermittelt wird. Zur Analyse der Schmelzbadgeometrie werden die eingebetteten und polierten Probekörper mit Adler-Ätzmittel (wässrige HCl-Fe_3Cl-$(NH_4)_2[CuCl_4]$ – Lösung) für ca. zwei Minuten geätzt. Die Schmelzbäder können anschließend anhand von Mikroskopaufnahmen vermessen werden. Das Vorgehen zur metallografischen Probenpräparation und Analyse ist in Bild 109 zusammengefasst.

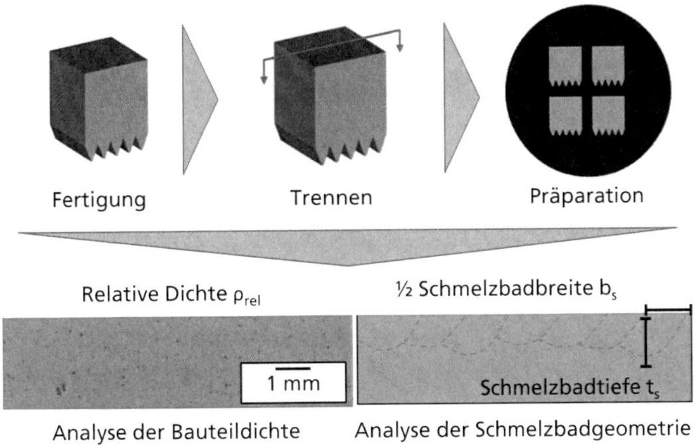

Bild 109 Methodik zur metallografischen Probenpräparation und Analyse der relativen Bauteildichte und Schmelzbadgeometrie.

Oberflächentopografie und Rauheit

Zur Messung der Oberflächentopografie und Flächenrauheit der LPBF-gefertigten Bauteile wird das Konfokalmikroskop Alicona Infinite Focus G4 der Firma Brucker Corp. (Billerica, USA) verwendet. Die Erfassung und anschließende Rekonstruktion der Probenoberfläche erfolgt durch Variation der Fokusebene des Mikroskops. Anschließend können periodische Oberflächenstrukturen (z.B. Welligkeit) durch eine Grenzwellenlänge von der Oberflächenrauheit separiert werden. Die Ermittlung der Oberflächenrauheit S_a und S_z erfolgt für LPBF-gefertigte Proben anhand eines Messfeldes mit einer Fläche von ca. 5 x 5 mm² sowie einer Grenzwellenlänge von λ_c = 8000 µm und einer Messstrecke von l_n = 40,00 mm. Das verwendete Messgerät sowie eine exemplarische Oberflächenaufnahme sind in Bild 110 abgebildet

Bild 110 Konfokalmikroskop Alicona Infinite Fokus G4 (links) und exemplarische Oberflächenaufnahme (rechts).

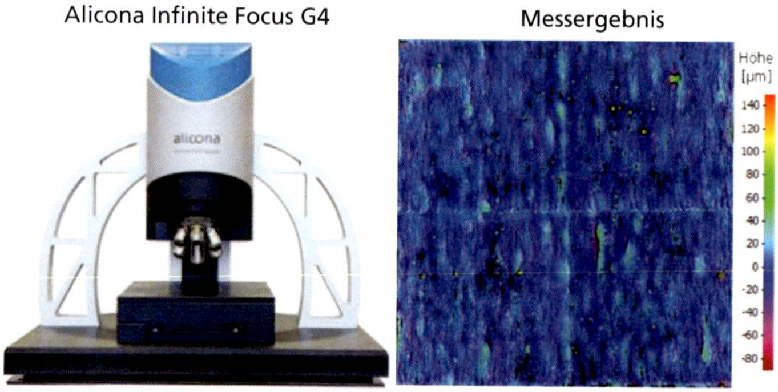

Maßhaltigkeit und Formabweichung

Die Analyse der Maßhaltigkeit und Bestimmung von Formabweichungen der gefertigten erfolgt mittels Streifenlichtprojektion. Hierfür wird das Messgerät GOM ATOS Compact Scan 5M der Firma Carl Zeiss GOM Metrology GmbH (Braunschweig, Deutschland). Zur Vorbereitung der Messung wird die Probenoberfläche mit Entspiegelungsspray besprüht sowie Referenzpunkte versehen. Die Messung erfolgt mit einer Auflösung von 20 µm auf einem Rotationstisch mit einem Messfeld von 150 x 100 mm². Die Messdaten werden anschließend als Punktewolke exportiert. Die Bestimmung der Formabweichung erfolgt anhand eines Soll-Ist-Vergleichs durch Überlagerung der Punktewolke mit der CAD-Geometrie der Bauteile mit der zugehörigen Software GOM Inspect V8. Die exemplarische GOM-Messung eines LPBF-Bauteils ist in Bild 111 dargestellt.

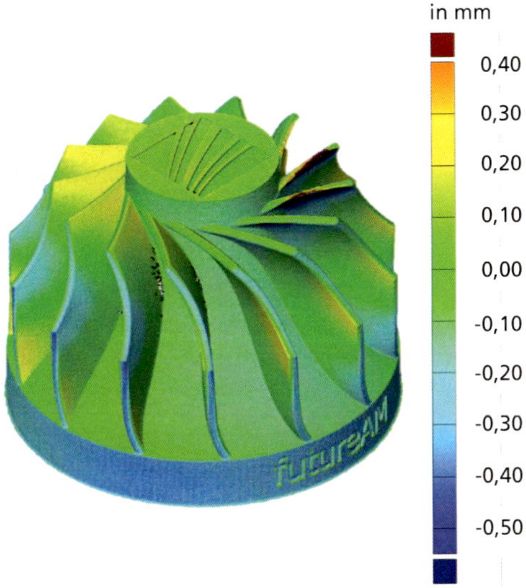

Bild 111
Exemplarische GOM-Messung eines LPBF-Bauteils.

Rasterelektronenmikroskopie

Die Rasterelektronenmikroskop (REM) Aufnahmen in dieser Arbeit werden mit einem REM des Typs SEM FEI XL30 FEG der Firma Thermo Fischer Scientific Inc. (Waltham, USA) angefertigt. Die REM-Aufnahmen erfolgen mit einer Beschleunigungsspannung von 10,00 kV und einem Arbeitsabstand von WD = 16,1 mm.

Mechanische Prüfung

In dieser Arbeit erfolgt die mechanische Charakterisierung der Probekörper durch Härteprüfung und Zugprüfung. Die Härteprüfung nach Vickers (HV0,1) erfolgt mit einem automatisierten Mikrohärteprüfer Qness Q30A+ der Firma ATM Qness GmbH (Mammelzen, Deutschland) und einer Prüflast von 0,98 N. Die quasistatische Zugprüfung erfolgt gemäß DIN EN ISO 6892-1 mit Zugproben der Form B. Für die Zuversuche wird die Universal-Zugprüfmaschine Z100/TL der Firma ZwickRoell GmbH & Co.KG verwendet. Die LPBF-gefertigten, zylindrischen Bauteile werden spanend bearbeitet und im as-built Zustand, d.h. ohne nachgelagerte Wärmebehandlung, geprüft.

12.3 Ergänzungen zu Kapitel 5

Zur Einstellung des Laserstrahlversatzes durch die entwickelte Zweistrahloptik (vgl. 5.1.7) wird ein Fast Steering Mirror (FSM) des Typs OIM 5001 FSM eingesetzt(siehe Bild 44). Der Laserstrahlversatz in der Bearbeitungsebene wird dabei durch eine Verkippung des zweiten Laserstrahls gegenüber dem ersten Laserstrahl erreicht. Für einen Laserstrahlversatz in X- und Y-Richtung muss der zweite Laserstrahl folglich um zwei Achsen verkippt werden. Der verwendete FSM ermöglich die Steuerung des Kippwinkels um zwei Achsen mit einem Winkelbereich von $\alpha_{mech} = \pm 26$ mrad je Achse. Zur Bestimmung geeigneter Reglungsparameter wird der FSM werksseitig kalibriert. Dabei wird der Maximalausschlag des FSM in Form eines Rechteckspulses mit verschiedenen Frequenzen vorgegeben und die Amplitude sowie die Phasenverschiebung bei der Sprungantwort gemessen. Die Prüfkurven für die X- und Y-Achse bei der werksseitigen Kalibrierung des FSM sind in Bild 112 dargestellt. Für beide Achsen wird ab einer Anregungsfrequenz von ca. 800 Hz eine deutliche Abschwächung der Amplitude sowie eine Zunahme der Phasenverschiebung bei der Sprungantwort des FSM festgestellt. Folglich kann der Laserstrahlversatz mit einer Sprungzeit von ca. 1,25 ms eingestellt werden, sodass eine Anpassung des Laserstrahlversatzes zwischen den einzelnen Schichten bei der LPBF-Bearbeitung ermöglicht wird.

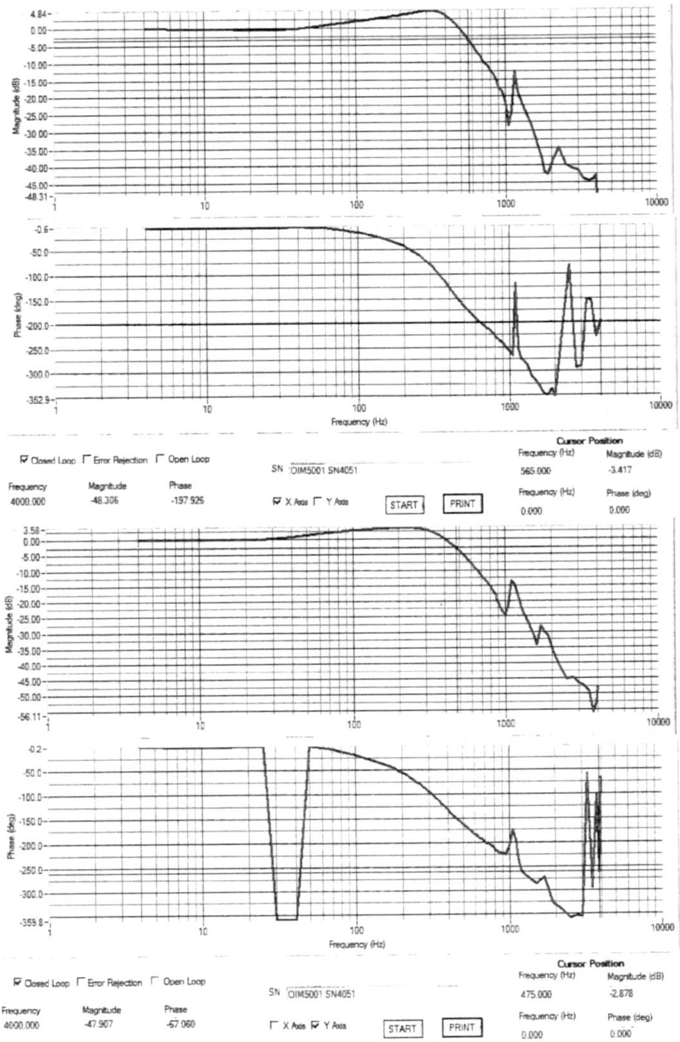

Bild 112 Prüfkuven für die werkseitige Kalibrierung des verwendten Fast Steering Mirror (FSM) des Typs OIM 5001 FSM.

Weiterhin wird das entwickelte optische System hinsichtlich der Laserleistungskennlinien und Laserstrahlkaustiken charakterisiert (vgl. 5.2). Um eine exakte Einstellung der Laserleistungen für beide Laserstrahlquellen zu ermöglich werden die Ergebnisse der Laserleistungsmessung (siehe Bild 46) durch einen linearen Fit in eine Kalibrierungstabelle umgerechnet. Die zugehörigen 0-10 V Steuerspannungen für den Laserleistungsbereich von P_L = 50 – 400 W sind für beide Laserstrahlquellen in Tabelle 14 zusammengefasst.

Tabelle 14 Kalibrierungstabelle für die Einstellung der Laserleistung der Laserstrahlquellen 1 und 2.

Laserleistungsvorgabe [W]}	Steuerspannung Laser 1 [V]	Steuerspannung Laser 2 [V]
50	2,04	2,06
75	2,59	2,63
100	3,14	3,20
125	3,69	3,78
150	4,24	4,35
175	4,79	4,92
200	5,34	5,49
225	5,89	6,07
250	6,43	6,64
275	6,98	7,21
300	7,53	7,79
325	8,08	8,36
350	8,63	8,93
375	9,18	9,51
400	9,73	10,00

Neben der Laserleistungskennlinie wird das optische System ebenfalls hinsichtlich der Kaustik für beide Laserstrahlen charakterisiert. Dabei werden 23 Messebenen mit einem Abstand von 1 mm mittels eines Kaustikmessgeräts des Typs FBP-1KF aufgezeichnet und der Laserstrahldurchmesser gemäß der 2. Momente Methode bestimmt (vgl. 5.2.2).Anschließend kann die Kaustik für beide Laserstrahlen berechnet werden Die gemessenen 2. Momente Laserstrahldurchmesser für beide Laserstrahlen sind in Tabelle 15 in Anhängigkeit der Z-Position zusammengefasst.

Tabelle 15 Im Rahmen der Kaustikmessung ermittelte 2. Momente-Laserstrahldurchmesser für die Laserstrahlen 1 und 2.

Z-Position [mm]	Laserstrahldurchmesser L1 [mm]	Laserstrahldurchmesser L2 [mm]
-10	0,19	0,171
-9	0,178	0,158
-8	0,166	0,149
-7	0,155	0,14
-6	0,143	0,13
-5	0,134	0,12
-4	0,126	0,114
-3	0,116	0,109
-2	0,11	0,104
-1	0,104	0,102
0	0,1	0,102
1	0,098	0,104
2	0,1	0,106
3	0,104	0,112
4	0,108	0,12
5	0,113	0,126
6	0,12	0,136
7	0,129	0,145
8	0,14	0,156
9	0,149	0,166
10	0,162	0,18
11	0,174	0,192
12	0,185	0,201

Zur Kalibrierung der Einstellung des Laserstrahlversatzes (vgl. 5.2.3) werden der Radius r und der Winkel γ entsprechend des in Bild 48 gargestellten Messrasters variiert. Entsprechende Aufnahmen der resultierenden Laserstrahlanordnung werden in der Bearbeitungsebene (z = 0 mm) durch das Kaustikmessgerät FBP-1KF generiert. Die Positionen der beiden Laserstrahlen werden durch anhand der Schwerpunkte der Intensitätsverteilungen ermittelt. Die Aufnahmen der Laserstrahlanordnung für alle betrachteten Radius-Winkel-Kombinationen sind in Bild 113 zusammengefasst.

Durch den Vergleich der Ist-Positionen mit den Soll-Positionen werden lineare Ausgleichgeraden für die Radius- und Winkeleinstellung ermittelt (vgl. Bild 51). Anhand der ermittelten Ausgleichsgeraden werden Kalibrierungstabellen für die Einstellung des Radius r und des Winkels γ abgeleitet, um eine zuverlässige Einstellung des Laserstrahlversatzes zu gewährleisten. Die entsprechenden Kalibrierungstabellen für die Einstellung des Radius r und Winkels γ sind in Tabelle 16 dargestellt.

Tabelle 16 Kalibrierungstabellen zur Einstellung des Radius r und des Winkels γ zur Steuerung der Laserstrahlanordnung beim LPBF mit zwei gekoppelten Laserstrahlen.

Radius r [μm]	Radius-Einstellung [μm]	Winkel γ [°]	Winkel-Einstellung [°]
0	0,00	0	0,00
100	96,10	45	45,13
200	192,21	90	90,25
300	288,31	135	135,38
400	384,41	180	180,51
500	480,52	225	225,64
600	576,62	270	270,76
700	672,72	315	315,89
800	768,82	360	361,02
900	864,93		
1000	961,03		

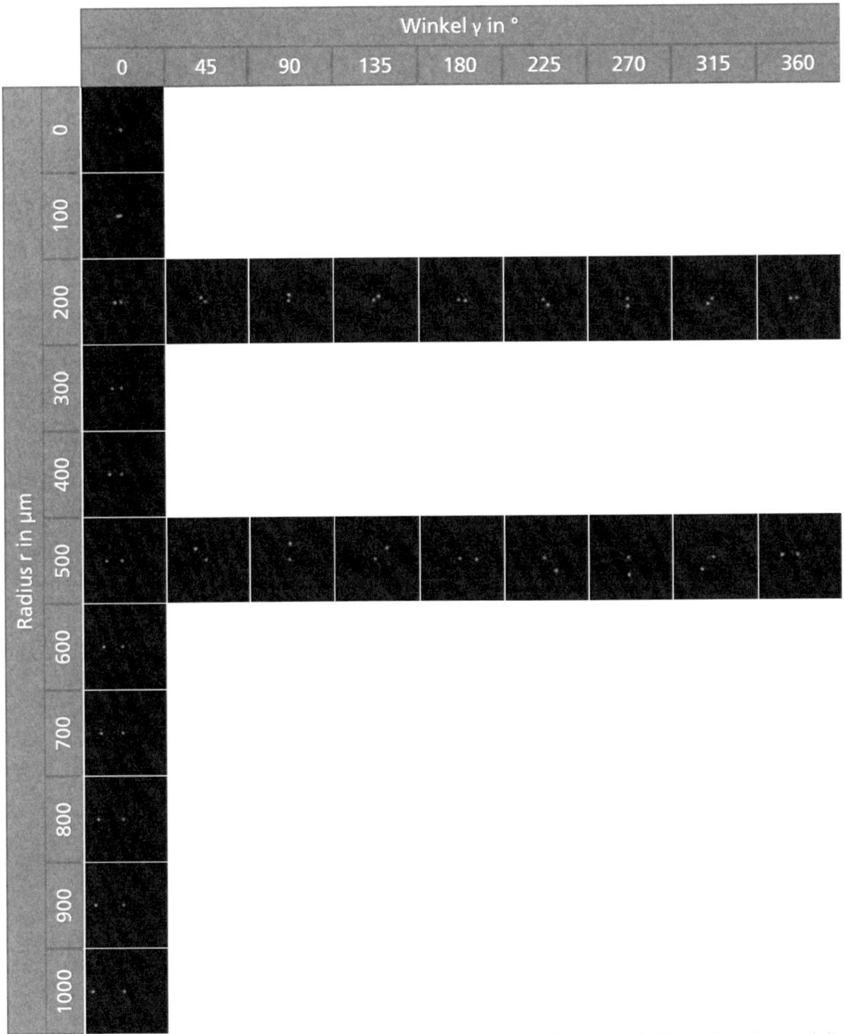

Bild 113 Messbilder für verschiedene Radien r und Winkel γ zur Kalibrierung der Laserstrahlanordnung bei Verwendung des entwickelten optischen Systems.

12.4 Ergänzungen zu Kapitel 6

Die Auswertung von High-Speed Videoaufnahmen des Prozessleuchtens beim LPBF wird im Rahmend er vorliegenden Arbeit zur Ermittlung quantitativer Vergleichswerte für die Prozessstabilität eingesetzt. Zu diesem Zweck wird die in Sättigung erfasste Interaktionszone zwischen dem Schmelzbad und den Laserstrahlen erfasst und hinsichtlich ihrer Fläche entlang einzelner Schmelzspuren ausgewertet. Dabei wird eine Fluktuation der Fläche der Interaktionszone im zeitlichen Verlauf der Belichtung festgestellt. Zur Klärung der Ursache für dieses Verhalten ist eine Bildsequenz aus den High-Speed Videoaufnahmen des Prozessleuchtens beim LPBF mit zwei gekoppelten Laserstrahlen für einen Versatz von Δy_L = 100 µm und ein Laserleistungsverhältnis von P_{L1} / $P_{L,ges}$ = 0,5 in Bild 114 abgebildet. Zudem ist die in den Einzelbildern erfasste Fläche der Interaktionszone hervorgehoben.

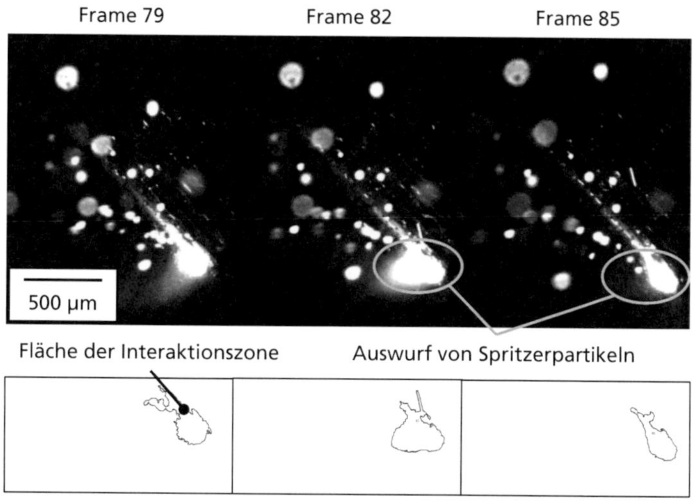

Bild 114 Bildsequenz aus den High-Speed Videoaufnahmen des Prozessleuchtens beim LPBF mit zwei gekoppelten Laserstrahlen und einem senkrechten Versatz von Δy_L = 100 µm sowie einem Laserleistungsverhältnis von P_{L1} / $P_{L,ges}$ = 0,5.

Insbesondere in Frame 82 (vgl. Bild 114, Mitte) wird eine deutlich größere Interaktionszone ermittelt. Diese Vergrößerung der Fläche der Interaktionszone kann auf den Auswurf von zwei Spritzerpartikeln in Frame 85 (Bild 114, rechts) zurückgeführt werden. Die Fläche der Interaktionszone und deren Fluktuation stehen somit im direkten Zusammenhang mit dem Auswurf von Spritzerpartikeln aus der Interaktionszone und werden im Folgenden als weiteres Bewertungskriterium für die Prozessstabilität beim LPBF mit zwei gekoppelten Laserstrahlen verwendet.

Im Rahmen der Analyse der High-Speed Videoaufnahmen des LPBF mit zwei gekoppelten Laserstrahlen und senkrechtem Versatz werden in Abhängigkeit des senkrechten Laserstrahlversatzes Δy_L nicht aufgeschmolzenes Pulver auf der Bauteiloberfläche detektiert(vgl. Bild 60). Zur weiteren Klärung des Einflusses des nicht aufgeschmolzenen Pulvers auf die Bauteilqualität werden Würfelförmige Probekörper mit einer Kantenlänge von 10 mm mit drei ausgewählten Werten für den senkrechten Laserstrahlversatz mit $\Delta y_L = 100$, 200 und 250 µm gefertigt. Anschließend werden REM-Aufnahmen der Bauteiloberfläche bei 50-facher Vergrößerung erfasst, um etwaige Fehlstellen zu erfassen. Die REM-Aufnahmen der Bauteiloberflächen für die betrachteten Werte des senkrechten Laserstrahlversatzes Δy_L sind in Bild 115 dargestellt.

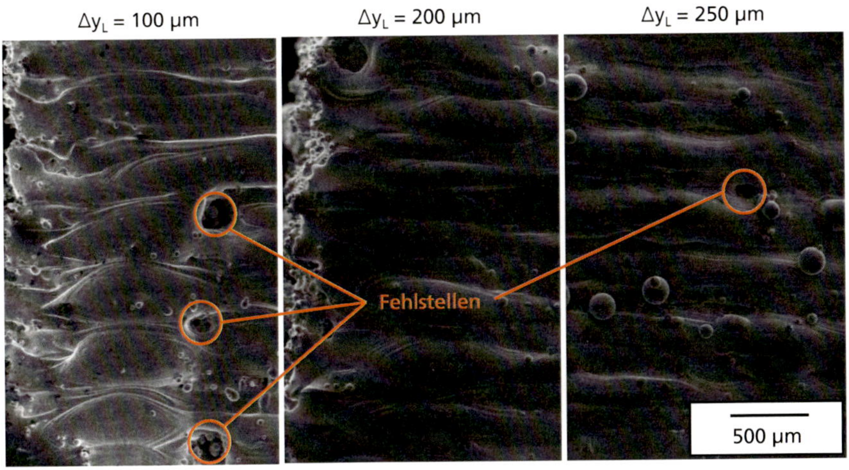

Bild 115 REM-Aufnahmen der Bauteiloberfläche beim LPBF mit zwei gekoppelten Laserstrahlen in Abhängigkeit des senkrechten Laserstrahlversatzes Δy_L.

Insbesondere für $\Delta y_L = 100$ und 250 µm werden an den Oberflächen der gefertigten Bauteile Fehlstellen festgestellt. Diese Beobachtung stimmt mit den High-Speed Videoaufnahmen beim LPBF mit zwei gekoppelten Laserstrahlen und senkrechtem Versatz überein, bei denen insbesondere für kleine und große Werte von Δy_L nicht umgeschmolzenes Pulver auf der Bauteiloberfläche zurückbleibt. Beim LPBF mit zwei gekoppelten Laserstrahlen und senkrechtem Versatz sollte Δy_L folglich so eingestellt werden, dass kein Pulver auf der Bauteiloberfläche verbleibt, um eine Beeinflussung der Bauteilqualität zu vermeiden.

12.5 Ergänzungen zu Kapitel 7

Oberflächenqualität

Im Zuge der Untersuchung der Oberflächenqualität beim LPBF mit zwei gekoppelten Laserstrahlen werden gegenüber dem Single-Laser LPBF Referenzparameter sowohl größere arithmetische Mittenrauwerte S_a als auch größere maximale Rautiefen S_z festgestellt (vgl. Bild 98). Um die Ursache für die größeren Sa- und Sz werte zur bestimmen, werden REM-Aufnahmen der Bauteilseitenflächen bei 50x-Vergrößerung erfasst. Die entsprechenden REM-Aufnahmen der Bauteilseitenflächen für das LPBF mit zwei gekoppelten Laserstrahlen (P2 und S2) sowie den Single-Laser LPBF Referenzparameter (R) sind in Bild 116 gegenübergestellt.

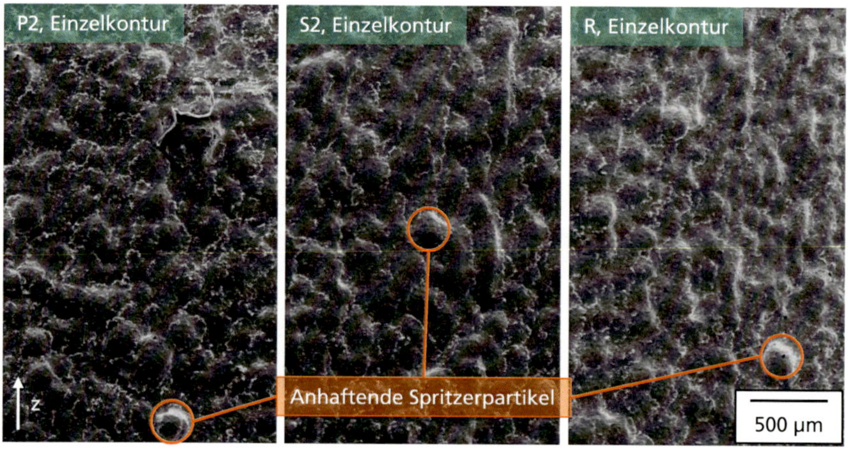

Bild 116 REM-Aufnahmen der Probekörper zur Bestimmung der Oberflächenqualität für das LPBF mit zwei gekoppelten Laserstrahlen (P2 und S2) und das Single-Laser LPBF mit dem Referenzparameter (R).

Sowohl für das LPBF mit zwei gekoppelten Laserstrahlen und parallelem Versatz (P2) als auch für das LPBF mit zwei gekoppelten Laserstrahlen uns senkrechtem Versatz werden große an der Oberfläche anhaftende Partikel festgestellt. Aufgrund der Durchmesser von D > 100 µm werden die anhaftenden Partikel als Spritzerpartikel identifiziert. Ähnlich wir für das LPBF mit zwei gekoppelten Laserstrahlen werden auch für den Single-Laser LPBF Referenzparameter vereinzelte anhaftende Spritzerpartikel festgestellt. Allerdings treten diese seltener auf und tragen somit zur geringeren Oberflächenrauheit für die den Single-Laser LPBF Referenzparameter bei.

Mechanische Kennwerte

Zur Bestimmung der mechanischen Kennwerte werden LPBF-gefertigte Probekörper anhand von quasistatischen Zugversuchen gemäß DIN EN ISO 6892 charakterisiert (vgl. 7.2). Die verwendeten Probekörper werden als Zylinder mit einem konstanten Durchmesser von 6 mm und einer Höhe von 45 in Aufbaurichtung mittels LPBF gefertigt. Anschließend werden die Probekörper auf die Probenform B4x20 gemäß DIN 50125 spanend nachbearbeitet. Das Vorgehen zur Fertigung und Nachbearbeitung der Probekörper ist in Bild 117 dargestellt.

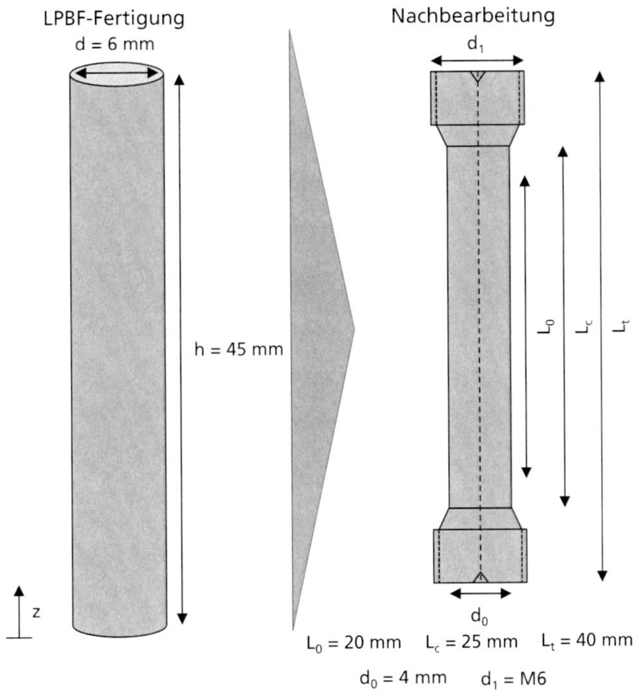

Bild 117 Vorgehen bei der LPBF-Fertigung sowie der spanenden Nachbearbeitung der Zugproben im Rahmen dieser Arbeit.

Die Spannungs-Dehnungs-Kurven für geprüften Proben der Verfahrensparameterkombinationen P2 und S2 für das LPBF mit zwei gekoppelten Laserstrahlen sowie R für das Single-Laser sind in Bild 118 abgebildet.

Bild 118 Spannungs-Dehnungs-Kurven der Zugproben für die Verfahrensparameterkombinationen P2 (oben), S2 (Mitte) und R (unten).

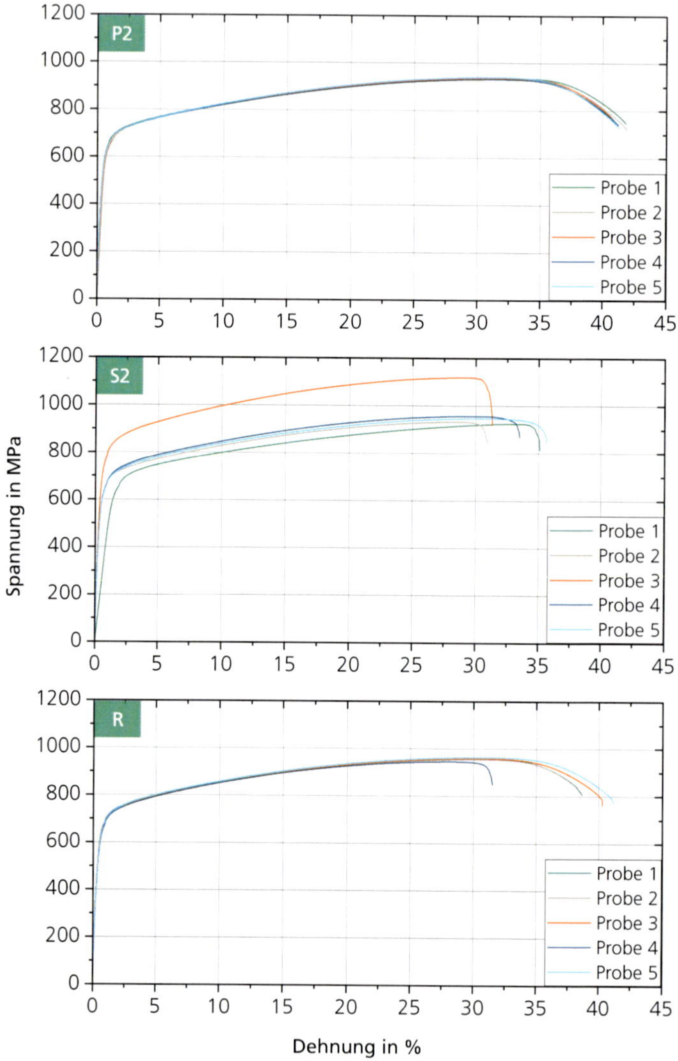

In der Reihe **Ergebnisse aus der Lasertechnik** zuletzt erschienen:

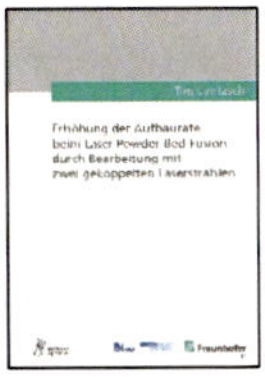

Lantzsch, Tim:

Erhöhung der Aufbaurate beim Laser Powder Bed Fusion durch Bearbeitung mit zwei gekoppelten Laserstrahlen

ISBN: 978-3-98555-222-1

Erscheinungsdatum: 26.06.2024

Baer, Patrick:

Erhöhung der durch nichtlineare Effekte verursachten Leistungsgrenzen von Faserlasern durch besondere Fasergeometrien

ISBN: 978-3-98555-207-8

Erscheinungsdatum: 26.03.2024

Dahmen, Marius:

Laserbasierte Funktionalisierung von partikulären Polyetheretherketon-Beschichtungen auf Aluminiumsubstraten mittels Zwei-Strahl-Ansatz

ISBN: 978-3-98555-190-3

Erscheinungsdatum: 12.12.2023

Klein, Sarah:

Faser-Bragg-Gitter für die Frequenzstabilisierung multimodiger Hochleistungslaserdioden und -faserlaser

ISBN: 978-3-98555-183-5

Erscheinungsdatum: 08.12.2023

Brucki, Matthias:

Extremes Hochgeschwindigkeits-Laserauftragschweißen – Prozesstechnologische Untersuchung der Oberflächenbeschaffenheit von Beschichtungen

ISBN: 978-3-98555-180-4

Erscheinungsdatum: 07.11.2023

Hollatz, Sören:

Funktionsorientiertes Laserstrahl-Mikroschweißen von Aluminium-Kupfer-Verbindungen mit örtlicher Leistungsmodulation

ISBN: 978-3-98555-178-1
Erscheinungsdatum: 03.11.2023

Nguyen, Nam-Phong:

Laserdurchstrahlschweißen von transparenten Kunststoffen mit Thulium-Faserlaserstrahlung

ISBN: 978-3-98555-172-9
Erscheinungsdatum: 18.09.2023

Haasler, Dennis:

Tiefbohren in Metallen mittels ultrakurzen Laserpulsen

ISBN: 978-3-98555-119-4
Erscheinungsdatum: 24.11.2022

Rödler, Georg:

Entwicklung des selektiven Laserstrahlschmelzens für Al-Ni-Legierungen

ISBN: 978-3-98555-118-7
Erscheinungsdatum: 03.11.2022

Ünal-Saewe, Talu:

Ortsaufgelöste Prozessüberwachung für die Additive Fertigung mittels laserbasierter Directed Energy Deposition

ISBN: 978-3-98555-113-2
Erscheinungsdatum: 10.10.2022

MIX

Papier | Fördert gute Waldnutzung

FSC® C083411

Zeitfracht Medien GmbH
Ferdinand-Jühlke-Straße 7
99095 Erfurt, Deutschland
produktsicherheit@kolibri360.de